三门峡水库运用方式原型试验研究

胡一三　张金良　钱意颖　缪凤举
丁六逸　曲少军　孔凡权　著

河南科学技术出版社
黄 河 水 利 出 版 社

内 容 提 要

本书以1994～1999年进行的三门峡水库汛期发电原型试验研究为基础，结合对三门峡水库库区河段的冲淤演变和水库排沙基本规律的分析，较为详细地研究了三门峡水库的运用方式。本书共分九章：第一章综述了三门峡水利枢纽的兴建、改建过程；第二章详细研究了汛期发电原型试验前库区河道不同时段的冲淤特性；第三章提出了水库运用的基本原则、主要指标以及汛期发电的运用方式；第四章分析了汛期发电原型试验期间入库水沙条件及其变化原因；第五章分析了汛期发电原型试验期间非汛期、汛期库区河段的冲淤特性及对黄河下游河道冲淤的影响；第六章依照潼关高程的变化情况，研究了潼关高程的变化特点及原因；第七章分析了汛期发电原型试验期间发电效益、合理处理排沙与发电的关系、减轻水轮机磨损等问题；第八章为缩短三门峡水库高水位运用时间，提出了三门峡水库应采用"适时调控"运用方式；第九章概述了全书的主要结论。

本书可供从事黄河防洪、防汛、多泥沙河流的水库运用、河床演变、河道整治、泥沙研究、工程管理等方面的科技人员及高等院校有关专业师生参考。

图书在版编目(CIP)数据

三门峡水库运用方式原型试验研究/胡一三等著.—郑州：河南科学技术出版社；郑州：黄河水利出版社，2009.1
ISBN 978-7-80734-436-0

Ⅰ.三…　Ⅱ.胡…　Ⅲ.水库-水工模型试验-研究-三门峡市　Ⅳ.TV697.1

中国版本图书馆CIP数据核字(2008)第084134号

组稿编辑：王路平　电话：0371-66022212　E-mail：hhslwlp@126.com

出 版 社：河南科学技术出版社
地址：河南省郑州市经五路66号　　邮政编码：450002
黄河水利出版社
地址：河南省郑州市金水路11号　　邮政编码：450003
发行单位：黄河水利出版社
发行部电话：0371-66026940、66020550、66028024、66022620(传真)
E-mail：hhslcbs@126.com
承印单位：河南省瑞光印务股份有限公司
开本：787 mm×1 092 mm　1/16
印张：14.75
字数：340千字　　印数：1—3 400
版次：2009年1月第1版　　印次：2009年1月第1次印刷

定价：60.00元

前　言

三门峡水库的运用，经历了蓄水拦沙、滞洪排沙和蓄清排浑几个阶段，在实践中积累了丰富的经验也吸取了沉痛的教训。为适应黄河多沙特点，对水利枢纽工程泄流排沙设施进行了增建和改建，水库运用采用“蓄清排浑”运用方式，1973 年 10 月至 1985 年 10 月库区冲淤基本平衡，黄河下游河道得到一定的改善，按照 1969 年晋、陕、豫、鲁四省会议确定的“合理防洪、排沙放淤、径流发电”原则进行水库调度，积累了经验，并为多沙河流水库运用提供了科学依据。但是，1986 年以后，由于入库水沙条件变化，库区又发生淤积，下游河道淤积又有所加重，因此需要根据新的情况对三门峡水库的运用问题再次进行研究。三门峡水电站的运用也有曲折的历程。发电是枢纽开发的一个重要指标，原设计水电站有 8 台水轮发电机组，总装机容量 116 万 kW，枢纽改建后，水电站改为径流发电，装机容量仅为 25 万 kW。1973 年 12 月 26 日第一台发电机组投入运行，至 1979 年，其余 4 台机组分别投入运用。由于黄河汛期泥沙多、含沙量高，径流发电水头低以及机组本身的问题，使得水电站机组运行工况恶劣，气蚀、磨损破坏严重。从 1980 年开始仅非汛期发电，汛期停止发电，改为调相运行。1989 ~ 1993 年，为研究水轮机抗磨蚀的防护材料进行了浑水发电试验，在新型抗磨蚀材料方面取得了新的进展。1990 年经水利部批准，将 6 号、7 号钢管改建为单机容量为 7.5 万 kW 的水轮发电机组，水电站总装机容量达到 40 万 kW。三门峡水库汛期发电问题是一项复杂而重大的科研项目，涉及水库的调度运用、库区的淤积与排沙、水轮机防护材料与机组的技术改造以及对下游河道减淤的影响等问题，它关系到多沙河流上水电站能否发电的问题。综上所述，在新情况下，研究三门峡水库的汛期发电问题是非常必要的，已有的资料和现场条件也具备现场试验研究的条件。

经水利部水管[1994]519 号文批复，由黄河水利委员会总工程师办公室牵头，组织黄河水利科学研究院、三门峡水利枢纽管理局、三门峡库区水文水资源局、黄河水利委员会河务局等单位，在 1994 ~ 1999 年开展了黄河三门峡水库汛期发电运用的现场试验研究。参加人员有：黄河水利委员会总工程师办公室：胡一三、缪凤举、丁六逸、周建波；黄河水利科学研究院：钱意颖、曲少军、梁国亭；三门峡水利枢纽管理局：张金良、王瑛、乐金苟、张润亭、王桂娥、龚鉴、王育杰、季利、吴道胜；三门峡库区水文水资源局：孙锦惠、肖俊法、鲁孝轩、付卫山；黄河水利委员会河务局：翟家瑞、李旭东、罗启民、刘红宾。在试验期间，三门峡水利枢纽管理局与三门峡库区水文水资源局还进行了有关资料的观测和调查整理。

汛期发电原型试验，是按照“四省会议”的精神，在服从防洪、减淤和排沙的原则下，充分发挥水库调节水、沙的能力，改善库区泥沙的冲淤变化，提高水电站的发电效益。水库汛期运用采用“洪水排沙、平水兴利”的方式。原型试验结果表明：洪水排沙效果显著，试验期间库区泥沙冲淤基本平衡，大禹渡以下的淤积得到一定的改善，合理地处理了排沙与发电的关系，改善了机组的运行工况，增长了发电时间，提高了水量的利用率，取得了良好的效果。项目组提出了“三门峡水利枢纽汛期发电试验研究报告”，报告中还对小浪底水库初期运用条件下三门峡水库的运用进行了分析研究,并提出建议。该成果由水利部委托黄河水利委员会组织验收,验收专家认为,通过汛期发电试验研究,总结出水库运用与库区冲淤分布的基本规律,首次提出了汛期运用的基本原则、洪水时的排沙流量及平水时的强制排沙条件等具体控制指标和水库运用方式,并在试验过程中得到了验证。这些研究成果,丰富了多泥沙河流水电站汛期发电与合理排沙的技术、理论,具有很高的科学价值,经过进一步研究和总结,并吸取了由胡一三、姜乃迁、张翠萍、缪凤举、曲少军等人承担的"九五"国家重点科技攻关项目"小浪底水库运用初期三门峡水库运用方式研究"中的防御大洪水的部分成果,撰写出本书,并于2002年定稿,2008年送出版社出版。

由于三门峡水库涉及面广,问题复杂,许多问题仍待进一步研究。

在这项研究及其成书过程中,得到许多专家、学者及管理单位的领导和技术人员的大力支持和帮助,在此一并表示感谢。由于作者水平有限,错误或不当之处在所难免,恳请读者批评指正。

作 者

2008年5月

目　录

第一章　三门峡水利枢纽建设与改建

黄河流经世界上最大的黄土高原，以其含沙量高、治理难度大而闻名于世。千百年来，黄河在带给中华民族繁荣的同时，也带来了深深的灾难，因此"黄河宁，天下平"就成了中华民族共同的祈盼。

新中国成立后，人民决心要根治黄河水害、开发黄河水利，让黄河造福于中华民族。1955 年第一届全国人大通过了《黄河综合利用规划技术经济报告》，为了解决当前与长远的防洪、拦沙、灌溉及发电等问题，确定三门峡水利枢纽为规划中的第一批重点工程，以巨大的库容拦蓄水沙，同时大力开展水土保持工作，减少下游泥沙来源。

三门峡水利枢纽作为根治黄河水害、开发黄河水利的第一期工程，是在黄河干流上修建的第一座大型水利枢纽。它的建设和运用探索，是人民治黄的一次伟大实践，不仅为黄河岁岁安澜做出了不可替代的贡献，而且为多泥沙河流的治理开发（如三峡、小浪底等工程建设）提供了成功的经验。

然而，人类认识自然、改造自然是一个复杂的过程，三门峡水库原规划设计对泥沙问题的认识不足，造成库区严重淤积。为解决泥沙问题，经历了长达 30 多年的改建探索与运用，尤其是在水工建筑物、泄流排沙设施的布设，以及泄流能力大小等方面进行了成功的探索与运用。经过两次改建，至 1973 年底，三门峡水库采用"蓄清排浑"运用方式后，取得了显著的防洪、防凌、灌溉、供水、发电、减淤等综合效益。

三门峡水库的建设与运用，半个多世纪以来一直为世人所关注，许多专家学者对它功过得失的研究与评论一直没有停止。下面就枢纽规划、设计、原建、增建和改建的曲折过程做一回顾。

第一节　三门峡水利枢纽兴建过程及原建工程概况

一、自然地理特征

三门峡水库是黄河干流上兴建的首座以防洪为主的综合利用水库，控制黄河流域面积 68.84 万 km^2，占黄河流域总面积（不含闭流区）的 91.5%，控制黄河来水量占总水量的 89%。

黄河下游洪水主要来自中游 3 个地区，即河口镇至龙门区间、龙门至三门峡区间、三门峡至花园口区间。三门峡水库控制了上述 3 个洪水来源区中的河口镇至龙门和龙门至三门峡两个洪水来源地区，其防洪作用是非常显著的。

三门峡水利枢纽坝址位于黄河中游干流上，其右岸为河南省三门峡市湖滨区高庙乡，左岸为山西省平陆县三门乡。坝址距黄河入海口约 1 027 km。枢纽坝址两岸为地势峻峭的峡谷地带，左岸大部分为陡崖峭壁，右岸稍为平缓。黄河流至三门峡峡谷处，约成 90°

拐弯,河道由向东流急转为向南流。河流在峡谷中受矗立河中的鬼门岛和神门岛所挡,将河水劈为鬼门河、神门河和人门河三股激流,三股汇合后,河床的水面宽度平水时约为120 m,洪水时约为160 m。拦河大坝就横亘在鬼门岛上游,穿越神门岛尖和左岸人门岛上游。

三门峡大坝坝址地区地质条件优良,由于中生代闪长玢岩是呈岩床状侵入于石炭二叠纪和石炭纪煤系岩层之间,因此三门峡峡谷的河床中出现了横跨黄河长达700 m的闪长玢岩岩床,三门峡水利枢纽建筑物都坐落在闪长玢岩岩床上,岩床的走向和大坝延伸方向也基本一致。

三门峡水库位于陕西、山西和河南3省交界处,库区范围分布在中条山和秦岭之间的山间盆地之中。潼关以上库区宽阔,包括黄河干流龙门至潼关段及渭河下游平原;潼关以下黄河河谷由宽变窄,至三门峡谷坝址区两岸山岩夹峙,山高沟深,地势陡峻,水库平面地形呈“小颈口,大肚子”形状(见图1-1)。

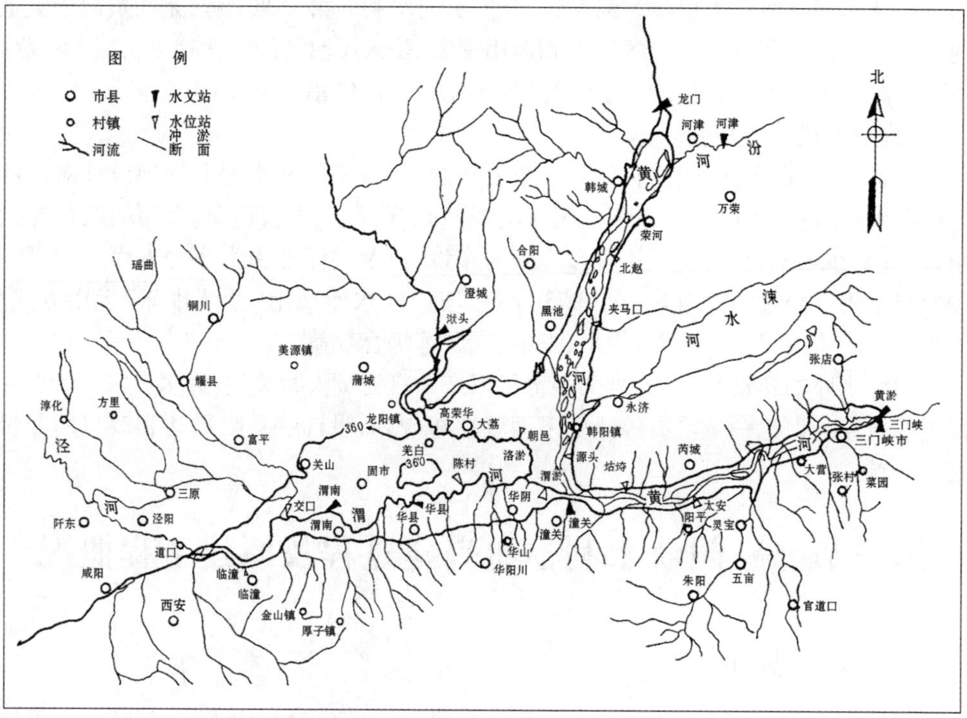

图1-1　三门峡水库库区示意图

黄河干流库区从龙门至潼关一段称为黄河小北干流,其穿行于汾河、渭河之间的垣阶地区,河道宽阔,河势浩瀚。河道比降为0.3‰~0.6‰,河床宽、浅、乱,主流摆动不定、游荡激烈,素有“三十年河东,三十年河西”之称。

库区西部有黄河最大的支流渭河自西向东穿行,在潼关处汇入黄河,渭河的支流众多,从南北两岸汇入干流,其中泾河和北洛河为主要泥沙来源区,其他支流来沙较少。

在潼关处,黄河受秦岭阻挡,转了一个90°的弯,由向南流折转为向东流。中条山和华山余脉将该处河谷宽度压缩到850 m,形成天然卡口。从潼关到三门峡坝址,黄河穿行在秦岭和中条山的垣阶地之间，黄土台地高程大多位于380~420 m，河谷变窄，两岸地面沟壑冲刷，高低起伏。河道上宽下窄，高滩深槽，主流缩束于狭窄的河槽内，蜿蜒曲折，流至三门峡坝址的河滩宽度约为300 m。潼关以下呈带状河道型库区。自三门峡水库改为"蓄清排浑，调水调沙"控制运用方式以来，经常运用的库区基本为潼关至三门峡坝址区间。

据原陕县气象站自1934~1943年和1946年及1950~1954年的16年资料统计，多年平均气温为15 ℃，多年的极端最低气温为-16 ℃，多年极端最高气温达48 ℃。

三门峡地区降水量年际变化较大，各季节降水量相差悬殊。多年平均年降水量为573.5 mm，年降水量最多为863.4 mm(1984年)；年降水量最少为388.6 mm(1969年)。夏季降水量一般占年降水量的48%，秋季占年降水量的30%，7~9月的降水量比较集中。

二、前期研究

(一)中华人民共和国成立前

1933年黄河大水，下游决口泛滥，当时国民政府黄河水利委员会李仪祉先生在他的《黄河治本的探索》中提出"若能于上游设拦洪库，则下游可以莫有非常洪水"的设想。1935年李仪祉在他的《黄河治本计划概要叙目》中指出："要在陕西、山西及河南各支流修建水库，或议在壶口及孟津各作一蓄洪水库以代之，则工费皆省，事较易行，亦可作一比较的设计，择善而从"。1935年8~9月，组织查勘了黄河干流潼关以下至孟津河段，提出三门峡、八里胡同、小浪底三个坝址的查勘报告。报告认为"黄河建设拦洪水库的可能性及希望甚大，其效用亦甚宏。……就地势而言，三门峡诚为一优良坝址。"建议抬高水位50~70 m，最大泄量12 000 m^3/s。1935年11月，李仪祉应邀在清华大学作"黄河流域的水库问题"演讲时，肯定了在三门峡修建拦洪水库的建议。

1941年6月，东亚研究所(日本)第二调查委员会派人查勘三门峡坝址，提出"三门峡发电计划"，三门峡水利枢纽作为黄河综合开发的第一期工程，建议坝高61~86 m，库容60亿~400亿 m^3，分两期开发，初期库水位325 m，以不超过潼关1933年洪水位为依据，后期库水位350 m，汛期限制水位319 m，最大下泄流量为15 000 m^3/s。对于库区淹没，拟由电力促进工业以吸收一部分劳动力，部分则迁移到黄河故道及边远地区。计划认为，三门峡工程"除能获得莫大电力外，下游水患即可防止"，"在黄河干流能充分收到调节洪水之效者，唯三门峡一处而已"。

1946年6月，国民政府水利委员会筹组黄河治本研究团，团长张含英。该团以综合利用为目标，查勘黄河上中游，其中，对三门峡和八里胡同坝址作了比较研究。提出了在八里胡同修建170 m高坝的建议，控制黄河洪水下泄量不超过3 000 m^3/s，并设巨大底孔排沙。1947年，张含英在《黄河治理纲要》中指出："河在陕县、孟津间位于山谷之中，且临近下游，故为建筑拦洪水库之优良区域。其筑坝之地址，应为陕县之三门峡及新安县八里胡同。唯如何计划以便防洪、发电、蓄水三者各得其当，如何分期兴建以使工事方面最为经济，应积极详细研究。"并特别强调"库之回水影响，不宜使潼关水位增高"，"其最重要问题，当为水库之寿命"。

上述专家的研究,由于历史条件的限制,不可能付诸实施。历史表明,只有在人民取得政权后,全面治理开发黄河,除害兴利,使黄河水沙资源造福于人民才能得以实现。

(二)中华人民共和国建国初期

1949 年 6 月 16 日,华北、中原和华东 3 个大解放区成立了治理黄河的统一机构——黄河水利委员会(以下简称黄委会)。同年 8 月 31 日,黄委会主任王化云、副主任赵明甫联名给华北人民政府主席董必武报送了《治理黄河初步意见》,文中提出解除黄河下游洪水为患的方法,应"选择适当地点建造水库","陕县到孟津间是最适当的地区,这里可能筑坝的地点有 3 处,分别是三门峡、八里胡同和小浪底","准备选定其中一个修坝的地址,进而从事规划"。之后,为了解决黄河下游洪水问题,曾多次查勘,研究在黄河干流上龙门至孟津段修建拦洪水库问题,曾 3 次主张修建三门峡水库,又 3 次放弃这种主张,形成所谓"三起三落"。在这一河段上,是修建三门峡水库,还是修建其他水库,一直很难定夺。

1950 年 3 ~6 月,黄委会组织查勘队,查勘了龙门至孟津河段。查勘认为,八里胡同虽有较好的地形条件,但在地质方面远不如三门峡,主要是石灰岩溶洞发育,主张在三门峡建坝,建议水库蓄水位为 350 m,以防洪、发电结合灌溉为开发目的。同年 7 月,水利部傅作义部长率领张含英、张光斗、冯景兰和苏联专家布可夫等复勘了潼关至孟津段,指出:为满足下游防洪的迫切需要,应提前修建该河段的水库,坝址可从三门峡、王家滩两处比较选择。当时黄委会在规划设计中认为三门峡水库的淹没问题很大,在黄河干流上修建大水库用以解决下游防洪问题,就当时我国的政治、经济、技术条件来看,均有较大的困难,于是首次放弃三门峡水库转而想从支流解决问题。

1951 年,黄委会组织 5 个查勘队,对黄河中游的无定河、泾河、北洛河、渭河、洛河进行查勘和初步计算,发现支流太多,拦洪机遇也不可靠,而且花钱多,效益小,很不理想,因而又把希望转到潼关至孟津段干流上。在此期间,黄委会提出"蓄水拦沙"治黄方略,为了解决下游防洪,除在中游开展大规模的水土保持工作外,关键是找个大库,于是再次主张修建三门峡水库。当时燃料工业部水电建设总局从开发水电出发,也积极主张修建三门峡水库。1952 年 5 月,黄委会主任王化云、水电建设总局副局长张铁铮与两位苏联专家查勘三门峡坝址,黄委会主张把三门峡水库的蓄水位提高到 360 m,想利用部分库容拦沙,以解决水土保持不能迅速产生减沙效益的矛盾,尽可能延长水库寿命。苏联专家主张在八里胡同建冲沙水库。1952 年下半年,经过计算得知,在八里胡同搞冲沙水库不可行,而三门峡水库又因淹没损失太大,不少人反对,故再次放弃修建三门峡水库,转为研究淹人、淹地较少的邙山建库方案。

邙山建库方案,计划库水位 150 m,库容 160 亿 m^3,黄委会主张作滞洪水库,苏联专家布可夫倾向作冲沙水库。经计算,两种方案当时的投资都在 10 亿元以上,移民超过 15 万人,投资大,又无综合利用效益,不合算,于是 1953 年初又第三次提出修建三门峡水库的主张。而后不久,水利部对修建水库解决下游防洪问题作了两点明确指示:一是要迅速解决防洪问题;二是根据国家情况,花钱、淹人都不能过多,花钱不能超过 5 亿元,移民不能超过 5 万人。因此,第三次放弃修建三门峡水库,重新规划,将一个邙山大库改为邙山和芝川两个小水库。这两个小水库,总库容 82 亿 m^3,迁移 8.7 万人,总投资 4.58 亿元,可在10年之内防御千年一遇洪水，20年之内防御一般洪水，可以争取时间进行治本工作。1953年5月31日，王化云向邓子恢副总理呈报了修建邙山、芝川两座水库的意见。邓副总理看后将报告转呈毛泽东主席并在信中写道："关于当前防洪临时措施，我意亦可大体定夺，第一个五年，先修芝川、邙山两个水库……渡过五年十年，我们国家即将有办法来解决更大工程与更多的移民问题。"即使如此，当时对先修三门峡水库，还是先修邙山、芝川两水库，仍有不同意见，同时，黄河规划已列入苏联援建项目，故未定案。

（三）20世纪50年代黄河规划阶段

1952年，水利部和燃料工业部向中央要求聘请苏联专家来我国帮助制定黄河规划。苏联专家组于1954年元月2日到达北京，他们由水工、水文与水利计算、施工、工程地质、灌溉、航运专家组成。专家组中没有泥沙、水土保持、水库淹没和经济等方面的专家。同年2～6月，由李葆华、刘澜波任正副团长，组成黄河查勘团，包括中苏专家和工程技术人员120余人，对黄河进行实地查勘，并听取省（区）负责同志对黄河规划的意见。

黄河查勘团完成孟津到龙门干流河段的查勘任务后，于1954年3月27日在西安召开技术座谈会。会上，苏联专家否定了邙山水库，其依据有三个：第一，邙山水库小，不能为下游的灌溉、发电、航运调节流量；第二，拦洪泄沙，一部分甚至大部分泥沙将淤积在库内，水库的防洪作用必将丧失；第三，邙山水库系在流沙、粉沙地基上修筑38 m高的混凝土溢流坝，技术上有难以克服的困难。苏联专家竭力推荐三门峡水库，赞赏三门峡是一个难得的好坝址。专家组长柯洛略夫在总结发言中说："从邙山至龙门，我们看过的全部坝址中，必须承认三门峡坝址是最好的一个，任何其他坝址都不能代替三门峡使下游获得那样大的效益，都不能像三门峡那样综合地解决防洪、灌溉、发电等方面的问题。"他具体分析了三门峡坝址的优缺点。优点：①水库容量很大，能完全调节洪水，保障豫、鲁两省免受洪水威胁；②水库与水土保持以及其他水库相配合，能将淤在下游的泥沙全部拦住；③地质条件很好；④施工条件较好；⑤在解决防洪、灌溉的同时，还能获得大量的电力；⑥与其他坝址比较，有着最好的技术经济指标。缺点：淹没损失较大。就三门峡水库淹没损失的问题发表意见："想找一个既不迁移人口，而又能保证调节洪水的水库，这是不能实现的幻想、空想，没有必要去研究。为了调节洪水，需要足够的库容，但为了获得必要的库容，就免不了淹没和迁移。任何一个坝址，无论是邙山、无论是三门峡或其他坝址，为了调节洪水所必需的库容，都是用淹没换来的。区别仅在于坝址的技术质量和水力枢纽的造价。"这个"用淹没换取库容"的观点，对当时决策三门峡工程有很大影响。少数专家则有不同意见。

1954年黄河规划委员会（以下简称黄规会）编制的《黄河综合利用规划技术经济报告》（以下称《技经报告》）选定三门峡水利枢纽为第一期工程。三门峡水库正常高水位350 m，总库容360亿 m^3，设计允许泄量8 000 m^3/s，并与洛河、沁河支流水库配合运用，黄河下游洪水威胁将全部解决；拦蓄上游全部泥沙来量，下泄清水，可使下游河床不再淤高；充分调节黄河水量，可满足初步2 220万亩（1亩 = 1/15 hm^2），远景7 500万亩灌溉用水要求，发电装机90万kW，年发电量46亿kWh；下游河道的航运条件得到改善等综合效益巨大。同时，报告也指出枢纽存在两个严重问题。一是当库水位350 m时，要淹没农田207万亩，移民60万人，赔偿费用6.58亿元，占总投资的52%。为了减少移民困难，提出逐步抬高水位，分期移民的办法，拟定1962年前运用水位按336 m考虑，迁移人口27.2万人，淹没耕地94万亩。二是水库淤积，计划预留拦沙库容147亿m^3，不计上游减沙效益，估计水库寿命为25~30年。为了减少进入三门峡水库的泥沙，除大力进行水土保持工作外，近期还需在泾河、葫芦河、北洛河、无定河、延河修建5座大型拦泥水库，到1967年，流入三门峡水库的泥沙估计将减少约50%，则三门峡水库的寿命可维持50~70年。报告还指出“三门峡水库内泥沙淤积和水库寿命的估计是个很复杂的问题”，需要进一步研究。

1955年4月5日，中共国家计委党组、国家建委党组向中共中央、毛泽东主席报告对《技经报告》的审查意见，认为《技经报告》提出的黄河综合利用远景规划和第一期工程，是今天可能提出的最好方案。为确保下游防洪安全和延长三门峡水库寿命，三门峡正常库水位和泄量，应在初步设计中进一步研究确定。建议中共中央对《技经报告》予以批准。1955年7月中旬，国务院举行第15次全体会议，周恩来、陈云、邓子恢、李先念等出席会议，通过了《关于根治黄河水害和开发黄河水利的综合规划的报告》。同年7月18日，邓子恢副总理代表国务院在第一届全国人大第二次会议上作了上述报告，提请大会审查批准，7月30日，大会通过了《关于根治黄河水害和开发黄河水利综合规划的决议》，批准国务院提出的黄河规划的原则和基本内容，并要求国务院迅速成立三门峡水库和水电站建筑工程机构，保证工程及时施工。

在这个规划的指导下，人民治黄事业从此进入了一个全面治理和综合开发的历史新阶段。

三、工程设计

（一）初步设计

鉴于三门峡水利枢纽是一项关系全局的工程项目，新中国成立初期我们尚缺乏大型水利枢纽的建设经验，请苏联负责设计较为稳妥，1954年底确定将三门峡水利枢纽拦河大坝和水电站委托给苏联列宁格勒设计院设计。

三门峡水利枢纽是黄河综合利用规划中，上游自龙羊峡起下至海口为序的第37个开发梯级。1955年7月，黄规会组成了由我国10位专家参加的三门峡水利枢纽坝址选择委员会，委员会经现场了解地质、地形条件和全面研究坝址区的勘测资料，同年8月，黄规会提出了《黄河三门峡水利枢纽设计技术任务书》。提出了枢纽防洪、灌溉、发电等项目标和要求；应在三门峡峡谷的闪长玢岩出露的范围内选定坝址。

国家计划委员会审查了《黄河三门峡水利枢纽设计技术任务书》后，提出以下三点意见：第一，在《技经报告》中三门峡水库正常高水位定为350 m高程，水库寿命为50~70年，由于三门峡水库的淤积速度和中、上游水土保持的效果尚未完全判明，应考虑将水库寿命可能延长的问题，因此要求初步设计提出正常高水位在350 m高程以上的几个方案，供国务院选择决定；第二，由于三门峡以下的伊、洛、沁河支流水库的防洪效果尚未判明，为确保黄河下游防洪安全，在初步设计中应考虑将最大泄量由8 000 m^3/s降至6 000 m^3/s和延长关闭闸门时间的可能；第三，在初步设计中应考虑进一步扩大灌溉面积的可能。1955年8月，中国方面将《黄河三门峡水利枢纽设计技术任务书》和国家计划委员会的审查意见等项文件正式提交苏联列宁格勒设计院。

根据中方提出的要求，苏联列宁格勒设计院于1956年4月提出了《黄河三门峡工程初步设计要点》报告。建议水库的正常高水位，如考虑50年后尚需满足灌溉和发电的要求，应为360 m高程；如考虑水库使用寿命为100年，水位应提高到370 m。三门峡以上发生千年一遇洪水时，设计最大下泄量为6 000 m^3/s。

1956年7月，国务院对《黄河三门峡工程初步设计要点》进行了审查并确定：正常高水位360 m，在1967年前（初期）运用水位为350 m。采用混凝土重力坝，并要求第一台机组于1961年发电，1962年全部建成。按照中国方面的意见和决定，苏联列宁格勒设计院于1956年年底完成了所承担的黄河三门峡水利枢纽初步设计。正常高水位由规划的350 m提高到360 m，淹没耕地增加至333万亩，迁移人口增至90万人。

国家建设委员会1957年2月9日在北京主持召开三门峡水利枢纽初步设计审查会。会议分水利动能、水工、施工和机电四个专业组进行审查。同年2月底审查完毕并上报国务院审批。审查会基本同意初步设计的内容，但对正常高水位、泥沙和移民问题已有不同意见，而在此时仅是初露端倪，尚未影响成议，所以1957年4月三门峡水利枢纽正式开工。

（二）技术设计

三门峡水利枢纽初步设计审查后，围绕着水库的正常高水位、淹没移民、拦沙与排沙等问题出现较多的争议。遵照周恩来总理的指示，水利部于1957年6月10～24日在京召开“三门峡水利枢纽讨论会”。会上多数意见认为，排沙方案不能制止下游河道的继续抬高，实际上不能根本解决下游防洪问题，亦不能充分发挥水库的综合效益，因此这个方案不宜采用。赞成“蓄水拦沙”方案者，一致同意枢纽分期修建，水库分期移民，水位分期逐步抬高和分期运用的原则，以减少移民强度。对初期运用水位一致认为定在340 m高程为宜。

1957年7月，水利部将上述讨论情况向周恩来总理和李富春副总理作了汇报，总理指示水利部要对三门峡水库的各种规划方案、水库上游淹没影响、下游河道治理等问题作进一步研究。根据周恩来总理指示，黄规会致电苏联电站部，说明由于某些原则问题，尚需进一步研究确定，因此请暂缓进行技术设计。

水利部将这一期间的研究意见，于1957年11月3日向国务院提出了《关于三门峡水利枢纽问题的报告》。在报告中提出：黄河下游河道逐年淤高，洪水威胁有增无减，万一决口改道，将影响整个国民经济发展的部署，几年来治理淮河、海河的成就可能毁于一旦。因此，修建三门峡水利枢纽实属刻不容缓。

1957年11月，国务院审批了国家建设委员会报送的《关于审查三门峡水利枢纽工程初步设计意见的报告》，认为初步设计符合原《黄河三门峡水利枢纽设计报告任务书》的要求，批准了初步设计。并在吸收多方面专家意见的基础上，对技术设计的编制提出了以下意见：

（1）三门峡水利枢纽拦河大坝按正常高水位360 m高程设计，350 m高程施工，为减少移民困难，逐步抬高运用水位，1967年前不超过340.5～343 m，死水位在325～330 m之间。

（2）水电站厂房定为坝后式。

(3)在技术允许的条件下,应适当增加泄水量与排沙量,泄水孔底槛高程应尽量降低。

中共中央书记处于1958年3月2日召开会议,讨论通过黄河三门峡水利枢纽技术设计任务书,其中关于泄水孔底槛高程提出降至300 m。并将《黄河三门峡水利枢纽技术设计任务书》通知苏方。

1958年4月,周恩来总理在三门峡工地召开现场会议,根据周总理关于工程分期修建、分期抬高水位、分期运用和降低泄水孔底槛高程等项指示精神,于同年6月向苏联列宁格勒设计院提交了对技术设计的补充意见。最后确定:大坝按正常高水位360 m设计,350 m施工,1967年以前最高运用水位不超过340 m,死水位325 m(原设计335 m),泄水孔底槛高程300 m(原设计320 m),坝顶高程353 m。根据上述要求,苏联列宁格勒设计院于1959年年底全部完成所承担的技术设计任务。

(三)主要技术指标及枢纽布置

1.枢纽主要技术指标

苏联列宁格勒设计院根据中国方面所提供的对水土保持的减沙效果,在设计中采用:水库运用5年后(即到1967年)的入库泥沙量比原有的减少20%;水库运用到50年的末期时,入库泥沙量减少50%,按此计算,枢纽运用5年库区淤积泥沙为65亿 m^3;运用50年库区淤积的泥沙为336亿 m^3。设计对枢纽正常高水位的选择,是从345 m高程起至370 m高程每隔5 m作一方案进行比较(见表1-1)。

表1-1　三门峡水利枢纽正常高水位选择方案

水库正常高水位(m)	350	355	360	365	370
死水位(m)	330	330	335	340	345
总库容(亿 m^3)	354	480	647	830	1 050
有效库容(亿 m^3)	290	420	540	670	810

从库区的淹没补偿、水能利用和枢纽投资等多方面进行分析研究和比较后,列宁格勒设计院认为:三门峡水库的正常高水位不应低于355 m高程,如50年后尚需满足相当数量的灌溉、发电要求,则比较合理的正常高水位应为360 m高程,而360 m高程的正常高水位是保证枢纽正常运用40~50年所必需的最低高程。

按技术设计指标,水库正常高水位为360 m高程,相应的水库容积为647亿 m^3,可将千年一遇洪水(推算的洪峰流量37 000 m^3/s)下泄量削减到黄河下游堤防的安全泄量,即6 000 m^3/s。上、下游灌溉面积计6 500万亩;安装水轮发电机组8台,单机容量为14.5万kW,总装机容量116万kW,年发电量60亿kWh;调节下游河道水深常年不低于1 m,从邙山到入海口约800 km的河道可通航500 t拖轮,通过枢纽的航道轴线位置选择在左岸。库区淹没面积为3 500 km^2,其中耕地325万亩,需迁移人口87万人。

为减少近期库区的淹没损失和确保水库回水不影响西安市,国务院决定第一期工程先按350 m高程的蓄水位施工,坝顶的实际浇筑高程为353 m。相应库容为354亿 m^3,设计上、下游灌溉面积为2 980万亩;安装发电机组7台,总装机容量为101.5万kW;水库蓄水位为 350 m 高程时,水库面积为 2 300 km^2,淹没耕地 200 万亩,需移民 60 万人。

周恩来总理于 1959 年 10 月 13 日在三门峡水利枢纽工地再次主持召开有中央有关部门和河南、陕西、山西等省领导人参加的现场会。讨论三门峡水利枢纽 1960 年汛期拦洪蓄水高程,根据计算分析,当出现千年一遇洪水时,水库拦洪水位为 335 m 高程左右,出现二百年一遇洪水时,拦洪水位为 332.5 m 高程,确定三门峡水库 1960 年汛前移民高程线为 335 m,近期最高拦洪水位不超过 333 m 高程。按 335 m 高程线全库区实际已移民 40.37万人,淹耕地 90 万亩。335 m 高程的库水位,相应库容为 96.4 亿 m^3,水库面积为1 076 km^2。

枢纽第一期主体工程设计的工程量见表 1-2。

表 1-2　枢纽第一期主体工程设计的工程量

工程项目	土方开挖（万 m^3）	石方开挖（万 m^3）	混凝土浇筑（万 m^3）	基础表面灌浆（m）	深孔灌浆（m）	金属结构安装（t）	水力机械设备安装（t）	水力动力设备安装（t）	电力设备安装（t）
数量	27.1	86	213	11 000	8 300	14 700	2 600	5 000	15 000

2. 枢纽布置

黄河三门峡水利枢纽主坝为混凝土重力坝,选定的Ⅲa 坝轴线位于鬼门岛下游,横穿狮子头和神门岛尖及左岸人门半岛上游。设计的正常高水位为 360 m 高程,主坝坝顶长 739 m(不含插入右岸的副坝——斜丁坝,下同)。第一期工程大坝坝顶先修筑至 353 m 高程,相应的主坝坝顶长 713.2 m,最大坝高 106 m。设计确定在第二期工程时可将主、副坝顶部再加高 10 m。枢纽总平面布置见图 1-2。

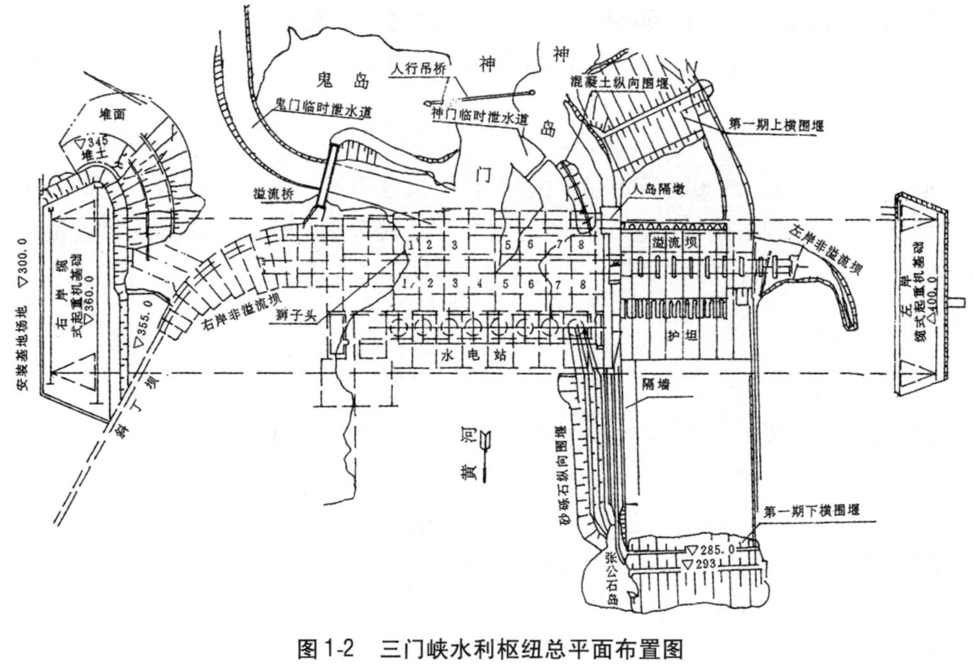

图 1-2　三门峡水利枢纽总平面布置图

1)主坝

主坝自右岸至左岸分别为：

(1)右岸非溢流坝段，长 223 m，坝轴线为曲线形。

(2)安装场坝段，长 48 m，分 3 段每段长 16 m。

(3)电站坝段，坝顶宽 20.2 m，分 8 段每段长 23 m，总长 184 m，在第五段处的坝高为 106 m。在 300 m 高程处，每段都设有 7.5 m×15 m(宽×高，下同)的进水口，进水口外设拦污栅，内设有检修闸门和主闸门各一道。进水口下接直径 7.5 m 的发电引水钢管通往厂房，未端与水轮机蜗壳相连接。

(4)隔墩坝段，长 23 m，隔墩向上游延伸为混凝土纵向围堰，向下游延伸为隔墙，直达张公岛。张公岛下游有挑水坝，隔墙将溢流坝和电站尾水分开。

(5)溢流坝段，长 124 m，在高程 280 m 和 300 m 处分别设有施工导流底孔和深水孔各 12 个，每孔的断面尺寸均为 3 m×8 m。在第一、二段的 338 m 高程处设有 2 个表面溢流孔，每孔断面尺寸为 9 m×14 m。这些泄流孔里都装设平板闸门。

(6)左岸非溢流坝段，长 111.2 m，坝轴线为曲线形。

2)副坝

副坝亦称斜丁坝，为双铰混凝土心墙土坝，长 144 m，顶部高程为 350 m，最大坝高 24 m。位于右岸非溢流坝的右侧，双铰混凝土心墙插入黄土层内，与右岸闪长玢岩岩层相连接。

3)水电站

水电站主厂房位于电站坝段和安装场坝段的下游，厂房全长 233.9 m，宽 26.2 m，高 22.5 m，右首一段为安装间，左首八段为发电机间，厂房上方设起重量为 350 t 的桥式起重机两台。原设计装水轮发电机组 8 台(第一期工程只装 7 台)，水轮机型号为 PO720－BM－550；发电机型号为 CB1260/20－060，每台容量为 14.5 万 kW。

11 万 V 开关站布置在右岸非溢流坝第 2～4 坝段的下游，22 万 V 开关站布置在斜丁坝下游。

4)启闭设施

坝顶设起重量为 350 t 的门式起重机两台，用以启闭溢流坝、深水孔闸门和电站进水口检修闸门。电站进水口的快速工作闸门则由专门的 550 t/300 t(支持力/起重量)的液压启闭机操作。

四、工程建设

(一)建设过程

按照以上设计规划原则，三门峡工程于 1957 年 4 月 13 日正式开工。1958 年 10 月完成左岸基坑施工导流工程，同年 11 月 25 日截流，1959 年 7 月，大坝按经济断面浇筑到 310 m 高程，较设计工期提前两年起到部分拦洪作用，1960 年 6 月大坝全断面浇筑到 340 m，提前一年实现全部拦洪，同年 9 月 15 日下闸开始蓄水运用。1960 年 11 月～1961 年 6 月，12 个导流底孔全部用混凝土堵塞。1961 年 4 月，大坝全断面修建至第一期坝顶设计高程 353 m，枢纽主体工程基本竣工，较设计工期提前 1 年 10 个月。1962 年 2 月，第一台

14.5 万 kW 机组投入试运行。

（二）枢纽工程建成规模

挡水建筑物包括主坝和副坝。主坝为混凝土重力坝，大坝坝顶高程 353 m，主坝长 713.2 m（不含右侧副坝），最大坝高 106 m。其中左岸非溢流坝段长 111.2 m、溢流坝段长 124 m、隔墩坝段长 23 m、电站坝段长 232 m、右岸非溢流坝段长 223 m。右侧副坝为双铰心墙斜丁坝，坝长 144 m。

泄水建筑物包括深水孔和表面溢流孔。深水孔进口高程为 300 m，共 12 孔，断面尺寸均为3 m×8 m（宽×高）。表面溢流孔进口高程为 338 m，共 2 孔，断面尺寸均为 9 m×14 m（宽×高）。

水电站共有 8 台水轮发电机组，进水口高程为 300 m，断面尺寸均为 7.5 m×15 m（宽×高），每台容量为 14.5 万 kW，总装机容量为 116 万 kW。

第二节　三门峡水利枢纽工程改建

一、枢纽工程第一次改建

（一）改建缘由

三门峡水库于 1960 年 9 月～1962 年 3 月首次蓄水拦沙运用，最高蓄水位 332.58 m高程（1961 年 2 月 9 日），蓄水量 72.3 亿 m^3。蓄水后库区泥沙淤积严重，在一年半的时间内，水库 330 m 高程以下淤积 15.3 亿 t，有 93% 的来沙淤在库内，淤积末端出现“翘尾巴”现象，淤积速度和部位都超出预计。潼关站流量 1 000 m^3/s 的水位，1962 年 3 月比 1960 年 3 月抬高了 4.4 m，并在渭河口形成拦门沙，渭河下游泄洪能力迅速降低，两岸地下水位抬高，水库淤积末端上延，渭河下游两岸农田受淹没和浸没，土地盐碱化面积增大。

为了减缓水库淤积和渭河洪涝灾害，1962 年 2 月水电部在郑州召开的会议上决定：三门峡水库的运用方式由“蓄水拦沙”改为“滞洪排沙”，汛期闸门全开敞泄，只保留防御特大洪水的任务。这样库区泥沙淤积有所减缓，但潼关河床高程并未降低。由于泄水孔位置较高，在高程 315 m 水位时只能下泄 3 084 m^3/s，入库泥沙仍有 60% 淤在库内，特别是遇 1964 年丰水丰沙年，问题更为突出。高程 335 m 水位以下的库容由开始运用时（1960 年 5 月）的 98.4 亿 m^3 减少到 1964 年 10 月的 57.4 亿 m^3，渭河下游的淤积继续发展。这种运用方式对下游河道也造成不利影响，由于对一般洪水滞洪，水库汛期淤积的泥沙于汛后冲刷出库，形成小水带大沙，下泄的泥沙淤到下游河道主河槽内，致使河道宽浅游荡强度加大，下游河道进一步恶化。周恩来总理指出：这样下去“淹了关中，也救不了下游”，原设计的发电及航运等项效益亦无法实现。

1962 年 4 月，在二届全国人大第三次会议上，陕西省代表提出了第 148 号提案，要求三门峡水利枢纽增建泄流排沙设施，加大泄流排沙能力。人代会以后，周恩来总理亲自召集三门峡水库问题的座谈会，会上绝大多数人认为，三门峡水库的运用方式由“蓄水拦沙”改为“滞洪排沙”是正确的，但对于是否增建泄流排沙设施及增建规模等则分歧较大，对此进行了三次讨论。

(二)第一次改建论证

1. 第一次讨论

1962 年 8 月 20 日 ~9 月 1 日水电部在北京召开第一次三门峡水利枢纽问题座谈会，会议着重座谈三门峡水利枢纽的运用方式、库区治理及是否增建泄流排沙设施问题。

1)关于排沙与拦沙

参加会议的多数人主张枢纽的运用方式采用拦洪排沙(亦称“滞洪排沙”,下同)。理由是库区上游的水土保持不可能按规划在近期生效,大量泥沙入库,水库就有很快被淤废的危险,且移民存在着很大困难,在这种情况下,采用拦洪排沙的运用方式是正确的,在不影响下游防洪的条件下,力争多排沙,尽量减少库区淤积和淹没损失,延长水库寿命。

少数人还是坚持“蓄水拦沙”的运用方式,认为在水土保持尚无显著生效之前,三门峡水利枢纽拦沙下泄清水,以冲刷下游河道,这是兴建三门峡工程的根本任务和指导思想,即使近期泥沙淤积和存在淹没与移民困难,而暂时采用拦洪排沙方式,将来水库仍应担负拦沙任务。

2)关于改建方案

对增建泄流排沙设施大多数与会者是赞成的。水电部北京勘测设计院提出了改建方案:即打开 3 个原施工导流底孔,进口高程为 280 m;在左岸增建两条泄流排沙隧洞,进口底槛高程为 290 m,改建电站坝体 5 ~8 号四条原发电引水钢管为泄流排沙管道,进口高程为 300 m。与会者围绕上述方案进行讨论,一种意见是:一般洪水坝前水位 320 m 高程时,下泄流量 6 000 m^3/s,回水不超过潼关;坝前水位 340 m 高程时,下泄流量 10 000 m^3/s;另一种意见是:坝前水位 310 ~315 m 高程之间,下泄流量 6 000 m^3/s;坝前水位 320 m 高程时,下泄流量 7 600 m^3/s。还有人认为:下泄量还可增大,达到百年一遇的洪水时水库回水不超过潼关。这次讨论会没有取得一致意见,还需进一步多做工作。

2. 第二次讨论

1963 年 7 月 16 ~31 日,在北京召开“三门峡水利枢纽问题第二次技术讨论会”,参加会议的有各有关部门领导、专家、教授共 120 人。会议上提出报告、论文 28 篇,关于三门峡水利枢纽是否增建泄流排沙设施是这次会议讨论的重点。

有些人不主张增建泄流排沙设施,其理由是:①大量泥沙下泄,将会增加下游河道的淤积,河床会随之抬高,对下游防洪极为不利;②用控制运用来减少下游淤积,既无规划,也无经验,尚不落实;③三门峡增加下泄洪水,如与三门峡至秦厂区间的洪水相遇不能错峰,将给下游的防洪带来困难。因而主张兴建干支流拦泥水库,结合水土保持工作,减少入库泥沙,以减轻库区淤积,他们提出把增建工程的力量转移到兴建拦泥库方面去。

主张立即增建的人提出,为了保证库区不受浸没影响,减轻库区移民困难,增建泄流排沙设施是迫在眉睫的大事,这是水土保持和拦泥库所无法代替的。增建后,可以控制运用,通过调节径流可以调节泥沙,有可能探索到最佳的控制运用方法,使更多的泥沙输送入海。在增建规模上也有争议,有的提出增建两条泄流隧洞;有的提出先增建两条隧洞和打开 3 个底孔;有的主张增建两条隧洞和改建 4 条发电引水钢管为泄流排沙管道;有的主张打开 12 个原施工导流底孔等。会议还就增建泄流排沙设施的技术问题进行了讨论。

3. 第三次讨论与决策

1964 年 12 月 5 ~ 18 日周恩来总理亲自主持召开治黄会议。参加会议的有中央有关部委和有关省的负责人，张含英、汪胡桢、黄万里、张光斗等水利界的知名专家、学者，长期研究黄河及从事治黄工作的干部、科研人员共 100 多人。会议上提出报告、论文共 55 篇，各家观点鲜明。治黄会议期间，开展了热烈讨论，绝大多数代表同意立即增建两洞四管并提出各自的治黄主张。

1964 年 12 月 18 日，周总理听了会议的发言之后，作了总结讲话。他说："这次会议是国务院召开的，三门峡枢纽改建问题，要下决心，要开始动工，不然，泥沙问题更不好解决。当然，有了改建工程也不能解决全部问题，改建也是临时性的，改建后，情况总会好些。当前关键问题在泥沙，5 年三门峡水库就淤成这个样子，如不改建，再过 5 年水库淤满后遇上洪水，无疑将会对关中平原有很大影响。关中平原不仅是农业基地，而且是工业基地，不能只顾下游不看中游，更不能说为了救下游，宁肯淹关中。要有全局观点。"对于大放淤的主张，周总理认为有道理，如果行得通，水土能够利用在下游，倒是大有好处；对于拦泥方案，周总理认为靠上游拦泥库来不及，拦泥库工程还要勘测试点，5 年之内不能解决问题。哪有那么多投资来做水土保持和拦泥库。对于维持现状的观点，周总理说，5 年之内要把上中游水土保持住，这是不可能办到的，反对改建的同志为什么只看到下游河道发生冲刷的好现象，而不看中游发生的坏现象呢。他强调指出："治理黄河规划和三门峡枢纽工程，做得是全对还是全不对，是对的多还是对的少，这个问题有争论，还得经过一段时间的试验、观察才能看清楚，不宜过早下结论。"他集中了大家的意见，最后决定：三门峡工程改建时机不能再等，必须下决心。确定在枢纽的左岸增建两条泄流排沙隧洞；改建 5 ~ 8 号 4 条原建的发电引水钢管为泄流排沙管道，以加大枢纽的泄流排沙能力，解决库区泥沙淤积的燃眉之急。枢纽第一次改建的争议至此得到了统一。

4. 原设计规划失误的原因

水库蓄水运用后，出现严重淤积的主要原因是，人们急于解决历代没有解决的下游防洪问题的愿望过于迫切，对黄河的认识还不够深刻和全面，致使三门峡工程在确定其规模的决策中出现失误。

(1)对黄河中游水土保持估计的太乐观。20 世纪 50 年代初期提出的"除害兴利、蓄水拦沙"的治黄方略，对黄河上游是可行的，但用于集中淤积泥沙的三门峡工程却带来了很多问题。原设想采用水土保持和多沙支流的拦沙库，减少入黄泥沙量以减轻三门峡水库的淤积，这两项措施虽然不错，但对其治理速度和减沙作用的估计过于乐观，原预计 1967 年能减少三门峡入库泥沙量的 50%，实际情况远未达到这一预定目标，造成三门峡水库严重淤积。

(2)对泥沙问题认识不足，重拦轻排是决策失误的重要因素。由于泄流规模不足，初期运用后暴露出因泥沙淤积严重带来的问题，其发展趋势严重威胁关中地区的工农业基地。

(3)忽视了我国人多地少的国情。三门峡工程在规划中由于受到"用大淹没换取大库容"的影响，造成了大量良田的淹没、大批人口的迁移，与我国人多地少的国情不相适宜。按照 335 m 高程移民线，截至 1964 年底，实际移民人数达 318 900 人。

(三)第一次改建设计施工

增建两条泄流隧洞和改建四条发电引水钢管为泄流排沙管道(以下简称“两洞四管”),于1965年1月由国家计委和水电部批准施工。由水电部北京勘测设计院负责工程设计,黄河三门峡工程局承担施工任务。“两洞四管”于1965年1月开工。“四管”于1966年5月竣工,同年7月29日首次启门过水,工期仅一年半,较设计安排的进度提前了1年。隧洞施工中克服了力量薄弱和水库防洪与防凌运用时给现场施工带来的困难,解决了滑坡、水下清淤、水下混凝土施工和土石方开挖及在悬崖峭壁下作业等难题,于1967年8月12日Ⅰ号隧洞建成并投入运用,Ⅱ号隧洞也于1968年8月16日投入运用,“两洞”泄流运用的时间较扩大初步设计安排的工期提前了1~2年。

第一次增建、改建施工阶段。改建四条钢管共完成土石方173 137 m^3(含清淤107 037 m^3),混凝土浇筑16 651 m^3,金属结构安装751.4 t,钢筋安装215 t。增建两条隧洞完成的主要工程量有:土石方工程1 103 249 m^3,混凝土浇筑125 274 m^3,金属结构安装1 829 t,钢筋安装3 587.1 t,回填灌浆17 117 m^2,固结灌浆8 126 m。第一次增建、改建工程共完成投资6 110.1万元(包括后续增的其他基本建设内容)。

1.隧洞设计

增建两条泄流排沙隧洞,按Ⅰ级建筑物标准设计,设计按坝前水位340 m,隧洞进口在坝轴线上游100~140 m处,出口在坝轴线下游250~380 m处,Ⅰ号隧洞长393.883 m;Ⅱ号隧洞长514.469 m。

隧洞进口高程按泄流排沙的要求和水下开挖的可能性定为290 m高程,出口高程定为287 m,采用鼻坎挑流消能。

隧洞的组成自上游往下游为:进水渠、进水口叠梁门槽、进口有压段、事故检修闸门井、1号渐变段、圆形有压段、2号渐变段、工作闸门井、明流段、出口明渠和挑流鼻坎。为适应主洞洞身施工的需要,在工作闸门井以下开挖出1、2、3号三条施工支洞。

两洞在投入运用之前,已将进水渠处的施工临时围堰部位的290 m高程以上底坎基岩进行了松动爆破。打开溢流坝280 m高程的原施工导流底孔后,1970年和1971年利用水库水位下降的时机,将底坎基岩挖至290 m的设计标高,至此隧洞尾工全部完成。

1)进水口工程

进口工程的进水渠长度,Ⅰ号洞为70 m,Ⅱ号洞为100 m,渠底需开挖至289 m高程,工程量大又处于库水位以下,且受地质和泄流冲刷等因素的制约,不能修筑高围堰,全年只能在枯水期的6个月内施工,因此就成为控制隧洞总工期的关键项目之一。进水口工程于1966年春完成,同年6~7月安装了进口叠梁闸门,此闸门由8节组成,总重105.4 t,两洞共用一套,可在低水位时放入闸门槽内挡水,为进水口有压段和事故检修门门槽修理创造条件。

2)事故检修闸门井

每条隧洞的事故检修闸门槽内部设有两扇3.5 m×11.0 m的事故检修闸门,门重59.5 t,由设置在高程353 m排架上的两台启闭力为400 t的启闭机启闭,可在静水条件下开启,泄流情况下关闭。

3）工作闸门井

工作闸门井的闸室内设置宽度、高度都为 8 m 的弧形闸门，为隧洞的工作闸门，在泄流或全压的情况下都能关闭或开启，在库水位较低时可局部开启，以使隧洞有压段呈满流状态。工作闸门每套重 175.8 t，闸门启闭用两台起重量各为 150 t 卷扬式启闭机。

4）主洞洞身

主洞洞身全部坐落在闪长玢岩岩体内，开挖长度Ⅰ号洞为 387.383 m，Ⅱ号洞为 507.969 m，由于沿洞线方向地质情况的变化且开挖断面尺寸又较大，为了保证施工安全，洞身上部和下部分别开挖。上部开挖的断面尺寸一般为宽 12 m，高 6.5 m，挖成后随即进行混凝土顶拱衬砌，然后再开挖下部，挖成后做底板和边墙混凝土衬砌。对洞身各段的顶拱都做了回填灌浆，除明流段外，其余各段的整个断面都做了固结灌浆。

为了观测隧洞在施工期间和运用时期的工作状态及受力情况，校核设计数据和积累工程实践资料，在Ⅰ号隧洞洞身和Ⅱ号隧洞的 353 m 高程平洞内埋设了各类观测仪器，共 240 支。

5）出口与右岸护坡

隧洞出口处的土石方开挖高度最大达 70 m，故出口明挖分两期施工。第一期从高程 352 m 挖至 293.5 m 后，这时就能从出口处开挖主洞洞身，然后转向以开挖主洞为主，1965 年 5 月起从出口处开挖Ⅰ号洞洞身的上部，同年 9 月开始从出口处开挖Ⅱ号隧洞洞身的上部，并穿插进行两洞的顶拱混凝土衬砌。第二期出口明挖从高程 293.5 ~ 285.5 m，接着从出口处开挖Ⅰ号和Ⅱ号主洞洞身的下部，并进行边墙和底板的混凝土衬砌。出口底板开挖至高程 285.5 m，底板混凝土表面高程为 287 m，底板混凝土厚度 1.5 m。

出口明渠段尾部为挑流鼻坎，鼻坎下的齿槽，其基础高程为 284 ~ 285 m，鼻坎右端顶高为 289 m 高程；左端顶高为 292 m 高程，顶部从左至右全长 28.2 m，并在坎顶埋设角钢。

隧洞泄流时，右岸岸边水流的最大流速达 8 m/s 左右，为防止隧洞下泄的水流冲刷右岸进厂铁路和公路路基，在跨河公路桥的上游 300 m 长范围做了混凝土护坡，与泄流排沙钢管的右岸护坡相连接。

2. 泄流排沙钢管设计

电站坝体原建的 5 ~ 8 号机组段发电引水钢管直径为 7.5 m，已安装到厂房内蜗壳进口断面处，将其改建为泄流排沙钢管道，即将原有钢管向下游方向延长至尾水部位，其进水口高程不变，仍为 300 m，并于出口处设置工作闸门。改建的泄流排沙钢管道按 1 级建筑物设计，设计的最高运用水位为 335 m。每条钢管从原建的端部继续接长至尾水部位，其水平长度为 21.45 m，净重约 112 t。上游端与原有的钢管相接处直径为 7.2 m，然后以 8°30′的倾角上升至出口处，出口段的孔口尺寸为宽 2.6 m、高 3.4 m，设置工作闸门一扇重 9.77 t，闸门启闭由提升力为 180 t、下压力为 150 t 的油压启闭机操作。出口设挑流鼻坎，坎顶高程为 281.7 m。钢管进水口原有的 7.5 m × 12 m 工作闸门，用做钢管进口的事故检修闸门。改建的泄流排沙钢管外部用钢筋混凝土镇墩包住，镇墩从厂房基础 273.2 m 高程起，顶部高程为 284 m。为观测泄流排沙钢管运用时的工作状况，在 6 号钢管道埋设了应变仪、测压管和通用底座等观测仪器及设施。在钢管道出口的尾水渠右岸设钢筋混凝土和干砌块石护坡，全长 353 m，以确保出口处岸坡的稳定。

3. 存在的问题

在第一次改建工程实施过程中,有两个问题给工程的进展和防洪等带来了一些不利的影响。一是增建两条隧洞的选点,原先选择在左岸,其后又对右岸洞线方案进行了补充查勘,发现右岸开挖有引起滑坡塌陷的可能,最终洞线仍选定在左岸,因选点的反复变动,使"燃眉之急"的泄流排沙工程的工期耽搁一年多;二是左岸弃渣出现的问题,原建阶段开挖土石方曾在跨河钢桥的左岸下游处弃渣,增建隧洞施工中,又将石渣卸在左岸钢桥头的上、下游处,共卸石渣23万 m^3。改建钢管工程也将部分弃渣卸在左岸钢桥头下游和钢桥上游的右岸护坡处,经水流冲刷石渣散布在尾水渠中,使尾水渠下游处的河床抬高,更严重的是,五孔的跨河钢桥靠左岸的一孔半为堆渣所填塞,使钢桥处的过流断面和下泄流量减少,遇下泄大洪水影响钢桥的安全。同时导致电站尾水渠水位抬高,1970年与1964年实测水位相比,流量在400~4 000 m^3/s 的范围时,尾水位抬高了0.5~1.7 m。在平均发电水头仅为30 m的电站中,由于尾水位的抬高,损失了发电水头,影响了发电效益,并增加了电站厂房的防洪和防倒灌负担。同时,汛期泄流排沙钢管运用时,尾水渠内回流大,将部分弃渣卷入尾水闸门槽中,使尾水闸门降不到底,不得不进行潜水清渣,增加了机组检修工作量并延长了检修工期。

二、枢纽工程第二次改建

(一)第二次改建缘由及目标

第一次改建工程完成后,水库排沙比由6.8%增至82.5%,但仍有近20%的来沙淤积在库内,潼关以下库区由淤积转变为冲刷,但冲刷范围尚未影响到潼关,库区潼关以上及渭河下游仍继续淤积。需要继续深入研究黄河泥沙问题,从中找出规律,指导工程改建,以进一步解决库区淤积问题。

1. 黄河泥沙的几个基本特性

(1)黄河的泥沙大部分集中在汛期。一般情况下,汛期来沙量约占全年的80%,多沙年可以达到90%,而在汛期又往往集中在几个大水时段。同时,根据黄河下游的河道特性,分析水流的输沙能力,随着流量增大而成数倍增长。当流量在3 000~4 000 m^3/s 以上时,就可以将大部分泥沙输送入海。因此,应充分利用大洪水排沙入海。

(2)黄河下游多年来的冲淤特性是:一般情况下,小水时淤槽,大水时淤滩冲槽。因此,三门峡水库在一般洪水时不滞洪,以利于减少库区淤积和下游淤滩刷槽。

(3)渭河洪水对降低潼关高程起着重要作用。一般洪水时水库壅水不超过潼关,洪水冲刷能得到充分发展,使渭河下游发生全线冲刷,并能发展到潼关以下库段。

(4)天然情况下非汛期黄河下游淤积主要来自潼关以上汇流区的冲刷,这部分泥沙全部淤积在主槽内,对下游不利,必须加以调节控制,同时扩大泄流规模,使这部分非汛期淤积物能在汛期大洪水时排出库外。

2. 改建的主要目标

(1)为防止特大洪水对下游5省造成决口改道的严重灾害,三门峡水库继续承担拦蓄大洪水的任务,但对一般中常洪水不进行拦蓄,且力求不壅高水位,以减少库区淤积,同时使洪峰和沙峰相适应,以便充分利用河道排沙能力输沙入海。冬季继续承担黄河下游防凌任务。

(2)在黄河下游泥沙问题没有得到根本解决之前,下游河道淤积问题不能只靠三门峡水库,必须合理安排、处理泥沙。

(3)三门峡水库虽不能高水头发电,但防洪减淤运用仍有 20 m 的水头可以利用,实现径流发电。

1969 年 6 月 13 ~ 18 日在三门峡市召开了晋、陕、豫、鲁四省及水电部、黄委会、三门峡工程局参加的会议,即后来所谓的“四省会议”,会议着重讨论了三门峡水利枢纽改建和黄河近期治理问题,会后向国务院和周总理呈报了这次会议通过的《关于三门峡水利工程改建和黄河近期治理问题的报告》,报告针对三门峡水利枢纽改建问题提出了进行第二次改建意见,即打开 1 ~8 号原施工导流底孔,下卧 1 ~5 号钢管进口。改建原则是:“……在确保西安、确保下游的前提下,合理防洪,排沙放淤,径流发电……”改建规模:“……在坝前 315 m 高程时,下泄流量达到 10 000 m^3/s……”

(二)设计施工

电站坝体、溢流坝体和水电站厂房内部结构的改建,都按 1 级建筑物设计,按地震烈度Ⅷ度设防。按坝前库水位高程 330 m 设计,高程 340 m 水位校核。大坝下游的导水墙、变压器场地等按百年一遇洪水敞泄量设防。

1. 底孔改建

溢流坝原建的深水孔(以下简称深孔)12 个,进水口底槛高程 300 m,孔身断面尺寸为宽 3 m,高 8 m。溢流坝底部有原施工导流底孔(以下简称底孔)12 个,进水口底槛高程 280 m,孔口尺寸宽 3 m、高 8 m,建坝后于 1960 年 11 月 ~1961 年 6 月已回填混凝土封堵。

1970 ~1971 年打开 1 ~8 号底孔,其中 1 ~3 号底孔为单层过水,4 ~8 号底孔与其上面的 1 ~5 号深孔在平面上重合,在立面上为上、下两层,当底孔、深孔同时泄流时为上、下双层过水,故称双层孔。双层孔过水存在着复杂的水力学问题,为此,在设计前做了水工模型试验,通过试验选定了工作闸门井穿水的方案。

1 ~3 号底孔每孔设置两道闸门,工作闸门位于坝轴线下游 44.5 m 处,是利用原有施工导流底孔的工作门槽改建而成,工作闸门是平板门宽 3 m、高 8 m,每孔装有启门力 350 t、下压力 250 t 的油压启闭机,在其上部增设了启闭机操作室,并在操作室的右坝修建油泵房。保留底孔进口的斜闸门作为事故检修门,位于坝轴线上游 7.9 m 处。

4 ~8 号底孔的改建是将深孔的原工作闸门井井底的混凝土由 300 m 高程往下开挖至 280 m 高程,改建成底孔工作闸门井,使底孔工作闸门经过深水门井一直下到底孔,工作闸门槽位于坝轴线下游 10.181 m。将深孔的原事故检修门槽作为现深孔的工作门槽,位于坝轴线下游 4.429 m。保留进口原斜闸门,作为底孔、深孔共用的事故检修闸门。

研讨枢纽第二次改建方案时,担心的三大难题即:进水口斜门被水泥浆灌牢、斜门提起困难和底孔出现拉应力且加固措施没把握,在施工实践中都得到完全解决。但还存在着底孔泄流面的抗磨蚀和进水口的斜闸门改建等问题未获解决。

1)底孔开挖

在底孔回填混凝土之前,曾在每扇斜闸门后立木模板挡住闸门,但回填混凝土以后,在底孔顶部进行了水泥浆回填灌浆,闸门槽和斜闸门很可能被粘牢,1 ~3 号底孔从 1970 年

1月起开挖,同年4月底挖通,现场检查证实水泥浆没有灌入闸门槽和斜门体内,这样,就为提起斜闸门提供了有利条件,底孔开挖后,孔壁光滑未发现有明显的震伤,其原因是回填混凝土前老混凝土面虽经凿毛处理,但新、老混凝土面的黏结力较弱,爆破震动后易于从接合面脱开,经钻孔取样试验,爆破后和爆破前相比较底孔周边混凝土强度损失不大。

2)底孔启门

1~3号底孔进水口的斜闸门重32.5 t,闸门前的泥沙淤积最厚处达17 m,沉放已历时10年,底孔进口处的斜闸门能否提起,是确定第二次改建方案的关键所在。经现场多方观察研究,确定采用上提、下顶和挂钩相结合的提门办法,弥补现有简易启升机能力不足的问题。上提,是在原提升架上配4个油压千斤顶,使提升力达到400 t;下顶,是在底孔的闸门后边用2个75~100 t的油压千斤顶向上顶提;挂钩,是潜水人员将2套吊钩钩牢闸门上段的横梁腹板上,用卷扬机配滑轮组提升。

第一、二次提门,采用上提和下顶相结合,闸门累计提升高度约10 cm,底部射水,但不大量过水,第三次提门,采用上提和挂钩相结合,总启门力达460~500 t,前后历时3天于1970年6月25日1时30分将闸门提起。随后又依次提起了第二和第三孔的进口斜门,沉埋在淤沙中达10年的斜门完整地提起,实现了三个底孔泄流排沙,为第二次改建方案的审定提供了依据。1970年7月水电部决定继续挖开4~8号底孔,1971年1~4月完成了混凝土开挖。4~8号底孔每扇闸门门叶重44 t,计入加重共约50 t,依次于1971年10月上、中旬提起,并首次投入泄流排沙。

3)底孔应力

底孔原是施工导流的临时泄水孔,系低水位条件下运用,改建为泄流排沙孔需在高水位条件下运用。底孔的结构强度能否满足要求,因缺乏原设计的系统计算资料,不能论证。

1963~1969年科研和设计单位对三门峡溢流坝底孔的应力问题,做了试验并进行一系列计算,得出的结论是:底孔孔边缘均为拉应力,超过了混凝土的抗拉强度允许值,顶板、底板原配置的钢筋量不足,挖开底孔后必须进行结构加固。1970年对挖开的底孔进行了混凝土和钢筋的应力释放试验,发现温度的变化对底孔的应力具有重要的影响,底孔的顶板、边墙、底板的边缘应力,在夏季是压应力,在冬季是拉应力。夏季的压应力抵消由自重加内水及加外水所产生的拉应力还有余,夏季即使在校核水位340 m高程时,底孔边缘应力还是压应力。原型试验的结果,否定了以前拉应力过大的结论,从而取消了原设计在底孔内采用环氧树脂浆液粘贴钢板的加固措施,简化了施工,节省了投资。当冬季防凌水位326 m高程时,计算底孔承受的内水压力,顶板和底板的拉应变值均接近或超过混凝土的限值,底孔是否会引起裂缝,至目前尚无更可靠的论证,因此采取了相应措施,即设计单位要求在每年凌汛蓄水前关闭底孔进水口的斜闸门,并提出今后还要加强观测和科研工作。

4)抗磨措施

1973年汛前在3号底孔的底板面铺砌了辉绿岩铸石板(以下简称铸石板),铺砌时用环氧树脂基液打底用高标号水泥砂浆作黏结材料进行现场试验,汛期投入泄流排沙运用,汛后检查。检查结果铺砌的铸石板基本完好,仅局部因施工质量不好被冲掉。通过这次汛期泄流排沙运用的考验,随即决定在其他6个底孔的底板铺砌铸石板,从1973年

12 月 ~1974年 11 月均采用铸石板作底孔抗磨层。铸石板尺寸为 34 m × 25 cm，厚3. 8 cm。

1981 年 4 ~6 月和 1982 年 5 ~6 月，对底孔进行了检查，发现 3 号和 6 号两个底孔底板铺砌的铸石板基本完好，损坏较轻。而其他底孔的铸石板剥落损坏较多，1 号、4 号和 7 号 3 个底孔底板铺砌的铸石板剥落面积在 56% 以上，5 号和 8 号两个底孔铸石板剥落面积高达 87% 以上。由于现场的铺砌工艺未能过关，其后继续试验适于底孔使用的新的抗磨层。

5）进口斜门改建

底孔由原施工导流临时泄水孔改建为永久泄流孔后，1 ~3 号底孔进口的斜闸门需改作事故检修门，4 ~8 号底孔各与其上部的深孔组成双层泄水孔，其进水口的斜闸门既是底孔的事故检修门又是深孔的检修门。上述斜门改建的设计标准是按库水位 330 m 高程动水关闭，平压开启。

由于原建的斜门闸门槽为矩形，不适应高速含沙水流条件下运用，存在着水力学方面的空化、涡带而发生破坏。改建后投入运用，于 1980 年和 1981 年进行了检查探明：闸门槽、导轨和孔口混凝土遭受了严重的磨蚀，需要尽早进行处理，由于未能解决进水口的施工围堰问题，一直到 1984 年 10 月特种深水钢围堰试验成功，才得以进行改建施工。

改建后 1 ~3 号底孔（溢流坝段底孔）及 4 ~8 号底孔（双层泄水孔）剖面图分别如图 1-3和图 1-4 所示。

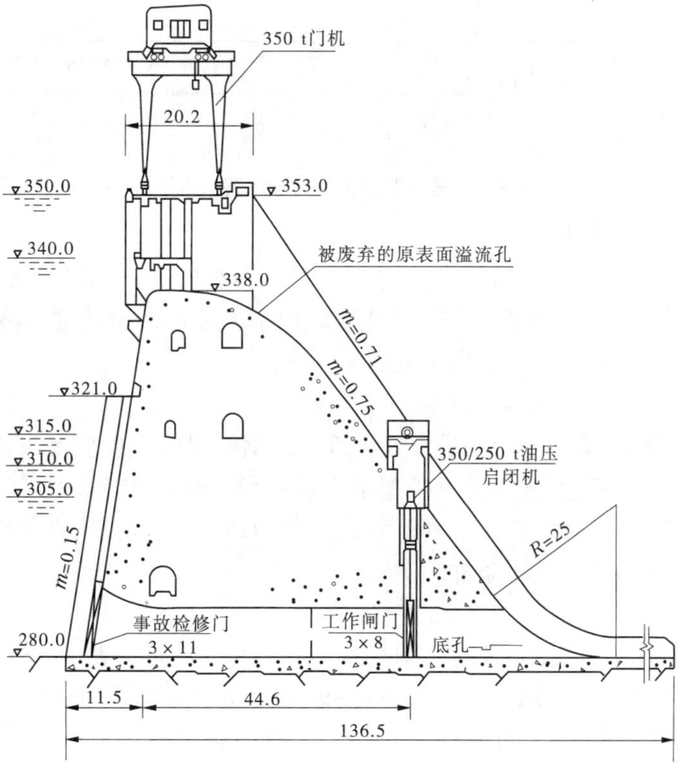

图 1-3　溢流坝段 1 ~3 号孔剖面图　（单位：m）

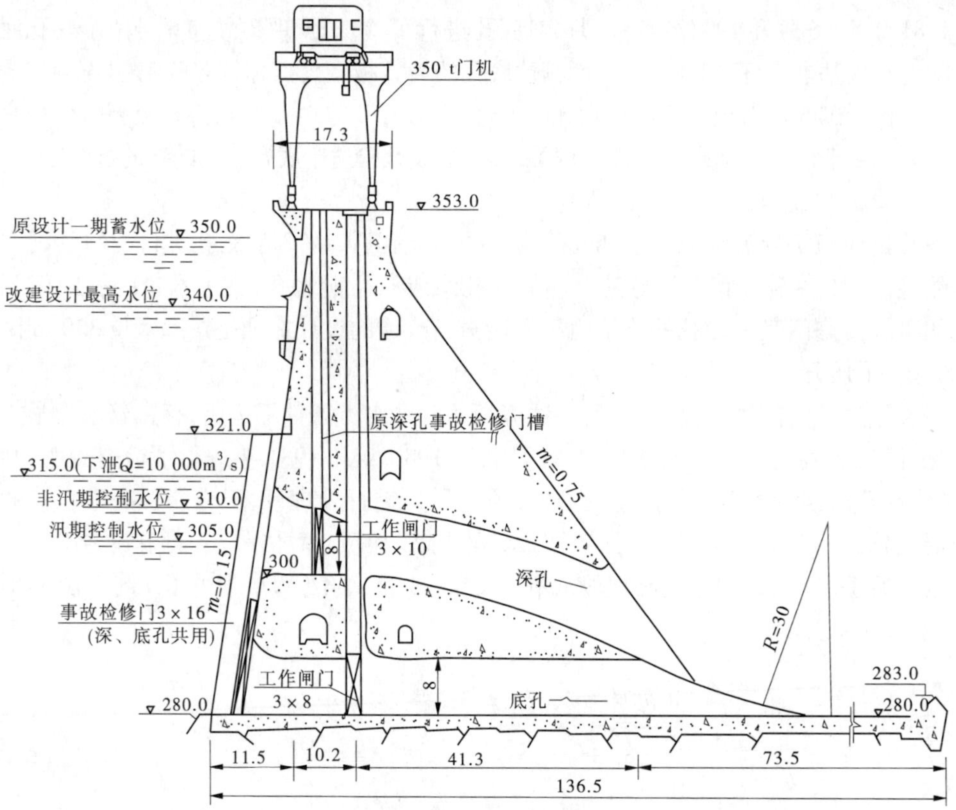

图1-4 4~8号孔双层泄水孔剖面图 （单位:m）

2. 电站坝体钢管道改建

电站坝体钢管道的改建包括:1~5号机组引水钢管的老进水口堵头混凝土浇筑,新进水口开挖,新引水管道的安装、管道周围混凝土回填、顶部回填灌浆,蜗壳排沙叉管工作闸门井的改建和新工作闸门以及启闭机的安装等。

1)钢管老进水口堵头混凝土浇筑

在1~5号机组原老引水道的进口处浇筑一道钢筋混凝土拱型堵头,用以挡水,为电站改建新进水口的施工创造条件。拱型堵头从高程300 m增至321.5 m高程,高度共21.5 m,宽度9.3 m,厚度为2 m。1969年12月26日将堵头混凝土全部浇完。为电站坝体新的引水管道的施工创造了条件。

2)1~5号机组新引水钢管道开挖

改建的水电站新引水钢管道进水口的底板高程由300 m下降至287 m,须在坝体内挖除老混凝土,沿管道中心线的开挖长度为49 m,以下与原钢管道相接。1970年1月下旬开工,10月底已基本完成,同年冬电站坝体1~5号机组段进水口清淤至284 m高程,挖开了5条改建的新钢管道进水口,并浇筑了进水口的拦污栅基础混凝土、拦污栅墩和进水口到检修门的水下部分混凝土。

新建发电引水钢管道进行的坝内混凝土开挖，是采用钻孔爆破和预留保护层的方法。开挖后为了弄清楚爆破开挖对孔洞周围混凝土质量的影响，采用了钻机钻取混凝土岩心样品进行试验、超声波检测和钻孔压水试验 3 种方法检查，其结果都基本相同，爆破后孔洞周围的表层混凝土疏松，在距爆破面 80 ~ 100 cm 的深度范围，混凝土的强度和抗渗性能有较明显的降低，但尚能满足坝体内部原设计的标号要求。

3）新建引水压力钢管的安装

新建引水钢管的进水口底板高程为 287 m，宽 6 m，高 7.5 m。每条钢管沿中心线的改建长度为 25.88 m，共分 20 节，管壁厚度 18 ~25 mm，从进口处往出口方向依次分为方管段、渐变段、水平圆管段和弯曲圆管段。工作闸门和检修闸门仍在原建的闸门槽位置，但闸门井须向下开挖 13 m。改建后每条钢管的设计引水流量为 197.5 m^3/s。

4）蜗壳排沙叉管

设计增设蜗壳叉管是作为防止坝前泥沙淤堵的措施，电站进水口在改建前未曾考虑到防淤堵问题，其后设计确定先在改建的第一台机组的蜗壳上开设一条叉管，用它进行拉沙排沙，以防止电站进水口的泥沙淤堵。叉管建成后 18 年，工程的管理运用实践表明，在不淤堵时用不上，而在遭到了淤堵的情况下又起不了作用，同时叉管闸门漏水，增加了机组停机检修的困难。1991 年，结合电站扩装 7 号机组，废除了叉管，拆除了叉管启闭机房。

5）启闭设备

由于改建后钢管道进水口高程下卧，原工作闸门、检修闸门都已不适用，改制的新闸门尺寸为 6.0 m×7.5 m，改制后的闸门每扇重 60 t。

在每条钢管前设一扇共用的检修闸门，尺寸为 6.0 m×7.5 m，检修闸门的操作仍用坝顶的 350 t 门式起重机。

每一台机组的发电引水钢管道设置一扇尺寸为 6.0 m×7.5 m 的工作闸门，工作闸门可以快速启闭，用新装的启门力为 350 t、持住力为 300 t 的油压启闭机进行启闭。当发电机组发生事故时，能在 2 min 内关闭闸门，工作闸门槽后设有通气孔，以满足工作闸门快速关闭时补气的要求。

（三）两次改建初步效果

自 1971 年起有 8 个原施工导流底孔已打开并投入运用，至此，枢纽计有 25 个泄流排沙洞孔，库水位 315 m 高程时总泄量可达 9 460 m^3/s（计入了两台机组的泄量）。基本接近 1969 年 6 月“四省会议”确定的改建规模和要求。

经两次改建后，枢纽的泄流排沙能力增大，潼关以下的库区已由淤积变为冲刷，潼关以上库区在部分时段内已开始有冲刷，从 1970 ~ 1973 年水库敞泄排沙，潼关以下冲刷出库的泥沙 3.95 亿 m^3。出库沙量占入库沙量的比值，由 1966 年的 71.62% 增大到 1971 年的 117.19%、1972 年的 137.69%、1973 年的 102.66%。潼关站 1 000 m^3/s 流量的水位 1969 年 10 月 24 日为 328.7 m 高程，1973 年 11 月 9 日已降为 326.7 m，下降了 2 m。330 m高程以下的库容，由 1969 年 10 月第一次改建工程全部投入运用后的 26.9 亿 m^3，到 1973 年 10 月恢复到 32.6 亿 m^3，增加库容 5.7 亿 m^3，较 1964 年 10 月第一次改建之前的 22.1 亿 m^3，增加库容 10.5 亿 m^3。第二次改建后潼关以上库区淤积速度有所减缓，由

1960～1967年间的年均淤积3亿t,降低到1968～1973年的年均淤积1.5亿t,渭河下游的淤积也趋于缓和。

从1970年起有关科研和设计单位对三门峡水库的运用和泥沙问题进行了系统全面的总结。对水库的运用方式和进一步发挥水库效益问题,通过实践和科学的分析,制定和逐步完善了符合客观实际需要的运用方式。根据黄河来水来沙分布不均,潼关以下河道比较陡、输沙能力较大等特点,三门峡水库自1973年11月开始控制运用以来,均采用“蓄清排浑”运用方式,在非汛期来沙量少时水库适当蓄水防凌、灌溉和发电,在来沙量大的汛期,除防御特大洪水外,一般洪水穿堂过,降低水位排沙,增大水库的排沙能力,以保持水库潼关以下年内泥沙冲淤平衡,使库区泥沙淤积得到了控制,潼关以下峡谷段的库容可长期稳定保持,供综合利用。

黄河下游河道,1969～1971年平均每年淤积泥沙7.3亿t,为来沙量的43%,比1950～1960年的年平均淤积3.86亿t(为来沙量的22%)增加了近1倍,主要是由于新建隧洞和改建的底孔投入运用,冲刷了水库以往淤积的泥沙及1969～1971年黄河出现的水少沙多。下游河南段的淤积全在主河槽内,改变了建库前滩、槽淤积厚度相当的情况,排洪能力降低,河势更加宽、浅、乱。山东段汛期和非汛期都淤积,改变了过去汛期冲而非汛期微淤的局面。

枢纽经第二次改建后,1973年末水库开始按“蓄清排浑”运用,由于枢纽调节水沙,避免小水排大沙,提高了下游河道的输沙能力,加大了河道排沙入海的比例,自1974年起,黄河下游河道的泥沙淤积量较三门峡建库前有较大幅度的减少。枢纽采取“蓄清排浑”方式控制运用以来,水库335 m高程以下库容可长期保持或接近60亿m^3,水库全面发挥了防洪、防凌、灌溉、发电和供水的综合效益。

枢纽第二次改建工程自1969～1981年共完成土石方工程531 372 m^3,混凝土浇筑71 831 m^3,钢结构安装2 693 t,混凝土开挖47 543 m^3,水轮发电机组安装5台,总计重7 156 t。

(四)发生的新问题

1981年3月21日水利部向国务院呈报了《关于黄河三门峡水利枢纽当前存在问题的报告》([81]水管字第24号)。在报告中提出:三门峡水利枢纽经两次改建后,增大了枢纽的泄流规模。结合“蓄清排浑”的运用方式,使潼关以下库区河床发生大量冲刷,渭河洪涝灾害有所减轻。水库库容逐渐恢复,基本上达到当年泥沙冲淤平衡,并发挥了防洪、防凌、灌溉、发电和供水的巨大综合效益。但由于黄河是世界上输沙量最大的河流,加上管理体制至今没有明确,使枢纽仍存在着如下问题:

(1)溢流坝的泄水底孔遭受含沙水流的严重磨蚀。工作闸门槽导轨受磨损、气蚀破坏严重,原设计闸门在高程330 m水位可动水关闭,而目前部分底孔在高程315 m水位启闭已有困难,如不抓紧修复,将影响防汛正常运用。

(2)尚有相当数量的未完工程,需要在近年内完成。主要有底孔进口斜闸门改建和增设工作闸门专用启闭机、下游Ⅱ号隧洞出口基础严重淘刷等。上述项目由于技术复杂,不好解决,长期拖了下来。底孔原为临时施工导流之用,现作为永久泄水建筑物后,进口斜闸门需改作为事故检修门,原门槽已不适应高速含沙水流过水的过流要求,导轨遭受严重磨蚀，使启闭力逐年增大，原设计启闭力为200 t，而实际的启闭力已增至500 t以上。但改建门槽需在40 m以下深水施工，建置施工围堰很困难。

经检查，底孔进口处的斜门槽不锈钢导轨、水封底和底坎破坏严重，高程282～289 m处的导轨轨面损坏了1/3～1/4，最严重处导轨间断。斜门槽的底水封座全部破坏成蜂窝状凹坑，底坎埋件大部分被冲走，仅残剩两端。混凝土被磨蚀成锅底状凹坑，致使水封底座和底坎已不能止水。

底孔的工作闸门槽导轨在高程283～288 m区段破坏严重，部分轨面呈蜂窝状磨蚀坑，也出现了断续不等的缺口并有个别的开花状大坑，胶木滑道损坏，致使闸门启闭困难。

有一部分底孔的底板面铺砌的铸石板抗磨层已被冲刷剥落，仅残留小部分。未作抗磨层的2号底孔的底板面磨蚀破坏最重，工作闸门后边形成了大面积的冲蚀坑，最大坑深达20 cm，部分钢筋裸露。底孔的混凝土边墙下部3 m范围内磨蚀剧烈，表面石子裸露，最大磨蚀深度为5 cm。

1981年年底，天津勘测设计院提出"初设要点报告"，认为要在保证水库正常调度运用前提下进行改建，围堰是改建工程成败的关键，天津勘测设计院就此问题与水利部第十一工程局进行认真细致的研究，提出了瓶塞式叠梁围堰的方案，其性能优于钢板拉格体围堰。瓶塞式叠梁围堰投资省，工期短，不影响水库的正常运用，构思很巧妙，国内外均无先例。止水和传递推力、堰体结构安全度以及沉放施工等问题，都需要通过试验来验证。

1982年12月水电部在北京召开"黄河三门峡水利枢纽改建及大修工程设计中间成果汇报会"，同意天津勘测设计院推荐的改进原底孔体型的方案，决定先试制一套瓶塞式叠梁围堰尽早进行试验。

1982年天津勘测设计院和水电部第十一工程局共同进行瓶塞式叠梁围堰方案的设计和试验研究工作，围堰能否成功，关键在于两侧的支座型式问题，要在27 m高又很不平整的闸墩混凝土面上，做到既要止水又能传递水推力的支座型式，只有采取软支座。由此提出以橡胶软膜袋内灌注优质高强混凝土的设想，1982年7月开始进行软膜混凝土支座钢叠梁围堰的设计试验工作。1984年10月底孔进口特种深水软膜混凝土支座钢叠梁围堰（以下简称钢围堰）沉放试验成功，突破了改建的技术难关，为溢流坝底孔改建和大修创造了条件。

（五）解决的措施

三门峡水利枢纽泄流工程二期改建主要项目有：溢流坝1～8号底孔进口斜门槽及工作门槽改建，溢流坝5个双层孔增设一门一机，再打开9号和10号两个底孔并进行改建。底孔改建按斜门方案实施，并对出口段进行压缩。斜门改建的具体内容是：

（1）改建1～8号底孔的进口斜门槽，并更换原旧斜门，将其改建成为底孔的事故检修门。4～8号底孔与1～5号深水孔（后来改为6～10号底孔与3～7号深水孔）配备专门的闸门启闭机，即通称的一门一机，以缩短闸门的启闭时间。

（2）改建4～8号底孔的工作闸门槽。

（3）1～8号底孔出口段的压缩。

（4）1～3号底孔进口处增设通气孔。

（5）底孔的孔身、深水孔的泄流面和护坦面作抗磨损防护层。

(6)在4~8号底孔进口增设通气孔。

(7)4~8号底孔封堵原有的穿水工作闸门井,并在上述各孔的出口处增设弧形工作闸门。

(六)特种深水软膜混凝土支座钢叠梁围堰(瓶塞式叠梁围堰)

钢围堰由堰体、伸缩节、导向架、软膜混凝土支座4部分组成。堰体为钢结构门体,宽5 m,分7节,总高41 m,门体总重80.4 t。1984年10月17日钢围堰沉放取得了圆满成功。

1985年1月31日,钢围堰前的库水位达到320 m高程,围堰经受了40 m的设计水头的考验,堰体结构稳定,软膜混凝土支座可靠,止水效果良好。在钢围堰的保护下,底孔内创造了干地施工的条件。

钢围堰结构新颖,运用时安装和拆卸灵活方便,节省了大量临时工程费用。在基本不影响水库正常运用和发电的情况下,可进行底孔的改建施工,有显著的技术经济效果。对泄水孔和水下进水口工程及闸门槽的检修有着普遍的适用性。经专家鉴定认为:属国内首创,也未见国外有类似实例,这项成果于1985年10月获国家科学技术进步一等奖。

(七)溢流坝底孔改建

1.斜门和斜门槽的改建

底孔进口的斜闸门,按要求改建为事故检修闸门,设计标准为库水位330 m高程时动水关闭,平压开启。深水孔的下门水位设计标准为库水位317 m高程。到1990年汛前,2号、5号、6号和7号计4个底孔的斜门改建全部完成。

进口斜门槽改建成上、下游斜距10 cm的斜坡式门槽,并将底孔段门槽的导轨改建成可拆卸的平导轨,轨面设计采用抗磨蚀性能较佳的合金材料,以适应在高速含沙水流条件下运用。斜门槽改建,须将下游侧高程280~292 m的原二期混凝土连同预埋件一齐挖除,再钻孔插筋,安装可拆卸的新导轨并浇筑二期混凝土。由于斜门槽紧靠钢围堰,为确保钢围堰的安全,施工采用风镐凿除原二期混凝土。到1990年汛前,1~8号8个底孔斜门槽改建全部完成。

2.工作门槽的改建

底孔工作门槽内的原导轨,从高程280~290.9 m须更换成可拆卸的圆弧形导轨,为此,需挖除门槽内的原二期混凝土,并拆除原导轨。按上述的要求,1990年汛前完成了2号、6号和7号3个底孔的工作门槽改建,其余的工作门槽改建底孔在继续施工中。

3.底孔出口压缩

为消除底孔的气蚀,在工作闸门下游侧的底孔出口顶板处,浇筑斜坡形钢筋混凝土用以压低出口处顶板的高度。1~3号底孔压缩高度为1 m,4~8号底孔压缩高度为2 m。1984年完成了6号出口段顶板的钢筋混凝土斜坡压缩,其余的底孔将根据已压缩底孔的原体观测试验成果,再进一步研究确定出口压缩方案。1989年5~6月,在5号底孔埋设水听器,进行了原体噪声观测,根据观测成果确定双层泄水孔的底孔出口压缩高度,除已完成的6号底孔为2 m外,其余均为1 m。

4.通气孔

(1)5~8号底孔出口通气孔,上部进口高程为294 m,出口高程为287.6 m,直径为

0.8 m。边墩及中墩各设置一孔,每个底孔的通气面积为0.75 m^2。

6号底孔完成出口压缩后,当时其通气孔尚未施工,1984年8月双层泄流,在水位310.4 m时,深孔、底孔交汇处的水舌产生周期性振荡,引起坝体振动,后用测振仪观测,当库水位307.2~314.8 m时,测得位移最大幅值864 μm,脉动最大幅度为24 m水柱,频率最大每分钟达9.3次左右,垂向振动位移极小,分析其振源主要来自6号底孔和3号深孔交汇处的压力脉动。1985年汛前完成了出口通气孔,同年9月又进行现场双层孔泄流测试,测得振动位移最大幅值不超过2 μm,泄流情况正常,说明设置通气孔向交汇处补气是必须的。

(2)1~3号底孔的进口通气孔,每孔设一个通气孔,孔径60 cm,位于底孔进口角隅处,孔口底部中心高程为287.7 m,孔口顶部高程为338 m,在320~338 m高程的倾斜上升段,须紧贴上游坝面挖槽,埋设预制钢筋混凝土管作为通气管。至1988年底前,已作了321 m高程以下的垂直钻孔及高程334 m平台下的上游坝面混凝土挖槽。

5.泄水孔的抗磨层

改建工程有7个底孔表面铺砌了铸石板抗磨层,从使用的效果看,铸石板本身的抗磨蚀能力很好,价格又便宜,但质地较脆,易被推移质砸破,且整体性差,在高速水流的作用下,先从黏结薄弱的部位破坏,易被逐块掀掉,在大面积施工黏结工艺无把握的情况下不宜使用。

根据对抗磨材料的试验和现场工程实践,在相同的水流条件下,各种材料的抗磨蚀能力和使用效果如下。

1)环氧树脂砂浆

抗磨蚀能力相当于抗冲刷部位混凝土的4~5倍,黏结能力强,但材料价格较贵,其中所用的固化剂等材料有毒性。适用于水流状态复杂、易受高速水流破坏的部位。主要用于金属护面的抗冲刷与抗磨蚀涂层、底孔门槽段、出口压缩段边壁等。

2)高标号混凝土

施工和维修都较简便,适合大面积施工,是底孔改建底板抗磨层的基本材料,2号底孔的底板使用抗压强度标号为600号的高标号混凝土。

3)钢纤维混凝土

比高标号混凝土的抗磨蚀能力高10%~30%,由于掺入了钢纤维,故其具有较好的抗裂能力。适用于受冲击的部位,如底孔进口段、工作闸门槽段和出口压缩段底板。

4)高标号水泥砂浆

施工和维修亦较简单,有一定的抗磨损能力,适用于混凝土表层的抗磨处理,如底孔边墙的喷护、深水孔及护坦的抗磨层等。

底孔的底板用600号高强度混凝土作抗磨层时,底板原老混凝土面需稍下挖,残存的铸石板也一并挖除,使新浇的高标号混凝土抗磨层的厚度不小于10 cm,底板的下挖规定只许采用风镐凿除,不得放炮。

边墙喷涂高强度砂浆抗磨层,标号为500号,喷层厚度5 cm。

斜门前底槛和出口压缩段的底板,采用600号钢纤维混凝土作抗磨层。

闸门槽段底槛、1:12斜坡段边墙和出口压缩段的局部边墙及顶板,涂抹一层改性环氧金刚砂砂浆层,厚0.5~1.0 cm。

以上各种抗磨层除1~3号和5~8号底孔斜门槽部位及相邻处已按照要求作了抗磨层外,至1990年汛前,只完成了2号底孔底板的抗磨层,尚有大量的抗磨层正在陆续施工。底孔边墙须喷涂高强度砂浆抗磨层,1990年汛前在2号底孔的出口处进行了试喷,试喷结果可以达到设计的要求。

6.打开9号、10号底孔

为解决底孔磨蚀问题,将所打开的底孔出口进行了压低,单孔过流能力相应降低,1~8号底孔出口压缩过水断面后,1~3号和4~8号底孔在315 m水位时,每孔减少泄量分别为32 m^3/s和75 m^3/s,8个底孔共减少471 m^3/s,占总泄量的5.2%。打开9号和10号两个底孔,则可增加泄量650 m^3/s,枢纽总泄量可达9 239 m^3/s,可以弥补底孔压缩所减少的泄量。9~10号底孔的改建项目和要求与4~8号底孔相同,须先打开原已回填的混凝土,总量约4 000 m^3,另外,再制作两扇深水孔工作闸门,将原深水孔的工作闸门改用于9~10号底孔。9~10号底孔1989年开工,1990年汛前打通,并于同年汛期投入泄流运用。

7.打开11号、12号底孔

为提高三门峡水库非汛期水量利用率,根据水利部批复,枢纽工程6号、7号排沙钢管扩装为单机容量7.5万kW的发电机组,6号、7号机组分别于1994年、1997年正式投运。为达到"四省会议"要求的枢纽泄流规模315 m水位下泄10 000 m^3/s,水利部在《关于黄河三门峡水利枢纽泄流工程二期改建初步设计》([87]水电水规字第10号)的批复中,建议下一步研究增开11号、12号底孔。1998年水利部以水规计[1998]354号文批复了《黄河三门峡水利枢纽增开11、12号底孔初步设计说明书》。

1998年10月~1999年6月,完成11号和12号底孔开挖、11号工作门槽改建、6号深孔工作门制作安装等项目,并提起11号底孔封堵门,1999年10月沉放11号底孔围堰。1999年10月~2000年6月,完成11号底孔斜门槽改建、12号底孔工作门槽改建、11号和12号底孔出口压缩、11号和12号底孔底板抗磨、7号深孔工作门制作安装等项目,提起了12号底孔封堵门。2000年10月沉放12号底孔围堰。2000年10月~2001年5月28日,完成了12号底孔斜门槽改建、边墙抗磨层等项目,主体工程全部结束。

完成的主要工程量为:石方明挖350 m^3,混凝土开挖5 220 m^3,混凝土浇筑3 024 m^3,砂浆(含高喷砂浆)225 m^3,环氧砂浆2.5 m^3,回填灌浆145 m^2,锚筋19.6 t(2 720根),钢筋114 t,金属结构设备296 t,坝前水下清渣清淤3 000 m^3。

(八)隧洞出口基础处理

枢纽左岸两条隧洞投入运用后,自1969年以来左岸岸坡发生了3次较大的塌方,大坝下游的隧洞出口至跨河钢桥段的原有公路被冲断,继续发展下去会危及隧洞出口挑流鼻坎基础安全,影响隧洞的正常运用。

1985年5月用超声波仪器测量水下地形,发现在Ⅱ号隧洞出口处的鼻坎附近到2号施工支洞进口处,水下岸坡有3个洞穴,其中2个较大的洞穴高2~6 m,宽8~12 m,位于高程265~270 m之间,深度估计超过2 m,俗称"老虎嘴"。

隧洞出口鼻坎下部被冲成"老虎嘴"和左岸山坡的塌方,主要是由于该部位的闪长玢岩底部的页岩煤系地层被水流冲击淘刷形成空洞,而岸坡的上部山岩又较破碎,引起岸坡塌方。

Ⅱ号泄流隧洞出口挑流鼻坎下游的淘刷坑，逐年加深并接近隧洞出口鼻坎基础，淘刷坑到鼻坎末端的距离，在1970年1月时为60 m，到1984年为48 m。淘刷坑的最深点1970年1月为272 m高程，到1972年4月为260 m高程，已逐步对隧洞出口鼻坎的基础安全构成威胁。

1986年8月29日，水电部天津勘测设计院向水电部水利水电规划设计院上报了《三门峡水利枢纽泄流工程二期改建左岸泄流排沙隧洞出口基础加固处理说明书》，并提出上述加固处理项目的工程概算，在泄流工程二期改建初步设计中列出。1987年1月26日水电部以[87]水电水规字第10号文批复同意左岸隧洞出口的加固处理。

1985年设计了水下混凝土结合钢筋混凝土灌注桩和灌浆锚筋联合作用的加固方案。基础加固重点在2号隧洞出口至施工支洞附近，长约58 m，在混凝土墙和鼻坎底部作直径50 cm的钢筋混凝土灌注桩，伸入到岩性较好的砂质页岩和砂岩内，并在水下打孔设置锚筋。

隧洞出口基础加固处理大多为水下作业，施工技术复杂，仅可在冬季溢流坝泄水孔和两条隧洞全部关闭时进行，每年的施工期约两个月。1990年完成了隧洞出口处的山坡险石处理1.3万余m^3和2号施工支洞洞口回填混凝土等项准备工作。并在2号隧洞出口处的“老虎嘴”采取了在水面的浮箱上架钻机打混凝土灌注桩，由于水面颠簸浮箱不稳，难于施钻，因而于1990年2月被迫停工。1990年8月国家已批准三门峡水电站新扩装两台机组的立项，1991年扩机施工已开始，泄流排沙钢管不能原数投入运用，势必增加底孔和隧洞的泄流排沙运用时间，从而影响隧洞出口基础加固工程的施工。1994～1996年，根据实际情况，三门峡水利枢纽管理局提出改为水下大体积混凝土方案被设计采用，加固工程于1996年完成。

经逐步实施泄流工程的二期改建，至1987年汛期25个泄流洞孔全部可投入运用，至1990年汛期连同新打开的9～10号底孔，共有27个洞孔投入了泄流排沙运用，同时还大大缩短了闸门的启闭时间，增大了枢纽调节水沙的能力，进一步发挥错峰调洪的作用，对保证黄河下游的防洪安全收到了显著的成效。

第三节　枢纽水电站改建

一、原建规模

三门峡水电站厂房为坝后式，原设计装机为高水头大容量机组，机组进水口底坎高程300 m，设计发电水头63 m，装机8台，单机容量14.5万kW，总装机容量116万kW，年发电量60亿kWh。

1960年9月，三门峡水库下闸蓄水，按“蓄水拦沙”方式运用。1960年12月，开始在2号机坑安装由苏联制造的水轮发电机组，1962年2月15日，2号机组安装完毕并投入运行。1962年3月，由于泥沙淤积问题，水库运用方式被迫改变为“滞洪排沙”，汛期暂不考虑发电和灌溉。在较设计发电水头降低很多的条件下，1963年11月、1964年3～4月，

2 号机先后又进行了三次低水头发电试验，蓄水位 321.5 m，机组最大出力 6.7 万 kW，经过 3 个月的试验，因泥沙淤积问题无法正常发电，1964 年 5 月 1 日，2 号机组停止发电，1966 年拆迁至丹江口水电站。

二、水电站改建

1965～1968 年枢纽工程完成第一次改建后，泄流规模加大，坝前淤积面下降，但潼关河床高程仍存在上升趋势，库区潼关以上继续淤积。1969 年 6 月 13～18 日，在三门峡市召开的“四省会议”上确定对枢纽水电站进行改建，即 1～5 号发电引水钢管进口高程下卧 13 m，安装 5 台单机容量为 5 万 kW 的水轮发电机组。

三门峡水电站改建后水轮发电机组的机型，选用了轴流转桨式机组。其优点是：允许水头的变动幅度较大，能适应已建成的厂房尺寸，采用抗磨损措施及修复均较有利。一台机组本身总重 1 236.5 t，其中水轮机重 710 t，发电机重 526.5 t。三门峡水电站的机组安装有以下两个特点：第一，由于黄河中游段泥沙多，枢纽改建设计的发电运用水头低，水头的变化较大。机组容量不大，而体积和重量都较大，结构复杂。发电机要采用密闭自循环空气冷却器和开敞式通风冷却方式，冷却水有清水和浑水两种系统，浑水的取水口有坝前的工业取水口和蜗壳取水口两处。为防止泥沙对过流部件的磨损，在水轮机的转轮室、转轮叶片、转轮体等过流部件表面除铺焊铬五铜钢或不锈钢外，还在现场于安装之前涂敷了环氧金刚砂砂浆抗磨层，因此安装和土建工程量较大。第二，三门峡水电站的改建设计原则是尽量利用原有的设备，有些布置虽已不很先进了，但也暂时加以利用。在土建工程方面，有 2 号机组的蜗壳、座环等埋设件，5 号机坑的泄流排沙钢管、镇墩混凝土、尾水管扩散段左孔的混凝土，1～5 号机坑的锥形管混凝土及埋件等都由于不符合安装新机组的要求，要全部彻底挖除，混凝土的开挖量计6 781 m^3。装机发电工程项目琐碎繁杂，在电站主厂房内进行混凝土开挖，威胁已投产运行的机组和设备的安全，增加了施工难度。

水轮机型号为 ZZ010－LJ－600(Z 表示轴流，Z 表示转桨式，L 表示立式，J 表示金属蜗壳，600 表示转轮直径 600 cm)。压力钢管在蜗壳进口的中心高程为 277.5 m，水轮机叶片中心安装高程为 275.2 m，设计下游的最低水位为 278.0 m，吸出高度为 －2.8 m。原有尾水管不进行改建，尾水管底面最低高程为 263.06 m。水轮机的主要参数见表 1-3。

表 1-3　水轮机的主要参数

最高水头	52 m	额定转速	100 r/min
设计水头	30 m	飞逸转速	250 r/min
最低水头	15 m	转轮直径	6 m
设计水头下功率	51 600 kW	转轮叶片数	8 片
最低水头下最大功率	21 800 kW	52 m 水头时轴向推力	1 450 t
设计水头下流量	197.5 m^3/s		

发电机型号为 TS990/120－60(T 表示同步，S 表示三相，990 表示转子有效铁芯外

径,120 表示铁芯高,60 表示磁极数)。采用自励、无励磁发电机,结构型式为无下垂的立式悬垂型结构,冷却方式为密闭自循环空气冷却器和开启式自然通风两种。发电机的主要参数见表 1-4。

表 1-4　发电机的主要参数

额定容量	62 500 kVA	额定周率	50 Hz
额定功率	50 000 kW	额定转速	100 r/min
额定电压	10 500 V	额定容量	250 r/min
额定电流	3 430 A	相数	3 相
额定功率因数	0.81	转动惯量	16 000 t/m^2

改建后的水电站剖面图见图 1-5。

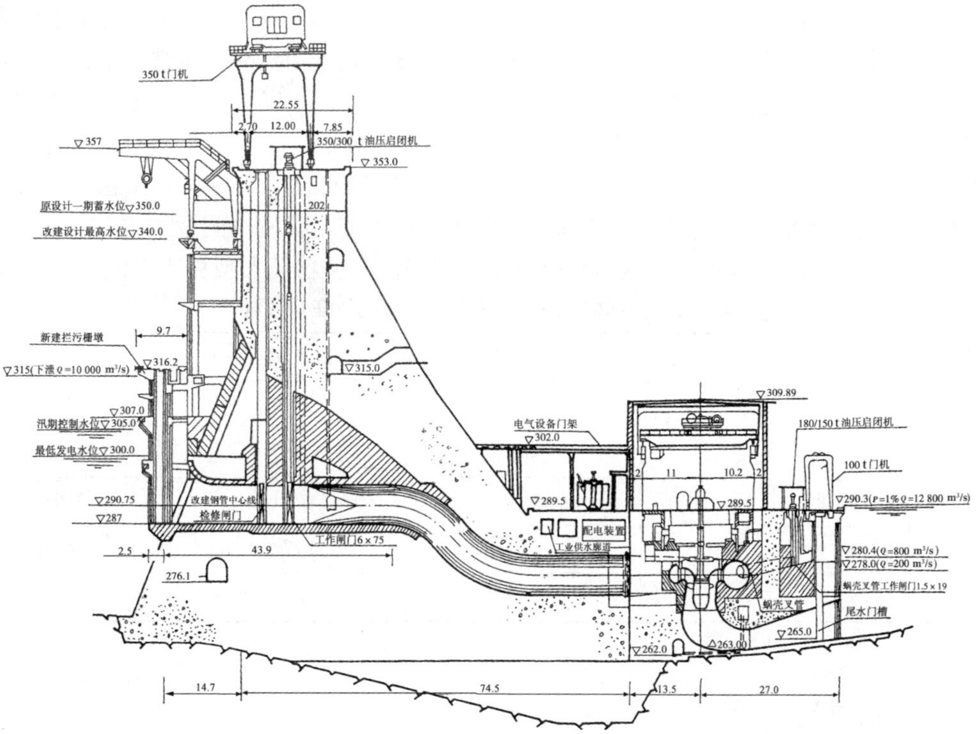

图 1-5　改建后的水电站剖面图　(单位:m)

1969 年 12 月,水电站改建开工,1973 年完成 1 ~ 5 号机发电引水钢管进口下卧,进口底坎高程下卧至 287 m,1973 年 12 月 26 日第一台低水头径流发电机组(4 号机)投入运行,其余 4 台机组分别于 1975 年、1976 年、1977 年和 1979 年并网发电。同时,6 ~ 8 号引水钢管改为泄流排沙钢管。

三、扩装机组

1973 年第一台机组投运后，三门峡水库采用“蓄清排浑”控制运用方式，在含沙量较小的非汛期(上年 11 月 ~ 当年 6 月)，水库承担黄河下游的防凌、灌溉、供水等任务，水位较高且机组过流基本为清水，机组运行工况好，耗水率低，基本符合水电站运行条件。但因装机容量小，即使非汛期大部分时间承担系统基荷运行，平均仍有 40 亿 m^3(1979 ~ 1992 年)的弃水不能利用，非汛期水量利用率仅 75%，造成大量水资源的浪费。

1990 年经水利部批准立项，将 6 号、7 号泄流排沙钢管扩建为发电机组引水钢管，机组单机容量 7.5 万 kW，设计水头 36 m，水轮机型号为 HL820 – LJ – 550。1991 年 4 月 3 日，扩机工程正式开工。1994 年 4 月 28 日、1997 年 3 月 26 日，6 号、7 号机组分别投入运行。至此，水电站装机总容量达到 40 万 kW，非汛期水量利用率达到 93.4%。

四、机组改建

三门峡水电站多年运行实践表明，汛期低水位、高含沙量水流对机组过流部件造成严重的气蚀、磨损破坏，致使机组汛期不能正常发电，尤其是 1 ~ 5 号水轮机叶片的裂纹和根部断裂问题没有得到有效控制。经国内部分专家长达 10 年的分析、研究和论证，认为：水轮机叶片裂纹的产生，主要是由于翼型设计制造、机组运行工况不良等一系列原因共同造成的。因此，决定对 1 ~ 5 号机组逐台进行全面技术改造，2000 年对 1 号机组进行了技术改造，水轮机型号改为 ZZK7 – LJ – 610，设计水头 31.5 m，改造后单机容量由 5 万 kW 增至 6 万 kW。计划 1 ~ 5 号机组改造完成后解决汛期不能正常发电问题。

2002 年 8 月，三门峡水利枢纽水电站 7 台机组的有关特征参数见表 1-5。

表 1-5　三门峡水电站 1 ~ 7 号水轮机特征参数统计

特征参数		1 号机	2 ~ 5 号机	6 ~ 7 号机
水头(m)	额定	31.5	30	36
	最大	47	52	47.7
单机容量(万 kW)		6.19	5.16	7.65
下泄流量(m^3/s)		218.89	197.5	230.8
最大效率(%)		91.5	91.5	93.9

五、水电站运行

1973 年 12 月，第一台低水头径流发电机组投入运用。由于汛期水头低、高含沙量，机组运行工况差，过流部件破坏严重，因此曾一度停止汛期发电。水电站运行按汛期是否发电可分以下三个阶段。

(一)全年发电(1974 ~ 1980 年)

1974 ~ 1980 年水电站为全年发电阶段。非汛期机组基本在设计水头以上运行，工况较好。汛期控制 305 m 径流发电，平均入库含沙量 51.6 kg/m^3，最高含沙量 911 kg/m^3，机组全汛期运行,水头低,含沙量高,工况恶劣。高含沙水流对水轮机过流部件的气蚀、磨损破坏严重。如最早投运的4号机,运行30 465 h后,1979年大修时,气蚀破坏异常严重,大修补焊所用焊条达9.3 t,大修工期长达222天。

这一时期,汛期泥沙的磨损和淤积造成机组顶盖泵不能正常排水,来水中水草杂物多,造成拦污栅堵塞,栅前栅后水位差高达3 m左右,不仅造成水头损失,还威胁拦污栅及机组运行安全。这一时期发电生产中的三大难题是:汛期发电运行水轮机气蚀磨损、转轮体"λ"密封漏油、可控硅励磁装置运行不稳定。因此,发电运行处于事故多发、运行不稳定阶段。该阶段发电特征参数见表1-6。

表1-6　1973～1980年发电特征参数统计

年份	年发电量(万kWh)	年运行小时数(h)	汛期发电量(万kWh)	汛期入库含沙量(kg/m³)	备注
1973	272	125			12月26日4号机并网发电
1974	32 243	7 622	8 543	45.28	一台机运行
1975	34 855	8 178	6 769	34.08	12月29日3号机并网发电
1976	52 723	11 014	6 746	26.46	11月14日2号机并网发电
1977	77 273	17 459	16 107	124	10月30日1号机并网发电
1978	76 747	18 958	16 893	55.48	四台机运行
1979	83 792	21 765	15 426	44.16	1月11日5号机并网发电
1980	87 442	23 761	6 465	34.78	五台机运行

(二)汛期基本不发电(1981～1988年)

汛期发电对机组磨蚀破坏严重,造成机组大修周期短,检修历时长、投资大,不仅影响汛期发电,还影响非汛期机组的投运。1981年以后,水电站运行被改为非汛期发电、汛期调相运行。

这一阶段,汛期水电站采用落门排水的无水调相方式。由于过流部件脱离水流,避免了气蚀磨损,运行工况得到改善,减少了检修工作量,延长了大修周期。同时有充足的时间安排机组主辅设备检修,提高了非汛期安全、经济运行水平。1981～1988年,按照电力系统的要求,通常安排1～2台机调相运行,共向系统输出无功电量6亿kvar·h,提高了河南电网西部末端电压,对稳定电网中枢点电压起了重要作用。平均年发电量约10亿kWh,最高达11.5亿kWh。但占年来水量约60%的汛期水量不能用于发电。

(三)浑水发电试验(1989～1993年)

为充分利用水能资源,经水利部批准,从1989年起,三门峡水电站开始进行浑水发电试验。在含沙量居世界第一位的黄河上进行汛期浑水发电试验,存在诸多难题。要试验出性能较好的抗磨蚀材料和先进的施工工艺,增强叶片的抗气蚀、磨损性能,以适应浑水发电的需要。并要通过优化调度减小过机含沙量,特别是粗颗粒泥沙,以减轻泥沙对过流部件的气蚀、磨损破坏。

主要进行了水轮机过流部件磨蚀部位观测分析;水轮机过流部件防护材料试验;解决轴流转桨式水轮机叶片端面和背面边缘破坏问题;发电时段优选和过机泥沙观测分析;优

化调度方式减少过机泥沙;拦污栅清污方法改进等。

试验结果发现,机组过流部件主要破坏部位有叶片背部进水边外缘三角形区、带区,叶片头部迎水面外缘及端面,转轮室中环球部。

通过38种防护材料的应用试验,筛选出数种性能较好材料。其中,SPHG合金粉末喷焊材料和GB_1焊条已在1994年进行大修的5号机过流部件上大面积防护应用,金属陶瓷和电镀抗磨材料也是两种较好的抗气蚀、磨损材料。同时,水库调度中合理利用调沙库容减少过机泥沙、利用底孔进行分流分沙,取得了较好的抗磨蚀与减磨蚀效果。

(四)汛期发电原型试验(1994~1999年)阶段

在浑水发电试验期间,基本解决了水轮发电机组抗磨蚀问题。汛期发电原型试验主要研究汛期水库运用调度问题,在不增加水库库区淤积的前提下,选择时机发电。通过研究,提出了"洪水排沙、平水兴利"的水库汛期运用调度规则。

第四节 枢纽泄流能力

三门峡枢纽工程自1964年开始,围绕以扩大泄流规模为中心进行了两次改建。原建泄水建筑物的能力为3 084 m^3/s。随着改建工程的建成投入运用,枢纽泄流能力随之增加,2002年汛前315 m水位时泄水建筑物的泄流能力增加到9 701 m^3/s,计有7台水力发电机组,计入2台机组后,315 m水位时泄流能力将达到10 096 m^3/s,达到了改建提出的总体目标。

一、原建泄流规模

枢纽工程按照原规划设计目标是高水位运用,蓄水拦沙,因此原建工程泄流建筑物只在300 m高程处设12个深水孔、338 m高程处设2个表面溢流孔,没有考虑更低高程的排沙孔,315 m水位下泄流能力仅为3 084 m^3/s,300 m以下泄流能力为0。1962年3月,水库改为"滞洪排沙"运用后,由于泄流能力明显不足,对库区出现的淤积发展局面未能得到有效控制。如:1964年丰水丰沙年,汛期来水量437亿m^3,来沙量27.79亿t(龙门、华县、河津、洑头(简称为龙、华、河、洑,后同)4站之和),8月14日潼关出现洪峰流量为12 400 m^3/s的洪水,汛期三门峡水库最高滞洪水位达325.9 m(9月26日),水库淤积15.5亿m^3,潼关高程上升1.88 m,排沙比仅为30%。泄流规模的严重不足和泄流设施在布局上的不合理,不能满足洪水排沙的需要,必须进行改建。

二、第一次改建后泄流规模

1968年8月第一次改建工程"两洞四管"投入运用后,315 m水位下泄流规模增加到6 012 m^3/s,其中两条隧洞进口底坎高程290 m,较原建泄流工程最低进口高程300 m下降了10 m,315 m水位下隧洞泄流能力2 080 m^3/s,占总泄流能力的34.6%。泄流规模增加的同时,泄流建筑物在纵向上分布趋于合理。1967年汛期遇丰沙年,4站来沙量27.38亿t,由于增建工程"一洞四管"投入泄洪运用,汛期坝前最高滞洪水位319.52 m,较原建泄流规模降低了8 m,排沙比达63.87%,汛期潼关高程仅抬升了0.6 m。据测算,如没有“一洞四管”，遇1967年这样的丰沙年，潼关高程将抬高2.6 m，表明改建工程对减缓潼关高程的抬升起到了重要作用。

但根据12深孔+2洞+4管的泄流规模，对10 000～15 000 m^3/s的实测洪水过程进行调洪演算，结果坝前最高滞洪水位均超过320 m。这样就造成洪水时坝前水位大幅度壅高，泥沙在库内落淤，出库流量大时含沙量小，不能很好地利用下游河道的输沙能力输沙入海。相反，流量减小时，坝前水位降低，淤积在库内的泥沙大量下排，形成小水带大沙，造成下游河道非汛期淤积增加，对下游河道十分不利。因此，进一步增加泄流规模，降低汛期坝前水位，使来沙能在洪水期出库，利用下游河道洪水期的排沙能力输送入海，同时非汛期保持一定的坝前水位，少排泥沙出库，使出库水沙过程相适应，对减少黄河下游河道非汛期的淤积是有利的。另一方面，增加泄流规模，降低洪水期坝前水位，使回水不影响潼关，对降低潼关高程，恢复渭河下游河道过洪能力是非常必要的。

三、第二次改建后泄流规模

根据第一次改建后运用效果及存在问题，进一步扩大泄流规模是必要的、可行的。打开1～8号施工导流底孔，安装5台低水头发电机组后，坝前水位315 m时，下泄流量达到10 000 m^3/s，坝前水位300 m时，下泄流量3 000～4 000 m^3/s。兼顾库区和下游河道减淤，汛期坝前水位控制在305 m，非汛期坝前水位控制在310 m。

1969年12月～1971年10月，1～8号底孔投入运用，1973年12月～1979年1月1～5号发电机组投入运用。至此，315 m水位时泄流能力为9 059 m^3/s，计入2台机组泄流后，总泄量达9 454 m^3/s，基本达到第二次改建设计泄流规模。

四、扩机并打开11号、12号底孔后泄流规模

1984～2000年，先后完成底孔出口压缩、扩装6号及7号机组、打开9～12号底孔等工程，枢纽共有27个泄流孔洞(12个底孔、12个深孔、2条隧洞、1条钢管)。水位为335 m、330 m、325 m、320 m时的枢纽泄流能力分别为14 350 m^3/s、13 483 m^3/s、12 428 m^3/s、11 153 m^3/s。水位315 m时的泄流能力为9 701 m^3/s，计入1～5号机组(6号、7号机为清水发电机组)中的2台机组泄流后，总泄量达10 096 m^3/s；300 m水位时泄流能力为3 633 m^3/s，完成了枢纽改建的设计目标。

不同时期三门峡水库各级水位泄流能力见表1-7。不同运用时期枢纽的泄流设施、泄流能力和排沙比见表1-8。

表1-7　不同时期三门峡水库各级水位泄流能力　(单位：m^3/s)

水位(m)	285	290	295	300	305	310	315
1964年	0	0	0	0	612	1 728	3 084
1984年	440	880	1 894	2 872	4 529	7 227	9 059
2000年	565	1 188	2 265	3 633	5 455	7 830	9 701
1964～1984年增加	440	880	1 894	2 872	3 917	5 499	5 975
1984～2000年增加	125	308	371	761	926	603	642

注：此表不含机组泄流能力。

表 1-8　不同运用时期枢纽的泄流设施、泄流能力和排沙比统计

时间（年-月）	运用时期	阶段	315 m 水位泄量（m^3/s）	泄流设施	最低进口高程（m）	运用年排沙比（%）	汛期排沙比（%）	建设阶段划分
1958-11 ~ 1960-09	自然滞洪			12 底	280			原建阶段。1957 年 4 月 ~ 1961 年 4 月
1960-09 ~ 1962-03	蓄水拦沙		3 084	12 深 + 2 表孔	300	6.88		原建泄流规模
1962-03 ~ 1966-06	滞洪排沙	一	3 084	12 深 + 2 表孔	300	58.0		原建泄流规模。1965 年 1 月第一次改建开始
1966-07 ~ 1970-06		二	6 102	12 深 + 2 洞 + 4 管	290	82.5		1968 年 8 月达到第一次改建泄流规模；1969 年 12 月第二次改建开始
1970-07 ~ 1973-10		三	9 059	12 深 + 8 底 + 2 洞 + 3 管	280	103.5		1971 年 10 月达到第二次改建规模
1973-10 ~ 1985-10	蓄清排浑	一	9 059	12 深 + 8 底 + 2 洞 + 3 管	280	106.5	122	第二次改建泄流规模；1984 年 10 月开始工程第二期改建
1985-11 ~ 1990-10		二	8 991	12 深 + 10 底 + 2 洞 + 3 管	280	101.2	125	1990 年 7 月打开 9 号、10 号底孔；1 ~ 10 号底孔出口压低
1990-11 ~ 1999-10		三	9 701	12 深 + 12 底 + 2 洞 + 3 管	280	93.1	119	1991 年 6 号、7 号钢管扩为机组；1999 年、2000 年 11 号、12 号底孔投运

注：1. 深、底、洞、管、表孔分别表示深孔、底孔、隧洞、钢管、表面溢流孔。

2. 315 m 水位泄量为时段末达到的泄流能力。

3. 排沙比："蓄清排浑"运用前为龙、华、河、洑头 4 站沙量与三门峡沙量之比；"蓄清排浑"运用后为潼关沙量与三门峡沙量之比，1990 年以后的排沙比为 1990 年11 月 ~ 1999 年 10 月统计值。

参考文献

[1] 黄河三门峡水利枢纽志编纂委员会. 黄河三门峡水利枢纽志[G]. 1版. 北京:中国大百科全书出版社,1993.

[2] 三门峡水库运用经验总结项目组. 三门峡水利枢纽运用研究文集[M]. 1版. 郑州:河南人民出版社,1994.

[3] 杨庆安,龙毓骞,缪凤举. 黄河三门峡水利枢纽运用与研究[M]. 1版. 郑州:河南人民出版社,1995.

[4] 黄河水利委员会科技外事局,三门峡水利枢纽管理局. 三门峡水利枢纽运用四十周年论文集[G]. 郑州:黄河水利出版社,2001.

第二章　汛期发电原型试验前库区河道的冲淤特点

第一节　三门峡库区河道特性

三门峡库区范围，一般是指黄河干流龙门以下，支流渭河临潼、北洛河洑头和汾河河津以下，位于汾渭盆地的南端。汾渭盆地是新生代第三纪以来强烈下陷的地堑型断陷盆地，由于中条山、孤峰山的升起，形成了汾河、涑水河、渭河和黄河4个拗陷区（见图2-1），地堑内部的次一级构造，如渭河拗陷区的西安和固市拗陷，临潼隆起；黄河拗陷区的潼关至阌底和灵宝拗陷，盘头镇隆起，对河道形态也有一定的影响。各河段的河道特性简述如下。

一、禹门口至潼关河段（亦称小北干流）

黄河出禹门口，进入汾渭地堑盆地，南抵秦岭，折向东至潼关，全长132.5 km，河道比降由6‱降到3‱，两岸为黄土塬。黄河在本河段横穿河津拗陷、孤峰隆起和涑水河拗陷，河道外形为两头宽，中间窄，大致可以分为三段。上段为禹门口至庙前（黄淤61断面），河长42.5 km，由于受河津拗陷的影响，河道较宽，平均河宽约6.8 km，最宽处达13 km，河势游荡摆动，汾河在此河段的下端汇入；中段为庙前至夹马口（黄淤54断面），河长30 km，受孤峰山隆起的影响，河宽较窄，平均河宽为4.7 km，最宽处为6.6 km，河势比较稳定；下段为夹马口至潼关（黄淤41断面），河长60 km，受涑水河拗陷和黄河拗陷的影响，河道又展宽，平均河宽11.6 km，最宽处达18 km。渭河和北洛河在潼关附近汇入。

二、潼关至三门峡坝址河段

本河段穿行于秦岭和中条山的阶地之间，河长113.5 km，河道比降由3‱增加到6‱。潼关位于朝邑—潼关隆起处，河宽仅850 m，形成天然卡口。潼关至老灵宝（黄淤26断面）河段，河长62.1 km，流经潼关至阌底和灵宝拗陷，横穿潼关和盘头镇隆起，平均河宽2 820 m，最宽处6 900 m。宏农河在老灵宝汇入。老灵宝至三门峡峡谷，河长51.4 km，河道逐渐缩窄，三门峡坝址处的河宽约为300 m，平均河宽1 340 m。

三门峡水库投入运用后，库岸出现严重坍塌，1971年开始修建防护工程，对保护库岸稳定具有重要作用。1973年底水库采用“蓄清排浑”运用，回水范围一般在潼关以下，两岸兴建了许多中小型提水工程，其中大禹渡扬水站设计流量8.05 m^3/s，灌溉面积2.16万hm^2，实灌面积1.20万hm^2，对于缓解库区人畜用水和工农业用水具有重要作用。

三、渭河下游

渭河下游自咸阳至渭河口，河长约200 km，按照河道形态和河床泥沙组成可分为三段。

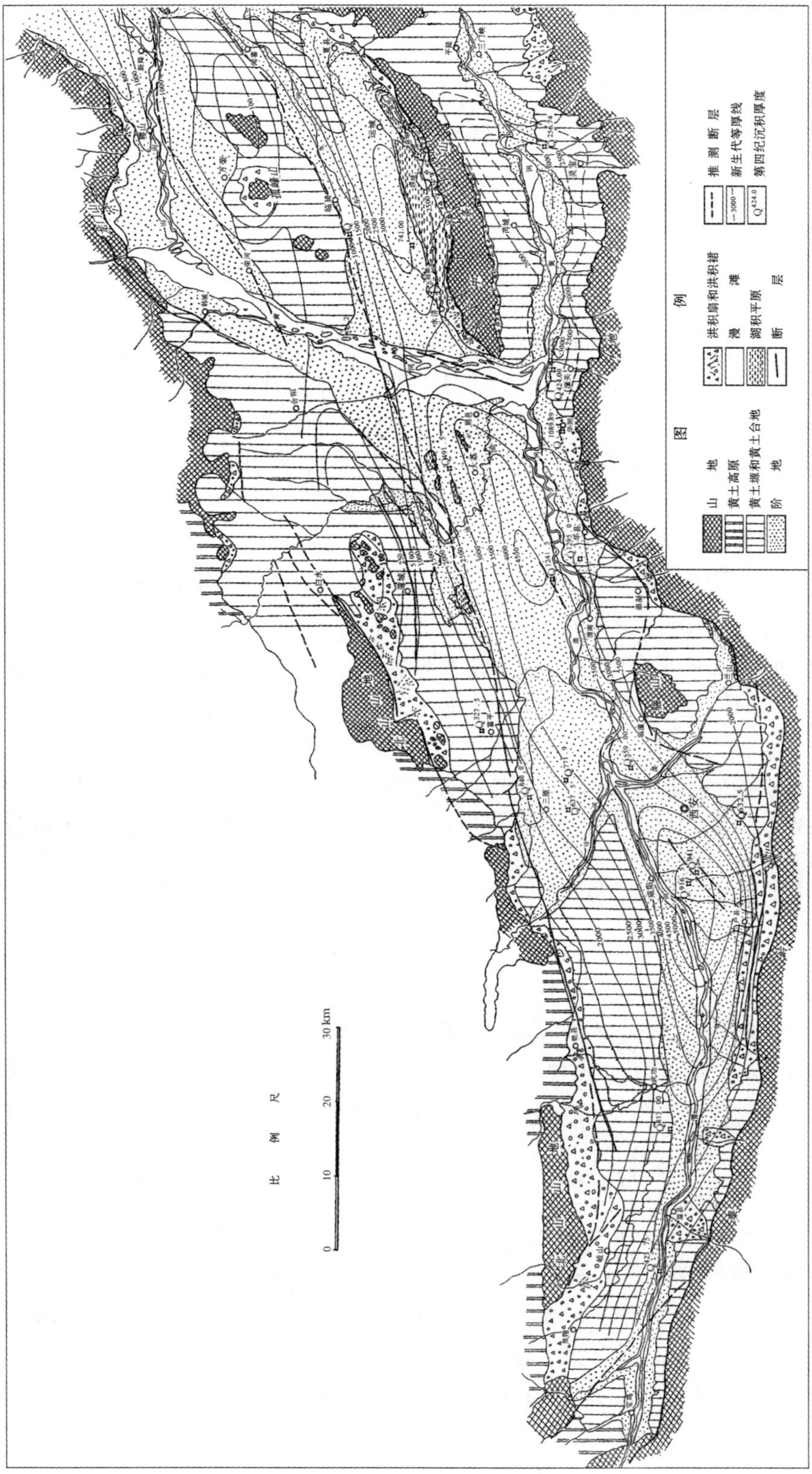

图2-1　汾渭盆地构造地貌略图

（一）咸阳至泾河口

本河段位于西安拗陷过渡到临潼隆起河段，河长约 34 km，比降 5‱～6‱，河道宽浅，多心滩，$\sqrt{B}/H \geq 10$（B 为河宽，m，H 为水深，m），枯水河宽 300～2 000 m，洪水河宽可达 500～3 000 m，分汊系数为 1.7～1.8，属游荡性河型。河床泥沙组成为粗、中砂夹零星小砾石，河漫滩多为细砂，北岸滩地泥沙组成细，南岸滩地泥沙组成粗。灞河和泾河在本河段末端汇入，两岸为黄土塬。

（二）泾河口至赤水河口

本河段位于临潼隆起过渡到固市拗陷区，河长约 75 km，比降由 6‱降到 2‱，河道宽窄相间，呈微弯河型。在宽河段内有心滩，$\sqrt{B}/H$ 为 5～10，枯水河宽为 200～1 000 m，洪水河宽为 500～2 000 m，弯曲系数约为 1.2。河床泥沙组成为砾卵石，粗、中、细砂，沿程逐渐变细，在金雨镇（渭淤 23 断面）以上，粒径大于 2 mm 者占 40%～60%，至渭南（渭淤 17 断面）就逐渐消失；河漫滩泥沙主要是粉砂、亚细砂组成。南岸有零河、犹河、赤水河等汇入，北岸有石川河汇入，两岸为黄土塬。

（三）赤水河口至渭河口

本河段位于固市拗陷区，河长约 89 km，比降为 1.4‱～1.0‱，河弯发育，约有 18 个河弯，弯曲系数 1.6～1.7，$\sqrt{B}/H$ 为 5 左右，属弯曲性河型。枯水河宽 150～500 m，洪水漫滩后，河宽达 6 000 m。河底泥沙组成主要是细砂、粉砂，河漫滩泥沙为粉砂、亚黏土。有罗敷河、北洛河等支流汇入。北岸为黄土塬，南岸为现代洪积扇。

渭河下游在建库前基本没有堤防，建库后在 335 m 高程以上修建了防护堤，咸阳至华县两岸堤长 196.95 km，至今有的防护堤已加高培厚三次，临背高差达 3～4 m；335 m 高程以下修建围堤 52.75 km。1964 年开始修建河道整治工程，现有工程 60 处，长度122.5 km。

四、北洛河下游及汾河河口段

（一）北洛河下游河道

北洛河下游是指洑头水文站以下至洛河口，河长约 133 km，流经洪积平原。北洛河有时直接注入黄河，有时汇入渭河，1933 年大洪水改道入渭后，入渭处在渭河河口段摆动。北洛河下游河槽窄深、规顺稳定，河槽宽一般为 70～480 m，$\sqrt{B}/H$ 为 1.4～3.0，为弯曲性河型。河道比降自上而下逐渐减小，由洑头附近的 9.58‱减小至河口段的 1.8‱。现有堤防 28.65 km。

（二）汾河河口段

汾河河津水文站位于河口段，河津水文站至入黄口的距离随着黄河和汾河的河势变化而变化，据最近几十年资料统计，河津水文站至河口的距离为 22～50 km。河道情况，据 1954 年河津水文站实测资料，流量 3 320 m^3/s（为 1934 年有实测资料以来的最大值）时，主河槽宽度为 200 m，漫滩宽度为 1 600 m，平滩流量为 1 800 m^3/s。此后，由于汾河上游修建了许多水利和水保工程，改变了汾河下游的来水来沙条件，以及黄河的淤积，引起河槽严重萎缩，平滩流量降到只有 300 m^3/s 左右，1988 年、1996 年洪峰流量仅 500～800 m^3/s，汾河下游遭受了严重灾害。

第二节 建库前库区河道的冲淤特点

一、汾渭地堑盆地造成库区河道的淤积环境

库区河道流经汾渭地堑盆地，新生代以来，盆地强烈下陷，盆地周围抬升，抬升地区土壤侵蚀，下陷地区泥沙沉积，从图 2-1 可以看出：新生代以来，渭河拗陷区的沉积厚度最大，其中西安和固市拗陷分别达5 000 m 和4 500 m，临潼隆起处的沉积厚度约为3 500 m；黄河和涑水河拗陷区的沉积厚度均为 3 000 m 左右，潼关和盘头镇隆起处的沉积厚度均约为 2 000 m。第四纪以来，沉积厚度仍是渭河拗陷区为最大，不过最大沉积厚度在固市拗陷，并且位置向南移动，在华县附近，沉积厚度达 1 295 m，西安拗陷为 941 m；涑水河和灵宝拗陷分别为 741 m 和 264. 71 m。这样，一方面反映该地区的新构造运动具有继承性，另一方面也反映断裂活动也不是完全一致的。

叶青超等分析了 1984 ~ 1986 年地形变测量资料，小北干流上、中、下三段的平均下沉量分别为 1 mm、2 mm、3 mm，全段平均下沉量为 2 mm，占三国以来该河段河床堆积抬高厚度的 10. 5%；又据 1954 ~ 1978 年地形变测量资料分析得知，华县和华阴两地年均下沉量分别为 2. 05 mm 和 3 mm。中国科学院地理研究所渭河研究组根据关中地区精密水准测量资料分析认为：直到现在，渭河盆地地壳差异运动的表现还是很明显的。1972 年以前渭河盆地相对于鄂尔多斯和秦岭地块还在继续下陷，平均每年下陷约 3 mm。1976 年经过复测后，发现在鄂尔多斯边缘与新华夏构造复合部的地壳又有较大的变形，表现出盆地北部上升，南部相对下沉。在 1972 ~ 1976 年期间，韩城与华阴比较，两地之间的形变差值达 61 mm，年均达 12. 2 mm；蒲城与渭南之间的差值约 25 mm，年均为 5 mm；富平与临潼之间的差值约 20 mm，年均为 4 mm。这些研究成果表明：汾渭盆地的新构造运动继续存在，地壳的差异运动是很明显的。库区河道的下沉，一方面堆积了一部分泥沙，另一方面河道随着边界条件（包括来水来沙、侵蚀基准面和河岸等）的变化而自动进行冲淤调整，即形成冲积性河流。

二、历史时期库区河道的冲淤特点

汾渭盆地是中华民族的发祥地之一。周、秦、汉、唐建都于西安附近，相传虞舜建都于蒲坂，即今山西省永济市的蒲州，历史文化丰厚。史书文献记载了河道冲淤演变的过程，河道两岸的文物遗迹鉴证了河道冲淤演变的情况，为研究河道演变的历史提供了丰富的资料。

（一）渭河下游河道的冲淤特点

据文献[3]分析，渭河下游在发展过程中，经历了早更新世以前的河湖并存时期，中更新世的黄土覆盖时期和晚更新世以来的阶地形成时期，每个时期都有几次侵蚀和淤积过程。如晚更新世以来的阶地形成时期，在晚更新世时形成第三级和第二级阶地，全新世以来（春秋时代，即公元前 770 ~ 前 476 年）形成第一级阶地，表明渭河下游现代河道的演变历史将近 3 000 年。并从第一级和第二级阶地的发展过程得到一个概念，“河流开始侵

蚀下切,经历一段调整时期,重新建立冲淤平衡,进而再发展到河床泥沙的淤积过程,这整个的旋回,主要决定于气候条件的变化”。

又据历史资料分析,秦代和西汉时期,渭河航道通畅,船运可直达秦都咸阳和汉都长安,没有记载泥沙淤积问题。东汉以后,由于气候的变化,河曲(河弯)的发展,渭河下游河道的泥沙淤积时重时轻,如西魏大统四年(公元538年),高欢和宇文泰在沙苑地区打仗,有“渭曲苇深土泞”的泥沙淤积现象;隋开皇四年(公元584年),在开渠诏书中记载有“渭川水力大小无常,流浅沙深”航道阻塞,泥沙淤积比较突出。唐咸亨年间(公元670~674年)至唐开元年间(公元713~741年)漕运改用水陆交替使用,表明泥沙淤积有改善。清代渭河下游河道淤积十分严重,经常出现渭河淤积和黄、渭、洛3河交汇处变动的记载。

(二)小北干流河道的冲淤特点

据文献[5]分析,小北干流河道从秦到中华人民共和国成立前(公元前221~1949年)的2 170年中,河道冲淤情况经历了三个时期:第一是秦至唐初为稳定时期,第二是唐中期至元代为不稳定时期,第三是明至中华人民共和国成立前为泛滥时期,并认为前两个时期小北干流“河道固定”,利用历史资料分析小北干流河道冲淤的成果很多,在这些成果中,虽然各家提出的河道年均淤积量不同,但都认为该河道长期以来是淤积的。

对文献[7]、[8]记载的历史洪水灾害进行了整理分析,其成果见表2-1和图2-2。表2-1、图2-2中洪水灾害情况包括河岸崩塌、洪水漫溢、河道摆动及改道;洪水灾害分布情况:上段指禹门口至庙前,中段指庙前至夹马口,下段指夹马口至潼关。从周定王二十一年(公元前586年)有洪水灾害记录以来,至1949年历时2 535年,共发生洪水灾害112年,就洪水灾害及其分布情况分析,大致可以分为四个时期,这可从一个侧面反映库区河道自第一级阶地形成后,河道冲淤演变的特点。

表2-1　小北干流历史洪水灾害及其分布情况

朝代	起讫年	洪灾出现年数(年)	洪灾情况(年)			洪灾分布情况(年)		
			崩塌	漫溢	摆动及改道	上段	中段	下段
春秋、战国	公元前770~前221年	5	5	—	1	5	—	1
秦、汉	公元前221~220年	3	—	2	2	—	—	3
三国、两晋、南北朝	公元220~581年	1	—	1	—	—	—	1
隋、唐	公元581~907年	4	—	4	—	2	—	1
宋、元	公元960~1368年	10	—	10	1	2	—	8
明、清	1368~1911年	73	20	47	18	33	6	46
中华民国	1912~1949年	16	3	14	2	10	3	9
合计	公元前770~1949年	112	28	78	24	52	9	69

注:五代时期(公元907~960年)无洪水灾害记载。

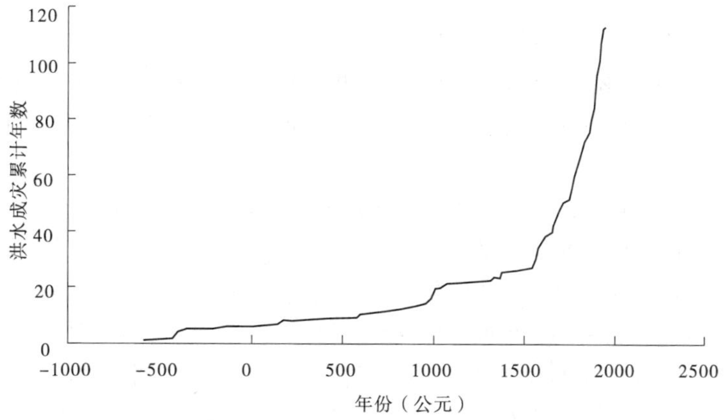

图 2-2　历史洪水灾害过程线

第一个时期即春秋战国时期，洪水灾害主要表现在小北干流上段的河岸崩塌，其中第一次河岸崩塌，即周定王二十一年（公元前 586 年），记载“梁山崩，河堵三日不流”，相应下段出现摆动，夏阳至朝邑塬崩塌数里；其后三次崩岸分别出现在公元前 432 年、公元前 424 年和公元前 413 年，黄河出现壅水达龙门。这些现象表明，当时黄河出禹门口后，在梁山（韩城境内）附近，河道岸高而槽窄，才能出现崩岸堵河现象。第五次河岸崩塌出现在公元前 367 年，没有出现堵河壅水现象，表现河道已经扩宽了，但记载有“河赤”现象，可能表明当时洪水的含沙量相当高。为什么春秋战国时期小北干流上段会出现岸高而槽窄的现象？比较合理的解释为，在春秋时期河道形成第一级阶地时，潼关以下河道侵蚀下切较早，小北干流河道发生溯源冲刷，从而出现岸高而槽窄的现象。

第二个时期即秦汉至唐代时期即洪水灾害出现的次数较少，河道比较稳定。据史料记载，航道兴盛，渡口和桥梁众多，灌溉得到发展。两岸城镇、村庄星罗棋布，北魏和唐代期间，在永济和朝邑之间的滩地设有县制，许多名胜古迹也在此时期兴建。据《水经注》记载：当时“禹门口宽八十步，大石嘴和桥南之间河宽一里，庙前和东少梁之间河宽四十七扁担，吴王河宽三十六扁担，蒲州和大庆关之间河宽二百步，风陵渡和潼关之间河宽四十六扁担”。如果按唐时 1 步折合 5 尺，1 扁担约合 7.5 尺，1 尺折现今 29.5 cm 计算，当时河宽是比较窄的。不过，在一些工程记载中也反映出当时河道的冲淤变化对工程的影响。如番系渠，据《史记 · 河渠志》载：汉武帝元光六年（公元前 129 年），河东太守番系上书汉武帝言：“穿渠引汾溉皮（河津）、汾阴（万荣）下，引河溉汾阴、蒲坂（永济）下……度可得谷二百万石以上。”当时三门峡以下漕运至京都长安的粮食每年为百余万石，非常烦费，“更砥柱之艰，败亡甚多”，修渠之后，三门峡以下的漕运就不要了。汉武帝视为良策，“发卒数万人作渠田”。史称“番系渠”。但是，“数岁，河徙移，渠不利，则田者不能偿种。久之，河东渠田废”。又如蒲津桥，是黄河上的第一座古桥梁，相传始建于春秋晋文公二年（公元前 635 年），初为临时性浮桥，后来发展为固定性浮桥，其发展过程众说不一。不过唐开元十二年（公元 724 年）改建成“竹缆连舟”，并铸地锚铁牛、铁山、铁柱和铁人，史料翔实。记载了当时桥位处黄河分东、西两股，东河为主槽，西河为辅槽，中隔沙洲，并建有中潬城。蒲津桥就是把东河东岸的蒲津关，西河西岸的大庆关和沙洲上的中潬城连起来,故称"一桥锁三城"。这种河道形态什么时候形成的,不详。蒲津桥自唐开元十二年改建后,至金元战争被烧毁,经历约500年,其中除曾在宋嘉祐八年(1063年)被洪水冲坏,铁牛没入水中外,浮桥稳固,表明河道还是相当稳定的。不过,河道冲淤变化还是存在的,唐开元十二年改建蒲桥时,疏通河道淤积是改建工程的任务之一,在以后浮桥的修缮和管理中也有记载。

从秦汉至唐朝时期的洪水灾害和其分布情况又可以分为三个时段:一是西汉时期,洪水灾害主要表现在永济和朝邑之间的河道摆动和洪水漫溢,这可能与春秋战国时期上段河道扩宽,引起下段河道的调整;二是东汉至南北朝期间洪水灾害主要表现为下段河道的洪水漫溢,河道稳定;三是隋唐时期,河道稳定,洪水灾害还是漫溢,不过分布情况上、下河段均有出现,洪灾出现的次数也略有增加。后两个时段洪水灾害出现的原因可能主要受来水来沙条件变化的影响。据文献[4]研究成果,东汉至南北朝气候变冷干旱,隋唐气候又变暖湿润,引起流域来水来沙条件的变化。前者气候由温暖湿润转向寒冷干旱,对河道来水条件而言,由丰水系列转向枯水系列,也就是说,河道的输水输沙能力由较强的时期转向较弱的时期,河道发生相应的冲淤调整,后者则相反,这样,在前者情况下洪水灾害主要发生在小北干流的下段,后者情况下发展到上段是可能的。

综上所述,秦汉至唐朝时期小北干流河道是比较稳定的,可能是河道在第一级阶地形成后,河道随着来水来沙条件的变化,自动调整逐渐趋于相对平衡的阶段。

第三时期即宋元时期,洪水灾害出现的频率增加,仍以洪水漫溢为主,出现河道摆动和扩宽的现象。如上所述,蒲津桥是沟通秦、晋的通道,宋时,朝廷曾多次勒令地方官吏维修河桥及护岸工程,宋嘉祐八年(1063年)黄河暴涨,冲毁浮桥,并把西岸的铁牛冲刷河中,经修复后才能通行。又如蒲洲以下河道多次发生西移现象,岁岁修维,勉强维持旧河道,宋熙宁四年(1071年)黄河决堤西溃,夺洛汇渭,洪水灾害在小北干流的上、下河段均有出现,表明河道开始变坏,但是经过维护,还没有出现大的变化,尚属稳定。

第四时期即明清时期,从图2-2和表2-1可以看出:自明嘉靖三十三年(1554年)以后,小北干流河道的洪水灾害迅猛增长,洪水漫滩,崩岸、摆动和改道等在全河段频繁发生,有时几种洪水灾害伴随出现。如明隆庆四年(1570年),黄河暴涨,堤岸尽溢,上下各县志均有记载,并出现上段河道东侵,出现夺汾现象;下段河道西侵,"移大庆关于河东",出现夺洛夺渭现象。河自华原沿崖而下,穿过朝邑向南,后人称为"隆庆故道"。这次洪水淤积十分严重,据朝邑人张公朴考证,朝邑赵渡之南有个西仓村,洪水把村淤平,后重建时,挖沙5尺,始见原来村之城墙,估计泥沙淤积厚度在1丈之上。又据明嘉靖兵部尚书王崇古的《重修黄河石堤记》记载:"隆庆庚午(四年)夏,河大涨,高丈余,环漫蒲城。近城居民隙地田园,皆涌泥沙数尺许。"因此,有人说,隆庆四年是小北干流"河道迁徙游荡的一个历史分界线"。

明隆庆四年后,小北干流河道变迁频繁,向宽、浅、散、乱方向发展,洪水灾害加剧。河道摆动和河岸崩塌使河道展宽,据史料记载:隆庆四年后,上段,冲掉汾阴脽(长5里、宽2里余、高10丈的高阜,即今庙前工程13坝处),至清同治九年(1870年)迫使后土祠和秋风楼三次搬迁,汾河入黄口不再稳定;中段,侵瀵塌垣,河道展宽;下段,主流摆动的幅度更大,东至蒲洲城,西至华原村;末端,西徙夺洛夺渭,东移冲毁羁马城。河道摆动频率更高,据汾河口历史变迁记载,自明清以来,黄河河道间隔数年就会发生东侵,隔一段时间又会西徙,循环往复,形成间歇性的灾害。又据《大荔县志》记载,清初年至末年(1644~1911年)不到300年内,黄、洛河改道达10次之多,大改道6次,平均30年改道1次,故谚称"三十年河东,三十年河西"。由此至清末小北干流河道就相当宽了。据文献[7]记载,中段庙前河道已达5 km,蒲州河宽达10余km,潼关河宽也达500余m。应该指出:小北干流河道的展宽并非就此而减缓,如上述小北干流河道特性部分的河宽均为三门峡水库修建前的河宽,比清末时又展宽了。

明清时期,小北干流河道淤积严重,两岸许多村庄被淤积,一些城镇受到泥沙淤积的威胁,经常受到洪水的干扰,民不安生,逐渐衰落,被迫搬迁,如荣河旧城在民国元年(1912年)决定搬迁。蒲州城经常受到洪水的患害,也已失去昔日辉煌。由于河道淤积抬高,洪水漫溢的频率增加(见表2-1),同时河道向宽、浅方向发展,经常出现洪水摆动,以及洪水过后,河中出现新淤沙滩,这样,老滩被洪水淹没和冲刷,出现新淤沙滩变化无常,由此引起两岸群众争地而出现纠纷之事。至今小北干流河道的淤积问题依然存在,河道摆动和塌岸问题,在20世纪80、90年代经过河道整治后,才基本得到缓解。

明清时期小北干流河道淤积洪水灾害加剧的原因,文献[7]记载,黄土高原千余年间的持续破坏,气候环境的变迁,宋以后黄河小北干流区域构造活动的加剧,潼关高程下切侵蚀的平衡,使泥沙淤积、河道摆动加剧的灾害在明清时期显著地表现出来。而文献[8]根据史念海对黄河中游的黄土高原地区森林覆盖率的考证结果,认为千百年来,由于人类不合理的生产活动,破坏了天然植被,黄土高原水土流失加剧,是春秋战国以来形成灾害的主要原因。从目前冲积河流河床冲淤变化的成因分析,一般认为影响河床冲淤变化的因素有:来水来沙条件、侵蚀基准面和河床边界条件的变化。库区河道的侵蚀基准面应为三门峡,河床为基石和块石组成,一级阶地形成以来变化很小,即使库区河道在宋以后区域构造活动加剧,但与小北干流河道的冲淤变化相比还是比较小的。河床边界条件明清以来变化比较大,河道向宽、浅、散、乱方向发展,其形成原因,区域构造运动有一定影响,同时河道淤积是一个重要原因,史料记载,经常出现洪水淤积引起河道摆动和展宽。这样,来水来沙条件的变化是引起小北干流河道在明清时期淤积的主要原因。来水来沙条件变化的原因比较复杂,根据水文泥沙实测资料成果,黄河的水沙特点是水沙异源,径流主要来自上游,而泥沙主要来自中游黄土高原地区。大量研究成果表明,明清时期黄河中游高土高原地区气候干燥寒冷,同时在人口很快增长、不合理生产方式这两个原因影响下,原来的生态环境严重破坏,由此增加水土流失是可能的。不过人类活动和气候变化对黄河水沙变化影响的程度尚难定论。而黄河上游地区人口稀少,对生态环境影响较小。

三、有水文实测资料以来库区河道的冲淤特点

(一)水文站网设置概况

陕县水文站于1919年4月设立,是黄河上设立的第一个水文站,在三门峡坝址

上游 21.3 km。1933 年陕县水文站发生 22 000 m^3/s 的大洪水，库区河道和黄河下游出现严重的洪水灾害，1934～1935 年增设了黄河龙门、潼关水文站，渭河下游咸阳、华县水文站，汾河河津水文站和北洛河洑头水文站，基本上控制了库区河道进出口的水沙情况，为研究河道冲淤变化积累了许多宝贵的资料。各水文站的基本情况见表 2-2。

表 2-2　各水文站的基本情况

河名	站名	建站时间（年-月）	集水面积（km^2）	测验河段情况
黄河	龙门	1934-06	497 552	砂质河床；两岸为岩石
	潼关	1929-02	682 141	砂质河床；左岸凤凰山，右岸老陇海铁路路基
	陕县	1919-04	687 869	复式断面，砂卵石河床，左岸为胶泥卵石陡坎，右岸为砂土滩地
	三门峡	1951-07	688 421	基岩和块石河床，河床稳定；左岸为岩石，右岸为土质
汾河	河津	1934-06	38 728	复式断面，砂质河床；两岸为淤积土
渭河	咸阳	1634-01	46 827	复式断面，砂质河床，稍杂卵石，左岸块石护岸，右岸为黏土
	华县	1935-03	106 498	复式断面，砂质河床，两岸为淤积土，主流常摆动
泾河	张家山	1932-01	43 216	复式断面，卵石胶泥河床，河床稳定，两岸为砂质土壤
北洛河	洑头	1933-05	25 154	复式断面，砂石河床，右岸为砂卵石组成，左岸为砂土

注：咸阳水文站是由 1931 年 6 月设置的水位站改建而成，即水位资料从 1931 年 6 月就有了。

根据水文站网布置情况，由于潼关水文站的实测资料不系统，并且沙量偏小，库区河道的冲淤计算可以分为两部分，即咸阳、张家山至华县河段，简称渭河下游部分；龙门、华县、河津、洑头至陕县（或三门峡）河段，简称黄河干流部分。

（二）来水来沙的特点

陕县水文站是库区河道的出口站，据 1919 年 7 月～1960 年 6 月（即建库前）实测资料整编成果，年水量 425.8 亿 m^3，年沙量 16.0 亿 t，含沙量 37.6 kg/m^3，由于库区河道的淤积，其来沙量应大于 16 亿 t。三门峡坝址附近，河床为基岩和块石组成，河床冲淤变化不大，也就是说，建库前库区河道的侵蚀基面变化不大，这样，库区河道的冲淤变化主要取决于来水来沙条件的变化。弄清库区河道的来水来沙情况对分析研究河道冲淤变化是需要的，库区河道的来水来沙特点如下。

1. 水沙异源，地区分布不均匀

黄河上、中游地区自然地理条件差异很大，各地区的降水、产流、产沙情况不同，由此出现水沙异源，地区分布不均匀的特点。表 2-3 和表 2-4 分别为黄河干流部分和渭河下游部分不同地区的来水来沙情况。

表 2-3　1919 年 7 月～1960 年 6 月黄河干流部分水量、沙量来源统计

河名	站名或河段	项目	集水面积(km^2)	年水量(亿 m^3)	年沙量(亿 t)	含沙量(kg/m^3)	径流模数(万 $m^3/(km^2 \cdot a)$)	输沙模数($t/(km^2 \cdot a)$)
黄河	头道拐(河口镇)	实测值	367 898	249.3	1.42	5.70	6.776	386.0
		占三门峡比例(%)	53.4	58.5	8.88			
	头道拐至吴堡	实测值	65 616	42.9	4.60	107.2	6.538	7 010
		占三门峡比例(%)	9.53	10.1	28.8			
	吴堡至龙门	实测值	64 038	31.9	4.58	143.6	4.981	7 152
		占三门峡比例(%)	9.30	7.49	28.6			
	龙门	实测值	497 552	324.1	10.6	32.7		
		占三门峡比例(%)	72.3	76.1	66.3			
渭河	华县	实测值	106 498	79.2	4.24	53.5	7.439	3 981
		占三门峡比例(%)	15.5	18.6	26.5			
汾河	河津	实测值	38 728	15.7	0.533	33.9	4.059	1 376
		占三门峡比例(%)	5.63	3.69	3.33			
北洛河	洑头	实测值	25 154	6.90	0.841	121.9	2.742	3 343
		占三门峡比例(%)	3.65	1.62	5.26			
黄河	三门峡(陕县)	实测值	688 421	425.8	16.0	37.6	6.185	2 324
		占三门峡比例(%)	100	100	100			

表 2-4　1919 年 7 月～1960 年 6 月渭河下游部分水量、沙量来源统计

河名	站名或河段	项目	集水面积(km^2)	年水量(亿 m^3)	年沙量(亿 t)	含沙量(kg/m^3)	径流模数(万 $m^3/(km^2 \cdot a)$)	输沙模数($t/(km^2 \cdot a)$)
渭河	林家村(太寅)	实测值	30 661	20.5	1.45	70.6	6.686	4 729
		占华县比例(%)	28.8	25.9	34.2			
	咸阳	实测值	46 827	49.0	1.64	33.5	10.468	3 502
		占华县比例(%)	44.0	61.9	38.7			
	林家村至咸阳	实测值	16 166	28.5	0.19	6.67	17.617	1 175
		占华县比例(%)	15.2	36.0	4.48			
泾河	张家山	实测值	43 216	14.9	2.67	179.2	3.448	6 178
		占华县比例(%)	40.6	18.8	63.0			
渭河	华县	实测值	106 498	79.2	4.24	53.5	7.439	3 981
		占华县比例(%)	100	100	100			

从表2-3可以看出：黄河干流部分的水、沙量主要来自龙门以上，分别占三门峡站的76.1%和66.3%；其次是华县以上，分别占18.6%和26.5%；河津和洑头以上的来水来沙量均较小，除洑头以上的来沙量占三门峡站的5.26%外，其余均小于4%。根据来水来沙情况，龙门以上又分为三个河段：黄河上游（头道拐站）是黄河的主要来水区，其来水量占三门峡站的58.5%，来沙量仅占8.88%，其实黄河上游的水量主要来自兰州以上，兰州站年水量310.2亿m^3，年沙量1.11亿t，分别占三门峡站的72.9%和6.94%；头道拐至龙门河段是主要来沙区，年沙量达9.18亿t，年水量仅74.8亿m^3，分别占三门峡站的57.4%和17.6%，表2-3中又将头道拐至龙门分为头道拐至吴堡和吴堡至龙门两个河段，这两个河段的集水面积、来水量和来沙量都比较接近。据钱宁等的研究结果，粗颗粒泥沙（粒径大于0.05 mm）主要来自两个区域，一是皇甫川至秃尾河等支流的中下游地区，粗颗粒泥沙的输沙模数达到10 000 t/(km^2·a)，另一个区域为无定河中下游（输沙模数在6 000～8 000 t/(km^2·a)及广义的白于山河源区（如无定河、延河、北洛河和马莲河等的上游，输沙模数为6 000 t/(km^2·a)。前者位于头道拐至吴堡河段，粗颗粒泥沙的输沙模数大，并且又位于各支流的中下游，一旦暴雨形成高含沙洪水，大量粗颗粒泥沙直接注入黄河；后者主要位于吴堡至龙门河段，粗颗粒泥沙的输沙模数相对来说比较小，特别是来自白于山河源区支流的粗颗粒泥沙，往往与其中下游来的细颗粒泥沙混合后输送入黄河，泥沙粒径相对来说比较细，为此将头道拐至龙门河段分为两个河段，主要考虑将来分析泥沙粒径粗细对库区河段的冲淤影响。

表2-4是渭河下游部分的来水来沙情况，也反映黄河干流的一级支流来水来沙情况，可以看出：渭河下游的泥沙主要来自泾河张家山以上，张家山站年沙量2.67亿t，占华县站年沙量的63%（占三门峡站的16.8%），张家山站年水量14.9亿m^3，占华县站的18.8%（占三门峡站的3.5%），也是黄河干流的主要来沙区之一；渭河下游的水量主要来自林家村、张家山至华县区间，年水量43.8亿m^3，占华县站的55.3%（占三门峡的10.3%），年沙量0.12亿t（未考虑区间河道淤积量），占华县站的2.83%，也是黄河干流的主要来水区之一。

从表2-3和表2-4还可以看出，水、沙在地区分布上是不均匀的，三门峡站以上地区的径流模数为6.18万m^3/(km^2·a)，其中林家村至咸阳区间的径流模数为最大，达17.62万m^3/(km^2·a)，为三门峡站的2.8倍；洑头站为最小，仅为2.74万m^3/(km^2·a)，仅为三门峡站的44.9%，各地区径流模数最大值与最小值的比值为6.4。三门峡站以上的输沙模数为2 324 t/(km^2·a)，其中头道拐站以上的输沙模数最小，为386 t/(km^2·a)占三门峡站的16.6%；吴堡至龙门区间的输沙模数最大，达7 152 t/(km^2·a)，为三门峡站以上的3.1倍，各地区输沙模数中的最大值与最小值的比值为18.5，比径流模数还大，充分表明库区河道来水来沙在地区分布的不均匀。

2. 水量、沙量年际变化大，年内分配不均匀

表2-5和表2-6为库区河道不同地区来水、来沙年际变化和年内分配情况，两表中年、月水量和沙量是1919年7月至1960年6月的平均值，以各月的水量和沙量分别与其年水量和沙量的比值，表示年内的分配情况，以该水文实测系列中最大年水量和年沙量分别与最小年水量和年沙量的比值，表示年际的变化。可以看出：各河段来水的年际变化在

2. 52 ~ 6. 53 之间，其中黄河上游（头道拐）和吴堡至龙门河段来水的年际变化小于三门峡外，其余各地区均大于三门峡，泾河张家山的比值最大，达 6. 53，约为三门峡的 3 倍。各地区来沙的年际变化在 6. 15 ~ 18. 0 之间，变化幅度比来水量还大。其中除头道拐至吴堡河段和林家村的来沙年际变化小于三门峡外，其余各地区均大于三门峡，仍是泾河张家山的比值最大，达 18. 0，为三门峡的 2 倍多。

各河段来水在年内的分配情况，一般汛期（7 ~ 10 月）水量占年水量的 60% 左右，非汛期（上年 11 月 ~ 当年 6 月）水量占年水量的 40% 左右，不过，泾河张家山汛期水量占年水量的72. 8%，非汛期水量仅占年水量的 27. 2%。来沙量年内分配比水量更为集中，一般汛期沙量占年沙量的 80% 以上，其中一部分地区达到 90% 以上，非汛期沙量占年沙量不到 20%。泥沙主要是由暴雨和洪水形成的，故洪水期的沙量占年沙量的比重相当高，如 1933 年陕县站年沙量 37. 3 亿 t，其中 8 月 9 ~ 13 日 5 天的沙量达 21. 2 亿 t，占年沙量 56. 8%，支流洪水期来沙更集中，据分析，头道拐至龙门区间、泾河和北洛河等洪水期水量占年水量的 40% 左右，洪水期沙量占年沙量的 95% 以上。

表 2-5　不同河段来水年际变化及年内分配情况

项目		头道拐	头道拐至吴堡	吴堡至龙门	河津	洑头	林家村	林家村至咸阳	张家山	三门峡
平均年水量（亿 m^3）		249. 3	42. 9	31. 9	15. 7	6. 90	20. 5	28. 5	14. 9	425. 8
各自水量占年水量百分数（%）	7 月	14. 2	10. 7	21. 7	12. 7	15. 2	13. 7	14. 4	20. 9	13. 7
	8 月	16. 8	15. 7	21. 8	23. 4	20. 8	17. 8	17. 1	26. 3	17. 8
	9 月	16. 8	14. 0	7. 5	17. 9	12. 8	15. 9	17. 2	17. 3	15. 8
	10 月	14. 0	11. 9	10. 1	10. 2	9. 5	12. 5	12. 7	8. 3	13. 0
	11 月	7. 8	9. 2	6. 9	6. 2	6. 5	6. 7	6. 5	5. 0	7. 7
	12 月	3. 2	4. 2	3. 3	4. 6	4. 3	3. 7	3. 8	2. 0	3. 5
	1 月	2. 5	3. 3	2. 9	4. 4	3. 7	2. 8	3. 2	1. 5	2. 9
	2 月	2. 8	5. 3	4. 4	4. 1	4. 5	3. 2	3. 0	2. 8	3. 5
	3 月	4. 1	10. 9	6. 3	4. 6	6. 3	4. 1	3. 6	4. 1	4. 9
	4 月	5. 0	7. 0	5. 3	3. 8	5. 6	5. 3	5. 2	2. 9	5. 3
	5 月	5. 1	5. 4	5. 3	3. 8	4. 9	6. 4	6. 3	3. 6	5. 3
	6 月	7. 7	2. 4	4. 5	4. 7	5. 9	7. 9	7. 0	5. 3	6. 6
	汛期	61. 8	52. 3	61. 1	64. 2	58. 3	59. 9	61. 4	72. 8	60. 3
	非汛期	38. 2	47. 7	38. 9	35. 8	41. 7	40. 1	38. 6	27. 2	39. 7
最大年水量（亿 m^3）		371. 7	81. 8	53. 1	33. 1	15. 2	44. 7	57. 4	37. 6	659. 8
最大年水量出现年		1946	1949	1958	1954	1940	1937	1937	1940	1937
最小年水量（亿 m^3）		118. 8	14. 40	21. 10	6. 99	2. 89	8. 44	11. 06	5. 76	199. 10
最小年水量出现年		1928	1928	1957	1957	1957	1928	1928	1928	1928
最大与最小比值		3. 13	5. 68	2. 52	4. 74	5. 26	5. 30	5. 19	6. 53	3. 31

表 2-6 不同河段来沙年际变化和年内分配情况

项目		头道拐	头道拐至吴堡	吴堡至龙门	河津	洑头	林家村	林家村至咸阳	张家山	三门峡
平均年沙量(亿 t)		1.42	4.60	4.58	0.533	0.841	1.45	0.19	2.67	16.0
各自沙量占年沙量百分数(%)	7 月	18.3	23.2	32.7	19.3	35.9	37.3	-19.3	37.7	22.3
	8 月	27.0	40.8	46.9	49.9	45.0	36.9	39.2	44.2	38.1
	9 月	22.4	14.9	8.0	20.4	15.2	9.2	73.5	10.3	16.1
	10 月	14.6	8.3	2.9	4.3	0.9	1.6	17.0	0.7	7.5
	11 月	4.5	2.1	0.7	1.0	0.1	0.1	2.5	0.2	3.0
	12 月	0.4	0.5	0.3	0.4	0	0	0.6	0	1.1
	1 月	0.1	0.2	0.2	0.2	0	0	0.4	0	0.8
	2 月	0.2	0.3	0.3	0.3	0	0	0.2	0	0.9
	3 月	1.2	1.5	0.4	0.5	0.1	0.3	-0.3	0.1	1.6
	4 月	1.8	1.8	1.1	0.5	0.4	1.1	-0.8	0.6	1.7
	5 月	2.8	2.2	1.0	0.4	0.2	3.5	-3.9	1.6	2.0
	6 月	6.7	4.2	5.5	2.8	2.2	10.0	-9.1	4.6	4.9
	汛期	82.3	87.2	90.5	93.9	97.0	85.0	110.4	92.9	84.0
	非汛期	17.7	12.8	9.5	6.1	3.0	15.0	-10.4	7.1	16.0
最大年沙量(亿 t)		2.46	10.20	11.70	1.75	2.59	3.10	1.10	11.3	37.3
最大年沙量出现年		1935	1954	1933	1954	1947	1959	1937	1933	1933
最小年沙量(亿 t)		0.239	1.570	1.390	0.104	0.196	0.504	-0.330	0.628	4.830
最小年沙量出现年		1928	1928	1928	1952	1928	1942	1959	1928	1928
最大与最小比值		10.30	6.50	8.42	16.83	13.21	6.15		18.00	7.72

3. 水沙组合极其复杂

由于黄河上中游地区的水、沙时空分布不均，水沙组合极其复杂。以三门峡站为例，1919 年 7 月至 1960 年 6 月平均年水量 425.8 亿 m^3，年沙量 16 亿 t，选择丰、平、枯三种情况进行水沙组合分析，即将年水量大于 500 亿 m^3 作为丰水年，年沙量大于 20 亿 t 作为丰沙年，年水量在 400 亿 ~ 450 亿 m^3 之间为平水年，年沙量在 15 亿 ~ 17 亿 t之间为平沙年，年水量小于 350 亿 m^3 为枯水年，年沙量小于 12 亿 t 为枯沙年，统计结果见表 2-7。

表 2-7　三门峡水文站不同水沙组合情况

年份	丰水、丰沙年			年份	枯水、枯沙年			年份	平水、平沙年		
	年水量（亿 m^3）	年沙量（亿 t）	平均含沙量（kg/m^3）		年水量（亿 m^3）	年沙量（亿 t）	平均含沙量（kg/m^3）		年水量（亿 m^3）	年沙量（亿 t）	平均含沙量（kg/m^3）
1937	659.8	25.3	38.3	1928	199.1	4.83	24.3	1942	403.3	20.3	50.3
1949	625.8	18.5	29.6	1924	268.5	6.74	25.1	1950	407.1	13.4	32.9
1958	651.6	30.1	50.9	1931	279.2	9.26	33.2	1948	419.0	12.3	29.4
1940	579.4	23.5	40.6	1957	290.5	10.1	34.8	1936	427.3	8.64	20.2
1935	560.3	16.9	30.2	1930	294.7	9.29	31.5	1944	444.2	22.3	37.1
1943	556.2	16.3	29.3	1926	301.1	10.2	33.9	1920	447.2	11.6	25.9
1938	550.3	17.0	30.9	1932	314.8	18.7	59.4	1919	448.1	20.0	44.6
1946	535.5	14.7	27.5	1927	321.3	9.90	30.8	1956	350.6	16.1	45.9
1955	513.7	13.6	26.5	1929	335.9	14.7	43.8	1925	388.7	16.5	36.9
1954	509.2	26.0	51.1	1922	342.9	11.6	33.8	1921	472.5	16.5	36.8
1933	498.7	37.3	74.8	1939	353.0	10.2	28.9	1945	482.0	16.5	34.2
1934	488.0	22.6	46.3	1941	356.8	9.12	25.6	1938	550.3	17.0	30.9
1919	448.1	20.0	44.6	1952	359.1	8.04	22.4	1943	556.2	16.3	29.3
1944	444.2	22.3	50.2	1936	427.3	8.64	20.2	1935	560.3	16.9	30.2
1942	403.3	20.3	50.3	1920	447.4	11.6	25.9				
1959	373.7	28.0	74.9	1951	457.9	11.8	25.8				

从表 2-7 可以看出：丰水年的年沙量大多数年也较大，但是水沙关系不是严格的正比关系，甚至有的丰水年的年沙量偏枯，如 1955 年的年水量为 513.7 亿 m^3，而年沙量仅为 13.6 亿 t；丰沙年的年水量一般也较大，水沙关系与上述相同，不是严格的正比关系，如 1933 年的年沙量为 37.3 亿 t，在实测水文系列中属于首位，而年水量仅为 498.7 亿 m^3，不是最大，又如 1959 年的年沙量为 28.0 亿 t，在本水文系列中列第三位，而年水量仅 373.7 亿 m^3，接近枯水年。枯水年的年沙量大多数年也偏枯，但也有在遇到年沙量偏丰的情况，如 1932 年年水量为 314.8 亿 m^3，而年沙量达 18.7 亿 t；枯沙年的年水量也是大多数偏枯，但有少数年的年水量略为偏丰，如 1936 年的年沙量为 8.64 亿 t，而年水量达 427.3 亿 m^3。平水年的年沙量有偏丰和偏枯两种情况，没有遭遇平沙年的情况，平沙年的年水量也是有偏丰和偏枯两种情况，没有遭遇平水年的情况。在实测过程中，还出现连续数年的枯水或丰水时段，如 1922～1932 年各年来水量均小于 350 亿 m^3，平均年水量为 312.8 亿 m^3，平均年沙量为 11.4 亿 t，分别比 1919 年 7 月至 1960 年 6 月多年平均偏小

27%和29%;又如1933~1938年的各年水量均大于多年平均水量,该时段年平均水量为530.8亿m^3,年平均沙量为22.1亿t,分别比多年平均值偏大25%和38%,分别比1922~1932年枯水时段年平均值大70%和94%。

如果以含沙量反映河道的输沙特性,表2-7中年平均含沙量最大达74.9 kg/m^3(1959年),最小仅20.2 kg/m^3(1936年),两者的比值为3.7,据实测资料记载,在1919年7月至1960年中三门峡站最大含沙量590 kg/m^3(1954年9月4日),最小含沙量2.0 kg/m^3(1929年1月1日),两者比值达295倍。这样,库区河道在遭遇到不同来水、来沙情况时,将发生强烈的冲淤调整,以致在高含沙洪水时出现揭底冲刷等异常现象。

(三)冲淤量及其分布概况

利用水文站网的实测资料进行河道冲淤变化的计算方法,一般采用沙量平衡法和同流量水位法。

1. *沙量平衡法*

沙量平衡法是以计算河段的输入沙量和输出沙量之差作为河道冲淤量,计算表达式为

$$\Delta W_s = W_{s1} + W'_{s1} + W_{s2} + W_{s3} - W_{s4} - W'_{s4} - W_{s5}$$

式中:ΔW_s为计算河段的年均冲淤量;W_{s1}和W'_{s1}分别为进口站的年均悬移质输沙量和推移质输沙量;W_{s2}为河段区间年均来沙量;W_{s3}为河段内河岸坍塌的年均来沙量;W_{s4}和W'_{s4}分别为河段出口站的年均悬移质输沙量和推移质输沙量;W_{s5}为河段内引出的年均沙量。

在这些计算因素中,库区河道的实测资料只有河段进、出口站的悬移质年均输沙量有系统的实测资料和整编资料,其他因素均缺乏系统的实测资料和整编资料,只有零星的实测资料和一些研究成果。分析计算河道的冲淤量时,充分利用这些实测资料和比较可靠的研究成果,计算时段采用1935年7月~1960年6月,在此时段内,库区河道进、出口的主要水文站均已开始有实测的悬移质输沙量资料,至于一些零星的实测资料和研究成果的选用,分别叙述如下:

河段区间来沙量,河段区间控制面积36 944 km^2,其中河道面积(包括滩地和河槽)为2 048.1 km^2,不考虑其来沙量,这样河段区间来沙量的控制面积为34 895.9 km^2,其中黄河干流部分有18 884.6 km^2,其中曾有零星观测资料的控制面积为8 405.6 km^2;渭河下游部分有16 011.3 km^2,其中曾有零星观测资料的控制面积为5 936 km^2,这样在库区河道的控制范围内,有零星观测资料的控制面积不到一半,不过各水文站分布比较均匀,具有一定的代表性。这样,首先计算各站的悬移质年沙量及其输沙模数,并与黄河流域悬移质输沙模数图比较,本次计算得到的悬移质输沙模数与输沙模数图中相应位置的输沙模数一致。由此算出渭河下游部分区间年均来沙量0.173亿t,黄河干流部分区间年均来沙量0.235亿t。

推移质年均输沙量,在三门峡水库修建前后(1958~1966年)曾有一些水文站进行了推移质测验,文献[12]的研究成果见表2-8。由于张家山和洑头两站没有推移质实测资料,考虑流域来沙和测站情况,采用龙门站和河津站的推悬比的平均值,即0.64%。由此根据1935年7月~1960年6月各站实测的年均悬移质输沙量计算出相应各站的推移质输沙量,见表2-9。

表 2-8　各站年均推移质输沙量与悬移质输沙量的比值

站　名	龙门	陕县	河津	咸阳	华县
推悬比(%)	0.72	0.26	0.56	0.24	0.08

表 2-9　各站年均推移质输沙量

站　名	龙门	华县	河津	洑头	陕县	咸阳	张家山
悬移质输沙量(亿 t)	11.29	4.33	0.58	1.02	16.97	1.65	2.78
推悬比(%)	0.72	0.08	0.56	0.64	0.26	0.24	0.64
推移质输沙量(亿 t)	0.081	0.003	0.003	0.007	0.044	0.004	0.018

库区河道河岸坍塌的来沙量,在历史记载中,库区各河段都有河岸坍塌的情况,其中龙门至潼关河段塌岸比较严重,但是都没有详细的记载,无法进行定量的计算。三门峡水库修建后,库岸坍塌是一个观测内容,有详细的观测资料,文献[12]还进行了调查和分析研究,认为潼关至三门峡河段受到水库运用的影响,塌岸最为严重,龙门至潼关河段基本上是属于自然河道塌岸,其他河段基本无塌岸现象。考虑建库前潼关至三门峡河段,河道比较狭窄,估计塌岸量不会太大,故仅考虑龙门至潼关河段的塌岸来沙量,年均塌岸来沙量借用建库后 1960 ~ 1984 年该河段的塌岸量,据文献[12]成果,该时段年均塌岸量为0.071 2 亿 t。

库区河段内引出的沙量,建库前没有大的引水工程,引沙量不会很多,没有计算。

综合上述计算成果,库区河道的淤积量分渭河下游和黄河干流两部分计算,计算成果分别见表 2-10 和表 2-11。

表 2-10　渭河下游部分河道年均淤积量

项目	进口站年均来沙量(亿 t)			区间来沙量(亿 t)	华县年均沙量(亿 t)	淤积量(亿 t)
	咸阳	张家山	小计			
悬移质	1.65	2.78	4.43		4.33	
推移质	0.004	0.018	0.022		0.004	
合计	1.654	2.798	4.452	0.173	4.334	0.291

表 2-11　黄河干流部分河道年均淤积量

项目	进口站年均来沙量(亿 t)					区间来沙量(亿 t)	塌岸来沙量(亿 t)	陕县年均沙量(亿 t)	淤积量(亿 t)
	龙门	华县	河津	洑头	小计				
悬移质	11.29	4.33	0.58	1.02	17.22			16.97	
推移质	0.081	0.004	0.003	0.007	0.095			0.044	
合计	11.371	4.334	0.583	1.027	17.315	0.225	0.071	17.014	0.597

从表2-10、表2-11可以看出:库区河道的来沙量,主要是各进口站的实测悬移质输沙量,区间来沙量、推移质输沙量和塌岸来沙量很少,可以忽略不计,但是,对于河道淤积量来说,又不能不考虑这些来沙量,因为河道淤积量不是很大,而这些来沙量却占淤积量的一半以上。这样库区河道的年均淤积量,渭河下游部分为0.291亿t,黄河干流部分为0.597亿t,合计为0.888亿t。

2. 同流量水位法

以水文站实测枯水流量的相应水位变化,反映测验断面河道的冲淤变化,选用流量考虑出现几率比较多,水流和河床比较稳定,能较好地反映河道的冲淤变化,黄河干流的龙门、潼关和陕县等站采用1 000 m^3/s,渭河华县站采用200 m^3/s,咸阳站采用150 m^3/s,汾河河津站采用50 m^3/s。同流量水位每年汛前和汛后各采用一个数值,每年的汛前水位差反映经过一个水文年后测验断面河道的冲淤变化,汛前和汛后的水位差反映汛期的冲淤变化,汛后与下一年汛前的水位差反映非汛期的冲淤变化。现将龙门、潼关、陕县、咸阳和华县站的汛前同流量水位变化过程绘于图2-3,图中还给出了黄河干流和渭河下游部分河段的各年悬移质输沙量差的累计过程线。图中各站水位相对零点高程:龙门373.3 m,潼关321.2 m,陕县291.36 m,咸阳383.92 m,华县331.73 m。从图中可以看出:渭河下游部分的咸阳和华县的同流量水位过程和咸阳、张家山与华县站的悬移质输沙量差的累计量过程的变化趋势是基本一致的,而黄河干流部分两者的变化趋势不完全一致,特别是1935~1945年期间,龙门和潼关的同流量水位是明显升高,而龙、华、河、洑与陕县站的悬移质输沙量差的累计量不大,1950年至1960年两者的变化趋势较好,产生这种现象的原因可能与1933年洪水期强烈的揭底冲刷没有计算在内有关。不过从长时期来说,这两个方法计算结果在定性上还是基本一致的,可以互补,各站同流量的水位变化可以反映库区河道沿程冲淤分布概况。

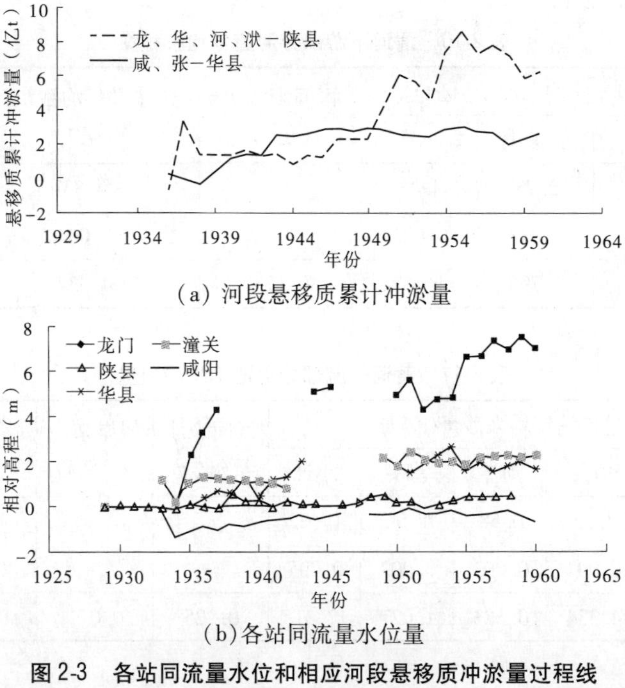

图2-3 各站同流量水位和相应河段悬移质冲淤量过程线

3. 库区河道的冲淤分布

由于各站开始观测资料的时间不统一，并且部分测站是在1933年大洪水之后建立的。1933年陕县实测洪峰流量22 000 m^3/s，是有实测资料以来的年最大值，并且是高含沙洪水。据龙门站当时的调查资料，发生了强烈的揭底冲刷，潼关站实测资料表明也发生较强的冲刷，而陕县站没有反映出冲淤变化，咸阳站的实测资料表明也发生强烈的冲刷，这些站的河道冲淤变化情况列于表2-12中。至于华县站是否发生冲刷，根据当时情况来看，也应该发生冲刷，首先，咸阳和潼关两站实测资料均发生冲刷，其次，当时张家山站有实测资料，相应洪峰流量为9 200 m^3/s，最大含沙量为704 kg/m^3，据目前研究成果判断，华县站具有发生强烈冲刷的条件。这样，在1933年大洪水冲刷后开始观测的资料，存在着大洪水冲刷后的回淤问题，对河道长期冲淤变化的影响如何，这是一个非常复杂的问题。为此充分利用现有的实测资料，客观地反映实际情况，将各站汛前同流量水位变化分时段统计，一是从各站有实测资料以来，至建库前的水位变化，这种方法充分利用了实测资料，但是有些水文站是1933年大洪水后设立的，可能受洪水冲刷后发生回淤的影响；二是1950～1960年汛前，这个时段内观测资料完整，精度比较高，但观测时段短；三是1937年至建库前，是根据当时的实测资料情况，龙门站自1934年设站后，1938年又停测了，考虑到1933年洪水冲刷后的回淤情况。统计结果见表2-12。

表2-12　各站汛前同流量水位及水位差　（单位：m）

项目		龙门	潼关	陕县	咸阳	华县	河津
起始年		373.30	321.28	291.28	382.55	331.73	
1933年			322.37	291.30	(383.79)		
1937年		377.58	322.45	291.27	382.88	332.40	
1950年		378.26	323.00	291.54	383.60	333.53	
建库前		380.32	323.50	291.83	383.21	333.33	371.67
年均水位差	起始年至建库前	0.27	0.07	0.01	0.03	0.06	372.83
	1937年至建库前	0.12	0.05	0.03	0.01	0.04	
	1950年至建库前	0.21	0.05	0.04	-0.04	-0.02	0.12
1933年汛前与汛后水位差		-9.0	-1.51	0	-1.21		

注：1. 起始年见表2-2；

2. 建库前时间相应水位，陕县站为1958年汛前水位，其余各站均为1960年汛前水位；

3. 1933年的水位差，龙门站是当时的调查资料，咸阳站有水位实测资料，流量为插补资料。

从表2-12可以看出：各站各时段的河道冲淤情况不同，表明各站河道的冲淤变化既受1933年大洪水的冲刷影响，也受时段内来水、来沙条件变化的影响。陕县和潼关站在1933年大洪水前就有观测资料，陕县站在1933年汛期和大洪水期间，同流量水位没有变化,潼关站虽然有比较强烈的冲刷,但是到1936年的水位就恢复到1933年洪水前的水位高程(见图2-3),在长系列中潼关站河道年均升高0.07 m,陕县站年均升高0.01 m,在其他各年时段内,潼关站河道的升高值略有下降,均为0.05 m,陕县站则略有升高,可能主要受来水来沙条件变化的影响。咸阳站在1933年大洪水后有完整的观测资料,但在1932年就开始有水位观测资料,从1933年汛前和汛后的枯水位分析,汛后水位有显著的下降,根据整编插补的月平均流量,1933年汛前月平均流量150 m^3/s时的水位为383.79 m,而1960年汛前同流量水位比1933年汛前水位还低0.58 m,年均下降0.02 m,而按1934~1960年的实测资料计算,咸阳站年均升高0.03 m,表明1933年大洪水的冲刷对咸阳河道的冲淤影响很大。从图2-3看出,咸阳站在1934~1960年期间,同流量水位有时升高,有时下降,其中1951年汛前曾达到383.85 m,比1933年汛前略高一些,其后水位又逐渐下降,华县站的同流量水位变化与咸阳站基本相同,从而形成20世纪50年代渭河下游河道冲刷下降的情况,虽然华县站与咸阳站的水位变化情况类似,但其变化幅度,在淤积情况下,华县站的淤积升高值大于咸阳,在冲刷情况下,则相反。龙门站在三个时段内同流量水位变化比较大,表明受到1933年大洪水冲刷回淤的影响,也受来水来沙条件变化的影响。从各站各时段的水位变化来看,龙门站年均升高值最大,为0.12~0.27 m,其次为河津站,为0.12 m,其后依次为潼关、华县、陕县和咸阳。这就表明:黄河干流部分河道沿程冲淤变化情况,是从上而下逐渐减小,而渭河下游部分,华县站的年均升高值比咸阳站大,即自下而上逐渐减小。同时绘制了相邻两站的同流量水位关系,见图2-4。可以看出:有实测资料以来,相邻两站的相应水位关系是相当密切的,同时表明,黄河干流河道淤积升高,自上而下逐渐减小,龙门站的升高幅度约为潼关站的3倍多,陕县站的升高幅度很小;渭河下游河道淤积升高,华县站同流量水位的升高值大于咸阳,咸阳站的升高幅度不到华县站的50%。在相邻两站的相应水位关系中,华县站与潼关站相应水位关系的点群比较分散,但升高幅度比较接近,其原因可能为:潼关高程是渭河下游河道的局部侵蚀基准面,潼关高程的升降影响到华县断面河床的升降,但是,华县断面河床的升降,还需要渭河来水来沙条件的塑造,渭河下游来水来沙条件的变化不一定与黄河干流的来水来沙条件的变化一致,以及不同地区来水来沙对河道冲淤的作用不同,从而使华县与潼关相应水位关系的点群比较分散,而华县与咸阳相应水位关系的点群比较密集。这样从长时段来说,龙门至陕县河段的河床冲淤调整,因为三门峡河床为基岩和乱石,河床稳定,即侵蚀基准面稳定,主要受龙门以上来水来沙条件的影响,渭河下游河道冲淤的调整,一方面受其来水来沙条件变化的影响,同时又受到潼关高程(局部侵蚀基准面)升降的影响。综上所述,从有实测资料以来(约30年),潼关高程每年升高0.07 m,龙门站约0.20 m,陕县站为0.01 m,华县站为0.06 m,咸阳站基本变化不大。黄河干流部分河道淤积较渭河下游部分严重,与上述用沙量平衡法计算结果在定性上是一致的。

用同流量水位法计算河道在汛期和非汛期的冲淤变化,库区河道年内的冲淤变化见表2-13,如上所述,可分为三个时段进行统计分析。

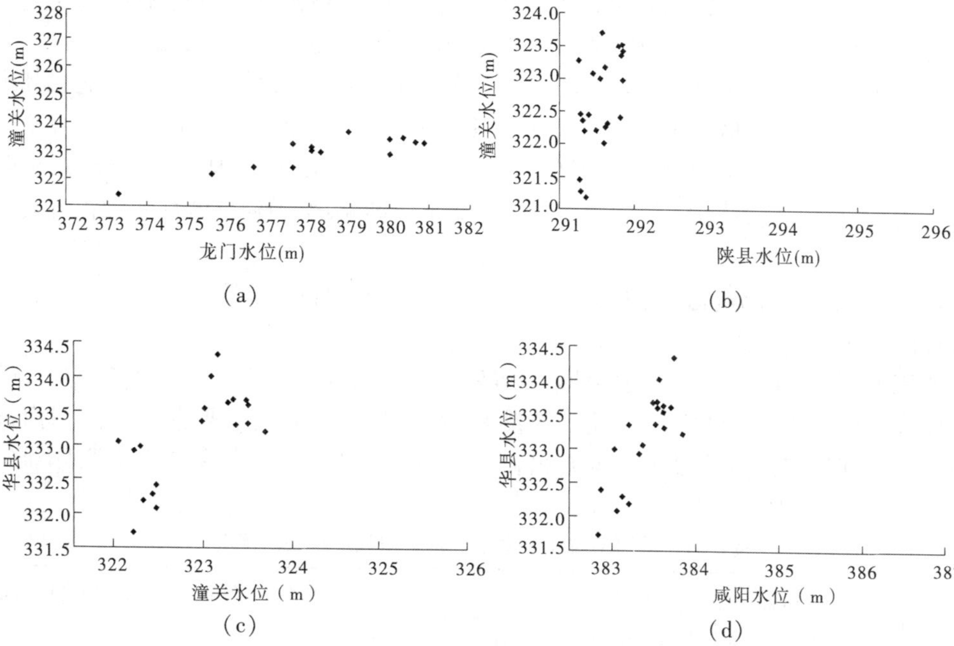

图 2-4　相邻两站相应水位关系

表 2-13　用同流量水位法计算各站汛期和非汛期的冲淤变化　（单位:m）

时段	龙门		潼关		陕县		咸阳		华县	
	汛期	非汛期	汛期	非汛期	汛期	非汛期	汛期	非汛期	汛期	非汛期
建站~1960 年	0.235	0.270	-0.233	0.227	-0.075	0.070	-0.055	0.080	0.075	0.011
1937~1960 年	0.019	0.300	-0.281	0.046	-0.112	0.093	-0.069	0.083	0.066	-0.009
1950~1960 年	-0.094	0.342	-0.202	0.190	-0.150	0.116	-0.108	0.095	-0.025	0.007

从表 2-13 可以看出，潼关、陕县、咸阳 3 断面河道均为汛期冲刷，非汛期淤积；龙门、华县两断面的河道在 1950~1960 年时段内的冲淤变化与上述 3 站相同，而在其余两个时段则不同，其原因可能是龙门和华县两站分别于 1934 年和 1935 年开始有实测资料，建站后至 1950 年期间，观测资料有中断现象，在这段时间内的资料中，汛期出现冲刷的次数少，如龙门站 1934 年有观测资料后，至 1937 年汛期均为淤积，而 1950~1960 年的观测资料是连续的，汛期的冲刷和淤积的情况均观测到，故其冲淤变化出现汛期冲刷，非汛期回淤。以 1935 年 7 月~1960 年 6 月各站实测悬移质输沙量计算河道冲淤量，黄河干流部分（即龙、华、河、洑至陕县）河道年均淤积量为 0.25 亿 t，其中汛期淤积 1.16 亿 t，非汛期冲刷 0.91 亿 t，实际上是 6、7、8 三个月为淤积，其余各月为冲刷；渭河下游部分（咸阳、张家山至华县）河道年均淤积 0.105 亿 t，其中汛期淤积 0.057 5 亿 t，非汛期为 0.047 5 亿 t，实际上是 5、6、7、8 四个月为淤积，9、10 两个月为冲刷，其余各月冲淤变化不大（见表 2-17）。这样好像两种方法计算的河道年内冲淤变化不同，实际上这两种方法计算的河道冲淤反映情况不同，同流量水位法主要反映的河槽冲淤变化，沙量平衡法反映河道滩地和河槽的

冲淤变化，两种方法计算的河道冲淤变化不同，是反映了河道滩地和河槽冲淤变化的不同。这与一些冲积河流的汛期槽冲滩淤，非汛期冲滩淤槽的特点是一致的。

综上所述，从实测水、沙资料统计分析，建库前库区河道年均淤积约 0. 89 亿 t，其中渭河下游部分淤积 0. 29 亿 t，黄河干流部分淤积 0. 60 亿 t；从实测同流量水位分析，龙门站每年淤积升高 0. 20 m 左右，潼关站为 0. 07 m，陕县站为 0. 01 m，华县站为 0. 06 m，咸阳站变化不大。由此表明，黄河干流部分淤积自上而下逐渐减小，渭河下游部分淤积自上而下逐渐增加。

（四）渭河下游部分（咸阳、张家山至华县）河道冲淤的特点及原因

1. *河道冲淤变化主要发生在洪水期*

渭河下游洪水期的来沙量占年沙量的 95% 以上，来水量占年水量的 40% 左右，虽然洪水期来水量不到年水量的一半，但是流量大，造床作用大，而枯水期的流量小，对河道冲淤的作用小，现将图 2-3 中发生严重淤积和严重冲刷年的冲淤情况和洪水来源分别列于表 2-14 和表 2-15 中。

表 2-14　渭河下游河道发生严重淤积及洪水来源情况

时段（年-月）	年冲淤量（亿 t）	月份	月冲淤量（亿 t）	洪水			洪峰流量（m^3/s）			洪水期沙量（亿 t）	
				起止日期（月-日）	天数	冲淤量（亿 t）	林家村	咸阳	张家山	咸阳	张家山
1935-07 ~ 1936-06	0. 291	8	0. 280	08-04 ~ 10	7	0. 202	(504)	2 840	2 380	0. 565	1. 137
1938-07 ~ 1939-06	0. 625	7	0. 686	07-07 ~ 16	10	0. 554	—	(270)	910	0. 068	0. 630
1939-07 ~ 1940-06	0. 830	7	0. 578	07-23 ~ 29	7	0. 595	—	3 130	810	0. 372	0. 563
		9	0. 157	09-05 ~ 10	6	0. 175	—	(200)	520	0. 036	0. 254
1942-07 ~ 1943-06	1. 093	7	0. 359	07-12 ~ 16	5	0. 292	—	1 080	(250)	0. 148	0. 215
				07-23 ~ 26	4	0. 085	—	(31)	605	0. 000 4	0. 085
		9	0. 508	08-03 ~ 09	7	0. 475	—	(192)	765	0. 043	0. 650
		5	0. 353	05-24 ~ 31	8	0. 333	—	1 150	430	0. 234	0. 282
1953-07 ~ 1954-06	0. 443	7	0. 192	07-18 ~ 20	3	0. 110	822	(785)	939	0. 156	0. 439
		8	0. 267	08-19 ~ 22	4	0. 352	(10)	(31)	935	0. 000 2	0. 618
1959-07 ~ 1960-06	0. 369	7	0. 249	07-14 ~ 29	16	0. 247	4 840	3 920	(493)	0. 966	0. 357
		8	0. 183	08-23 ~ 09-02	11	0. 130	253	440	330	0. 305	1. 180
合计	3. 651		3. 812		88	3. 550					
1954-07 ~ 1955-06	0. 111	8	−0. 427	08-11 ~ 20	10	−0. 457	5 030	1 220	2 180	1. 569	0. 531
		9	0. 550	08-30 ~ 09-07	9	0. 634	1 340	4 550	5 640	0. 280	1. 431

注：洪峰流量栏内括号中的数据为日平均流量。

表 2-15　渭河下游河道发生严重冲刷及洪水来源情况

时段（年-月）	年冲淤量（亿 t）	月份	月冲淤量（亿 t）	洪水			洪峰流量（m^3/s）			洪水期沙量（亿 t）	
				起止日期（月-日）	天数	冲淤量（亿 t）	林家村	咸阳	张家山	咸阳	张家山
1936-07～1937-06	-0.284	8	-0.300	08-17～24	8	-0.404	2 000	3 990	1 430	0.546	0.350
1937-07～1938-06	-0.261	8	-0.300	08-06～13	8	-0.384	834	3 800	(482)	0.056	0.296
1950-07～1951-06	-0.254	8	-0.118	07-31～08-04	5	-0.012	(218)	(234)	(168)	0.118	0.101
				08-06～10	5	-0.018	400	625	(261)	0.140	0.152
				08-12～19	8	-0.052	(200)	(296)	1 130	0.089	0.152
1955-07～1956-06	-0.247	9	-0.333	09-10～18	9	-0.240	750	4 930	515	0.327	0.180
				09-21～25	5	-0.057	(140)	1 690	(87.6)	0.025	0.002 7
		6	-0.137	06-22～28	7	-0.156		4 170	851	0.324	0.260
1957-07～1958-06	-0.624	7	-0.616	07-12～23	12	-0.530	402	3 350	590	0.162	0.634
				07-25～29	5	-0.102	1 320	4 180	2 020	0.286	0.481
合计	-1.67		-1.804		72	-1.955					
1951-07～1952-06	-0.086	9	-0.207	09-04～11	8	-0.204	1 310	3 340	(360)	0.232	0.123
1952-07～1953-06	-0.075	7	0.125	07-26～28	3	0.106		(101)	(158)	0.001 4	0.143
		8	-0.219	08-09～20	12	-0.186	834	3 130	(205)	0.166	0.102

注：洪峰流量栏内括号中的数据为日平均流量。

从表 2-14 和表 2-15 可以得到以下一些初步认识：

(1)在严重淤积的 6 年中，实际发生淤积的时段主要是 12 次洪峰，共 88 天，在这 12 次洪峰中，大部分洪峰沙量是张家山来沙量大于咸阳来沙量，发生严重淤积的洪峰主要是泾河的高含沙小洪水。

(2)在严重冲刷的 5 年中，实际发生冲刷的时段主要发生在 10 次洪水中，历时 72 天，在这 10 次洪水中，主要从咸阳来水，咸阳洪水流量大于 3 000 m^3/s 时则发生强烈冲刷。

此外，表 2-14 和表 2-15 中还列出一些年内冲淤变化不大，不是这年内没有洪水发生冲淤变化，而有的洪水冲刷强烈，有的洪水淤积严重，这样互相抵消，使年内冲淤变化不大。

(3)渭河下游河道的冲淤变化主要发生在一些年中的几次洪水，研究渭河下游河道冲淤规律、开发流域水利、兴建水利枢纽、综合利用水沙资源等，必须注意这一特点。

2. 来水来沙对河道冲淤的影响

渭河下游河道的冲淤变化主要发生在洪水期，为此点绘了渭河下游河道洪水期的排沙比分别与来沙系数和洪峰流量的关系(见图 2-5)。图中洪水排沙比为洪水期华县站沙量与咸阳、张家山两站沙量之比，表示河道冲淤变化情况，来沙系数为相应洪水期咸阳、张家山两站的平均含沙量与流量之比；表示渭河下游来水来沙组合情况，洪峰流量为洪水期不同地区来水为主时的最大流量，如林家村以下来水为主时，采用咸阳站的洪峰流量，如泾河张家山来水为主时，采用张家山站的洪峰流量，如林家村以上和张家山同时来水时，则选用咸阳、张家山两站中的较大流量。同时又分析了华县站一次洪水过程中枯水流量（流量大部分小于 400 m^3/s）的水位差与洪峰流量的关系（见图 2-6）。

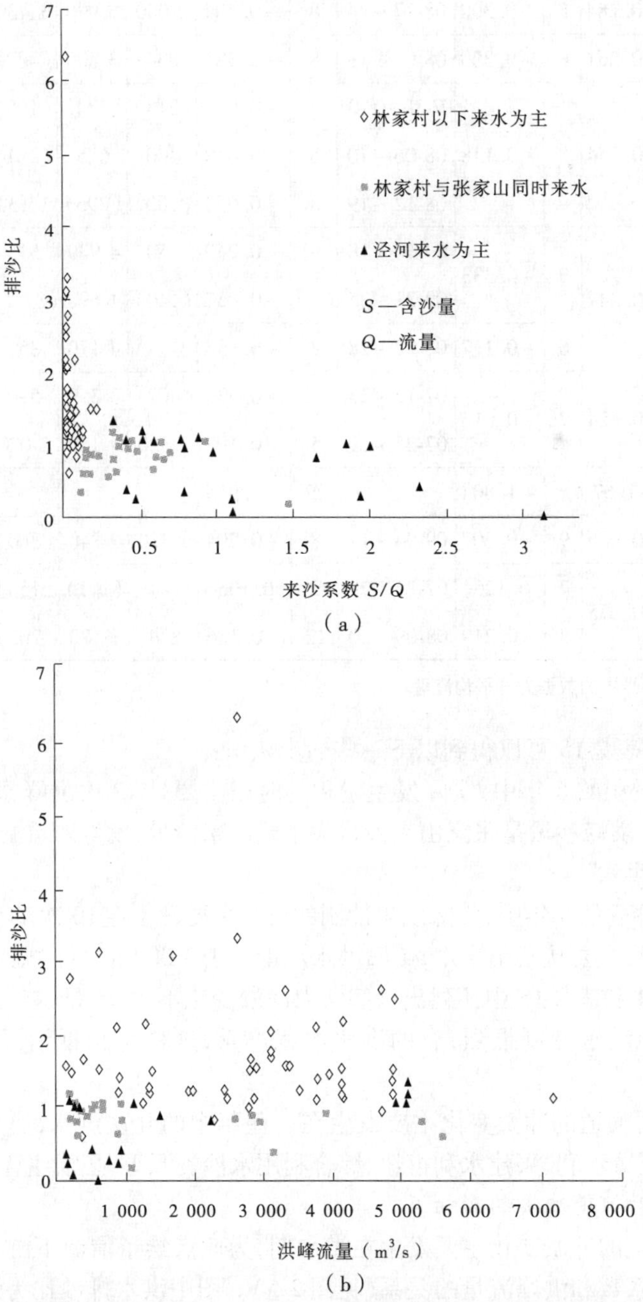

图 2-5　渭河下游洪水期排沙比与来沙系数和洪峰流量的关系

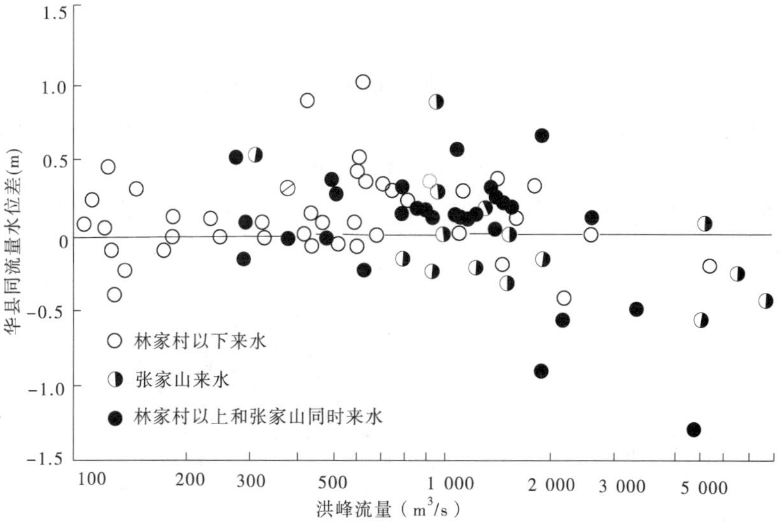

图 2-6　华县同流量水位差与洪峰流量关系

从图 2-5 和图 2-6 可以得出以下几点认识：

(1)林家村以下(即关中地区)来水为主,含沙量低,流量和水量沿程增加,一般情况下,渭河下游河道发生冲刷,这是造成渭河下游冲刷的主要原因,特别是洪峰流量大于 3 000～4 000 m^3/s 时,河道冲刷比较强烈。

(2)泾河来水为主,含沙量高,当张家山洪峰流量小于 1 000 m^3/s 时,渭河下游河道发生淤积,这是造成渭河下游河道淤积的主要原因,当张家山洪峰流量大于 3 000 m^3/s 时,渭河下游出现冲刷现象,特别是河槽发生强烈冲刷,同流量水位下降,有利于改善渭河下游河道淤积状况。

(3)林家村以上和张家山同时来水,洪峰流量较小,渭河下游一般发生淤积。

3. 河口拦门沙

三门峡水库投入运用后,渭河河口段出现拦门沙,河槽堵塞,水流漫溢,淤积末端迅速向上游延伸,严重影响着渭河下游河道的泄洪和输沙,威胁两岸生产,为此进行了专门的现场测验和研究,研究结果表明,在三门峡水库投入运用前,渭河河口也曾出现拦门沙,拦门沙比较严重情况在史料中也有记载❶。

1)拦门沙形成条件

根据调查和实测资料分析,形成拦门沙的主要原因是黄、渭、洛 3 河于潼关汇合,黄河比降为 3.5‱,北洛河比降为 2.2‱,渭河比降为 1.2‱左右。这样,黄河来大洪水时,遇到渭河枯水,黄河洪水就可能顶托和倒灌渭河,在渭河口形成拦门沙,如果又遇到北洛河来高含沙小洪水,北洛河来沙就淤积在拦门沙上,加重了拦门沙的淤积。三门峡水库投入运用后,在蓄水运用时期,由于回水超过潼关,水库淤积三角洲分布在潼关附近,渭河口堵塞,形成拦门沙,以及由于潼关高程的升高,降低了渭河口至潼关间的高差,增加了渭河口拦门沙出现的频率,加重了黄河倒灌渭河的严重性。

---

❶　三门峡水库泥沙经验总结组,渭河下游资料分析,1970 年。

根据历次形成拦门沙的实测资料分析结果[1]，拦门沙形成条件为：当潼关流量与华县流量的比值小于3时，渭河口段（华阴至吊桥）的比降大于1.5‱，黄河对渭河不发生顶托影响；当比值为3~20时，比降由1.5‱减小到0，华阴以下受黄河洪水顶托影响；当比值大于20时，出现负比降，黄河洪水倒灌渭河，影响范围随着比值的增大而增长。孙绵惠等从实测资料分析了吊桥站的壅水高度与影响范围的关系（见图2-7），认为影响范围一般在渭淤3—8断面（华岳庙至柳林）之间。渭河口发生顶托时，拦门沙淤积不严重，倒灌时才比较严重。

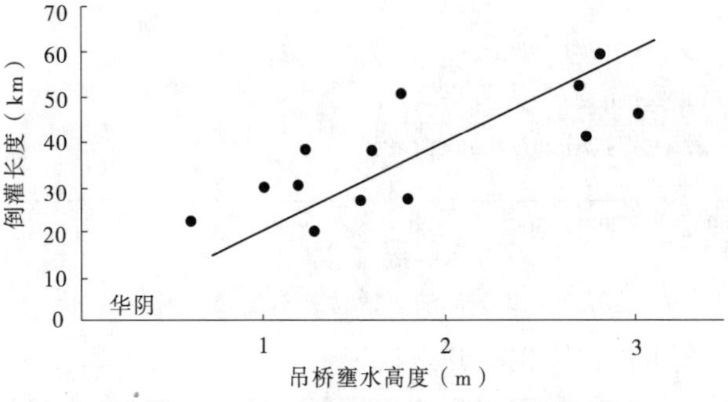

图2-7　洪水倒灌长度与吊桥站壅水高度关系

2）拦门沙冲开的条件

建库前拦门沙冲开的条件为：首先渭河口不受黄河洪水顶托或倒灌的影响，即潼关流量与华县相应流量之比小于3，其次华县日平均流量大于2 800 m^3/s，在一般情况下，华县流量达到2 800 m^3/s时，黄河洪水也不容易倒灌渭河。三门峡水库投入运用后，还需增加一个条件，即水库回水不超过潼关，在当前三门峡水利枢纽的泄流规模下，一般情况水库回水不会达到潼关，在大洪水防洪运用情况下，水库回水还有可能超过潼关。

3）拦门沙对渭河下游河道冲淤的影响

拦门沙的部位及其顶点位置，随着黄、渭、洛3河来水来沙的遭遇不同，经常在渭河口上下移动，不过拦门沙淤积的泥沙主要来自黄河。拦门沙淤积泥沙粒径的沿程变化，从上游到下游，由细到粗，中值粒径由0.025 mm增加到0.068 mm，与黄河浑水倒灌渭河的条件一致。拦门沙上淤积泥沙的矿物组成的含量也是以黄河来沙为主，其次为北洛河和渭河来沙（见表2-16），表中磁、赤、钛铁矿含量在拦门沙河段为14.80%，黄河河床为最大，达24.45%，北洛河河床为14.84%，渭河河床为最小，仅6.84%，斜帘石含量在拦门沙河段为0.19%，除黄河河床有0.81%外，渭、洛河均缺失此类矿物。

表2-16　拦门沙河段矿物组成含量　　（%）

矿物	磁、赤、钛铁矿	石榴石	锆英石	普通角闪石	斜帘石
拦门沙河段	14.80	3.08	1.73	19.46	0.19
黄河河床	24.45	16.90	6.80	21.51	0.81
北洛河河床	14.84	9.58	4.90	11.20	
渭河河床	6.84	2.12	1.18	15.90	

拦门沙顶点高程一般比潼关河床高3～4 m，最大超过10 m；拦门沙河段的比降一般为2‰～4‰，最大达5.5‰，所以拦门沙的形成，不仅影响到拦门沙河段的冲淤变化，还影响其上游河道（即渭河下游）的冲淤变化。文献[14]研究结果表明，按拦门沙对其上游河道的影响程度可区分为两种情况。

a. 严重影响情况

黄河汛期出现洪水次数多且洪峰高，沙量大，而渭河长期枯水，渭河口经常处于黄河洪水倒灌情况下，形成拦门沙，又遇到北洛河来高含沙小洪水，加重了拦门沙的淤积，如从1954年、1959年、1967年和1977年等的水文资料分析，均可能出现严重的拦门沙，其中1967年有比较详细的实测资料，充分反映了拦门沙对渭河下游河道淤积的严重性。

1967年8月潼关站出现流量大于5 000 m^3/s的洪水7次，最大洪峰流量达9 500 m^3/s（8月11日），华县同期仅出现4次小洪水，最大洪峰流量仅546 m^3/s，北洛河出现160 m^3/s以上的洪水7次，200 m^3/s以上的洪水4次，沙峰含沙量均大于700 kg/m^3，并大多与黄河洪水同时出现。由图2-8可以看出：渭河口的淤积大致可以分为两个阶段，一是在8月上中旬，黄河连续出现4次洪水，流量较大，渭河来水相对于后一阶段来说，流量也较大，而北洛河来的洪峰流量较小，最大流量仅180 m^3/s，华阴（渭淤2断面）河床淤高约2 m，陈村（渭淤6断面）基本上呈平行淤积升高；二是8月下旬至9月初，潼关出现3次洪水，洪峰流量较小，渭河来水更小，最大流量仅291 m^3/s，而北洛河来水较大，最大流量达374 m^3/s，历时较长，华阴、陈村河床又继续淤积升高，从渭河口淤积沿程分布（见图2-9）可以看出：在8月上中旬，拦门沙淤积基本上是平行抬高，而8月下旬至10月中旬，渭淤1断面以下发生冲刷，而渭淤2至渭淤4+1断面之间发生严重淤积，使8.8 km河槽全部淤塞，陈村水位上升2 m，华县水位上升1 m，淤积末端上延到交口附近，比1966年上延约14.2 km。1968年4月沿原河槽经人工开挖，同时复堵分流口门，经过1968年汛期洪水冲刷后，到10月21日河槽高程基本上恢复到1967年汛前的高程，由于冲刷时河槽较窄，同高程下的面积仅恢复到原面积的50%～84%。

b. 轻微影响情况

轻微影响情况是渭河口经常出现的情况。黄河大洪水时，倒灌渭河，在渭河口形成拦门沙，而后渭河来大水，将拦门沙冲掉。如1966年7月18日龙门洪峰流量7 460 m^3/s，华县日平均流量98.2 m^3/s，渭河口形成拦门沙，7月24日和28日，渭河出现洪峰流量分别为3 550 m^3/s和5 180 m^3/s的洪水，拦门沙迅速被冲开，对渭河下游淤积未发生影响。三门峡水库投入运用后，由于受枢纽泄流能力的限制，水库回水超过潼关，抑制了渭水洪水的冲刷作用，如1964年7月7日潼关洪峰流量9 240 m^3/s，华县日平均流量仅355 m^3/s，渭河口形成拦门沙，7月18～23日华县连续出现流量2 770 m^3/s和3 790 m^3/s两次洪水，拦门沙被冲开，但7月28日以后，黄河、渭河等连续来较大洪水，水库滞洪蓄水，潼关受回水影响，水位长期在328 m以上，渭河河口受壅水影响，拦门沙又恢复，虽然在8月14日～10月3日渭河华县出现3 560～5 180 m^3/s四次洪水，但是拦门沙没有被冲开。三门峡水库经过两次改建后，枢纽泄流能力增大，一般洪水水库畅泄运用，回水不会影响潼关，也不可能影响拦门沙。

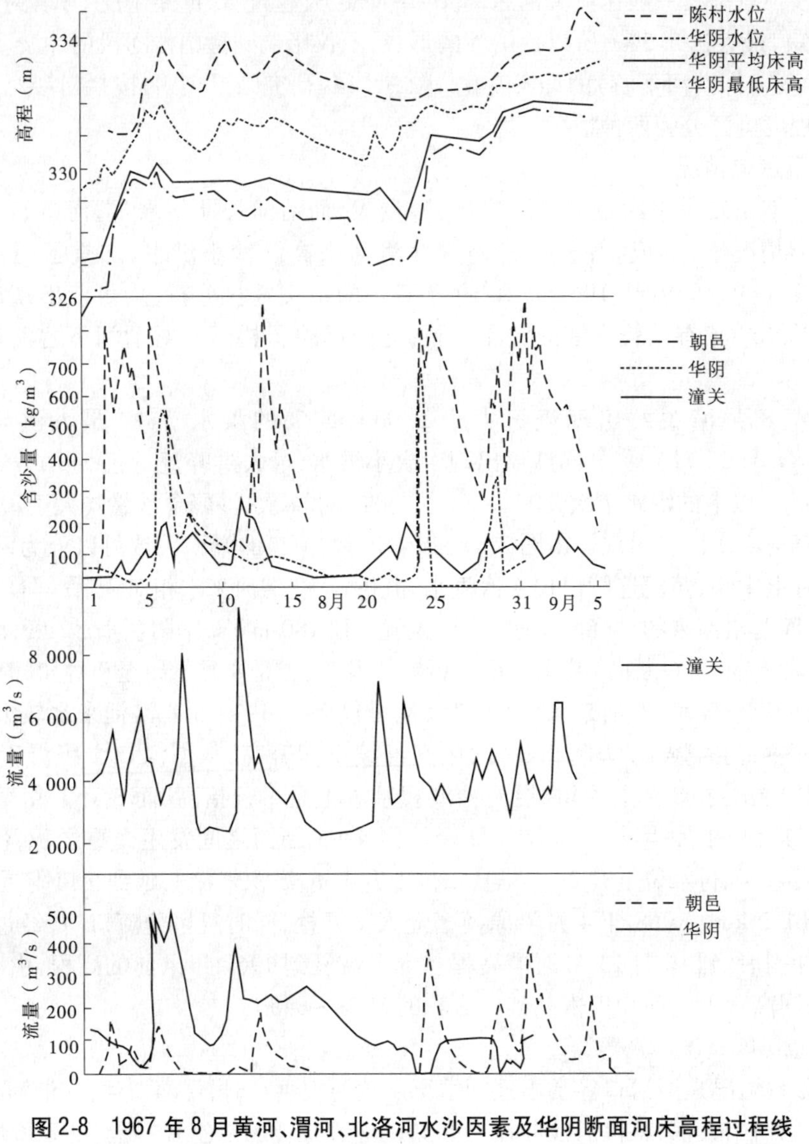

图 2-8　1967 年 8 月黄河、渭河、北洛河水沙因素及华阴断面河床高程过程线

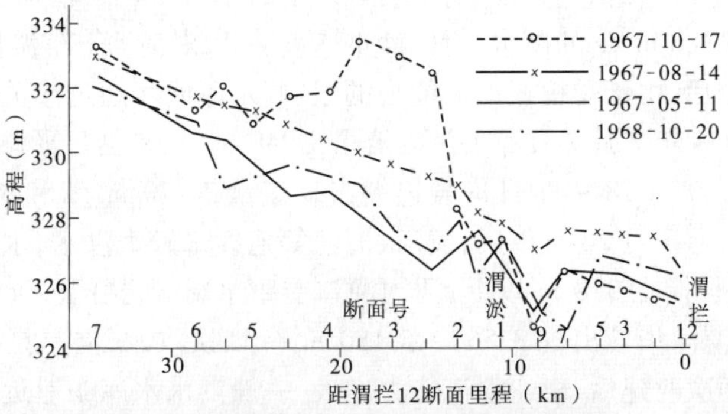

图 2-9　渭河河口段平均河底高程纵断面

综上所述，渭河下游洪水期流量大，含沙量高，造床作用大，枯水期流量很小，造床作用也很小，渭河下游河道的冲淤变化主要发生在一些年中的几次洪水。根据实测资料分析结果，以关中地区来水为主时，流量大，含沙量低，是造成渭河下游河道冲刷的主要原因；以泾河来水为主时，含沙量高，冲淤变化复杂，当张家山洪峰流量小于1 000 m^3/s 时，渭河下游河道发生严重淤积，是造成河道淤积的主要原因，当张家山流量大于3 000 m^3/s 时，渭河下游河槽发生强烈冲刷，有利于改善河道的冲淤分布；林家村以上和张家山同时来水时，一般洪峰流量较小，渭河下游一般发生淤积。

渭河河口拦门沙在三门峡水库修建以前就有，其形成原因主要是黄河、渭河、洛河在潼关汇合，潼关成为天然卡口，当黄河来大洪水时，遇到渭河枯水，黄河洪水倒灌渭河，形成拦门沙。其形成条件是，当潼关流量比华县流量大20倍时，形成拦门沙，影响范围随着比值的增大而增长。三门峡水库投入运用后，由于水库回水的直接影响和潼关高程的升高，增大了拦门沙出现的频率，并加重了黄河倒灌渭河的严重性。三门峡水库经过两次改建后，一般洪水回水不影响潼关，对拦门沙的影响也不大。拦门沙冲开的条件为华县日平均流量大于2 800 m^3/s。

（五）黄河干流部分（龙、华、河、洑至陕县）河道冲淤变化的特点及原因

1. 不同地区的水沙组合构成本河段的复杂冲淤演变

本河段集水面积广，来水来沙情况复杂，不同地区的水沙组合是造成河道冲淤变化的主要原因，表2-17为1935年7月～1960年6月河道各月平均冲淤量与来水来沙情况，来沙情况以含沙量表示，陕县站的含沙量可以反映不同地区来水来沙经过本河段冲淤调整后的河道输沙能力，则不同地区来水的含沙量大于陕县站的含沙量将发生淤积，反之，则发生冲刷。从表2-17可以看出：汛期7、8月，龙门、华县和洑头3站的含沙量均大于陕县站的含沙量，与河段淤积情况一致，而河津站的含沙量小于陕县的含沙量，由于该站来水来沙量小，并且两站的含沙量差距也不大，对河道冲淤影响不大；9、10月，龙门站和华县站的含沙量小于陕县站的含沙量，而河津站和洑头站的含沙量在9月大于陕县站的含沙量，10月份也小于陕县站，河段反映出冲刷，这可能是河津和洑头两站的来水来沙量小于其他两站，对河道冲淤的影响也小。非汛期上年11月～当年5月龙门、华县、河津和洑头4站中的含沙量，只有5月华县的含沙量偏大，其他各站均小于陕县站，故河段发生冲刷现象；6月龙门站和河津站的含沙量略小于陕县站，而华县站与洑头站的含沙量比陕县站大得多，河段发生淤积现象，可能主要发生在华县站和洑头站以下的河段内。必须指出：龙门站的水量主要来自头道拐以上，泥沙主要来自头道拐至龙门区间，华县站的泥沙主要来自林家村和张家山以上，而水量主要来自这两站至华县区间，为此表中又列出了这4站（包括区间）的来水来沙情况，头道拐至龙门区间是黄河的主要来沙区，来水量少，含沙量很高，经过头道拐以上来水稀释后，虽然使龙门站含沙量大幅降低，但与陕县站相比，7、8月的含沙量还是偏大，造成龙门以下河道严重淤积，张家山站来水含沙量比头道拐至龙门区间来水含沙量还大，在年内分配上也基本一致，林家村站来水含沙量较头道拐至龙门区间来水含沙量小，但是其7、8、4、5、6各月的含沙量仍高于陕县，经过这两站以下渭河来水

表2-17 1935年7月~1960年6月黄河干流部分河道各月平均冲淤量及来水来沙情况

时段		7月	8月	9月	10月	11月	12月	1月	2月	3月	4月	5月	6月	汛期	非汛期	全年
冲淤量(亿t)		1.231	0.822	-0.487	-0.401	-0.307	-0.153	-0.112	-0.124	-0.151	-0.088	-0.058	0.078	1.165	-0.915	0.250
水量（亿 m^3）	河口镇	39.00	42.38	48.09	39.12	20.76	9.01	6.99	7.32	11.41	13.93	13.85	19.02	168.59	102.29	270.88
	河龙区间	9.54	15.69	6.66	9.49	7.16	3.97	3.10	4.42	7.42	3.78	4.45	1.81	41.38	36.11	77.49
	龙门	48.54	58.07	54.75	48.61	27.92	12.98	10.09	11.74	18.83	17.71	18.30	20.83	209.97	138.40	348.37
	华县	13.41	16.53	17.10	10.69	5.92	3.48	2.64	2.53	3.46	4.43	5.54	5.98	57.73	33.98	91.71
	河津	1.97	3.94	3.38	1.71	1.01	0.720	0.692	0.616	0.693	0.564	0.485	0.705	11.00	5.485	16.485
	洑头	1.20	1.69	1.10	0.726	0.502	0.306	0.245	0.175	0.489	0.419	0.233	0.377	4.716	2.746	7.462
	陕县	64.28	81.18	77.43	62.34	35.63	17.54	13.84	15.59	22.88	24.38	24.78	28.16	285.23	182.80	468.03
	林家村	3.18	3.97	4.15	2.75	1.55	0.876	0.639	0.645	0.950	1.20	1.60	1.82	14.05	9.28	23.33
	张家山	3.22	3.93	2.82	1.46	0.881	0.313	0.217	0.455	0.761	0.445	0.629	0.808	11.43	4.509	15.939
含沙量（kg/m^3）	河口镇	7.45	9.43	8.21	6.61	3.99	0.93	0.38	0.42	1.87	2.49	3.32	5.54	7.96	2.99	7.21
	河龙区间	306.5	248.5	202.2	52.2	21.0	9.35	6.74	7.92	15.6	35.3	33.3	195.7	209.0	27.56	121.1
	龙门	65.8	74.0	31.8	15.5	8.36	3.51	2.33	3.25	7.26	9.50	10.6	21.9	47.6	9.42	32.4
	华县	106.1	105.3	37.4	9.12	2.60	1.29	1.06	1.23	2.43	9.62	16.0	43.7	67.6	12.6	47.2
	河津	49.3	69.8	43.9	16.1	6.09	3.19	1.59	2.92	3.61	4.61	3.71	22.6	49.9	6.22	35.3
	洑头	295.0	253.0	180.0	13.6	2.59	0	0	0	1.43	9.55	5.58	61.0	209.8	11.0	136.7
	陕县	59.7	72.9	41.5	20.7	15.8	11.7	10.1	10.7	13.1	12.5	13.9	24.3	50.0	14.8	36.3
	林家村	158.3	139.5	32.6	7.08	1.42	1.03	0.47	1.25	6.23	20.1	48.0	92.6	86.3	30.2	63.9
	张家山	327.6	286.1	125.5	18.1	7.60	0.32	0.46	1.76	4.73	51.0	103.0	155.0	223.9	49.7	174.7

稀释后，华县站的含沙量大幅度降低，但是，华县站7月、8月、5月和6月的含沙量仍大于陕县。这样，可以认为黄河干流部分在7月、8月的河道淤积，是由龙门、华县和洑头等站的来水来沙形成的，淤积范围较广，可能达全部河段，而6月的河道由华县站和洑头站的来水来沙形成，淤积位置可能主要发生在华县和洑头站以下河段内。

同时，利用完整的实测资料分别分析了月、汛期、非汛期和全年的河段排沙比（即陕县站的月、汛期、非汛期和年沙量除以相应的来沙量）与来水含沙量（即龙门、华县、河津和洑头的沙量除以相应的水量）的关系，两者的关系是一致的，即河道排沙比与来水含沙量成反比，不过，其中月排沙比与其来水含沙量关系的资料多，点群分布较宽一些，故未绘上，汛期、非汛期和年的资料相对较少，点群分布可以反映出一些异常现象。由图2-10看出，当来水含沙量小于26 kg/m^{3}时，排沙比大于1；当来水含沙量大于50 kg/m^{3}时，排沙比小于1；来水含沙量在26～50 kg/m^{3}之间时，排沙比有时大于1，有时小于1。图2-10中1936年及其汛期排沙比偏小，并且非汛期还发生淤积，这是建库前有实测资料以来淤积最严重的一年。这年的年来水、来沙量分别为429.7亿m^{3}和12.75亿t，陕县站的年水、沙量分别为427.3亿m^{3}和8.64亿t，属于平水枯沙年。但是汛期头道拐至吴堡区间来沙3.98亿t，占龙、华、河、洑同期来沙量的53%，吴堡至龙门区间基本没有来沙，河道发生严重淤积，排沙比为66.5%（见表2-18），这是引起河道严重淤积的主要原因；非汛期6月份黄、渭、洛河出现高含沙小洪水，龙门和华县的洪峰流量分别为4 240 m^3/s和872 m^3/s，而月平均含沙量分别达到60 kg/m^{3}和157 kg/m^3，河道排沙比仅有63%，而11月至5月虽然地区来沙量不大，但是河道冲刷不大，从而使非汛期河道也发生严重淤积。

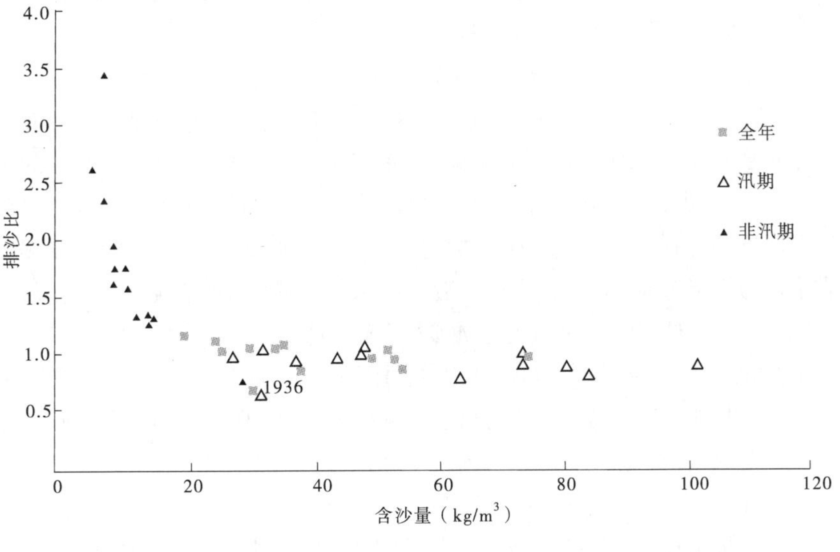

图2-10　排沙比与来水含沙量关系

表 2-18 1936 年河道冲淤和来沙情况

时间	冲淤量(亿 t)	来沙量(亿 t)							陕县沙量(亿 t)
		头道拐	头道拐至吴堡	吴堡至龙门	华县	河津	洑头	合计	
全年	4.110	1.827	4.843	1.791	3.526	0.270	0.489	12.746	8.640
汛期	2.789	1.392	3.979	-0.097	1.926	0.177	0.148	7.525	4.736
非汛期	1.314	0.435	0.864	1.888	1.600	0.094	0.341	5.204	3.907
上年 11 月~当年 5 月	-0.100	0.193	0.235	0.344	0.228	0.002	0.004	1.006	1.105
6 月	1.415	0.242	0.630	1.544	1.372	0.092	0.337	4.217	2.802

2. 洪水对河道冲淤的影响

文献[10]根据实测资料统计，陕县出现 10 000 m^3/s 以上的洪水主要来自黄河中游头道拐至龙门区间，由暴雨形成。该地区自北向南，降雨、地貌、土壤、植被等差异很大。根据洪水来源及其组成可以分为 4 种情况：即完全由吴堡以上来水，吴堡以上来水为主，吴堡上下同时来水和吴堡以下来水为主。前两种来水情况主要区别是：完全由吴堡以上来水时，吴堡以下来水很少，使吴堡的洪峰流量至龙门沿程减少；吴堡以上来水为主时，吴堡以下来水较多，至龙门的洪峰流量不再减少，而有所增大。后两种情况是吴堡至龙门区间来水不断增加，以致成吴堡以下来水为主的情况，这样吴堡至龙门的洪峰流量也不断增加，黄河出龙门后，进入汾渭地堑盆地，河道展宽，洪水漫滩后，出现削峰滞沙，至陕县的洪峰流量的变化，取决于区间的来水情况，如来水流量大于削峰滞沙而减少的流量，则陕县的洪水流量大于龙门，反之，则小于龙门。

这 4 种洪水与黄河上游来水遭遇情况，一般头道拐流量为 1 000 ~2 000 m^3/s，组成中游洪水的基流，不过中游洪水的特点是“峰高量小”，故头道拐水量（一般为 5 天左右）和 12 天洪量分别占陕县站水量的 36% 和 50%。与泾、洛、渭、汾诸河的洪水遭遇情况比较复杂，一般说来，吴堡以下来水为主和吴堡上下同时来水时，与泾、洛、渭河来水遭遇的机会较多，而吴堡以上来水为主的洪水与汾河来水遭遇的机会较多。这 4 种洪水组合情况与钱宁等提出的黄河中游粗泥沙来源区的分布情况有些类似，为此补充计算了建库前 11 次洪水的来沙情况和冲淤情况。从表 2-19 可以看出：按河段进出口站的洪水期沙量计算，河道基本是淤积，其中 1953 年 8 月 27 ~ 30 日计算结果是冲刷 0.695 亿 t，其实冲刷发生在潼关到陕县河段，冲刷量达 1.0 亿 t，龙、华、河、洑至潼关河段还是淤积，冲刷量好像太大，不过目前无法核对。不过从排沙比和同流量水位差可以看出：在头道拐与吴堡区间来沙比较多时，华县来沙量不大，排沙比较小，龙门同流量水位升高的情况比较多，在吴堡至龙门区间来沙较多时，华县来沙量较大，排沙比较大，龙门和潼关同流量水位出现下降的机会多，有时发生“揭河底”冲刷，表明了滩淤槽冲的现象。

表 2-19　黄河 10 000 m^3/s 以上洪水的来水来沙及河道冲淤情况

洪水时间（年-月-日）	洪峰流量（m^3/s）				洪水期来沙量（亿 t）				冲淤量（亿 t）	排沙比	同流量水位差（m）	
	吴堡	龙门	陕县	华县	头道拐	头吴	吴龙	华县			龙门	潼关
1935-08-07～10	5 159	9 030	13 000	2 440	0.060	0.525	2.578	1.353	1.593	0.67	-1.09	-0.73
1936-09-04～07	6 960	12 800	12 000	438	0.054	2.322	-0.413	0.012	0.840	0.53	0.35	0.02
1937-07-30～08-02	3 320	9 000	11 100	2 020	0.079	0.091	1.427	0.580	0.551	0.77	0.57	-0.26
1951-08-15～18	11 800	13 700	10 500	112	0.041	0.916	2.217	0.004 5	1.577	0.62	-2.09	-0.13
1953-08-27～30	10 300	15 500	12 100	471	0.042	2.334	1.283	0.003 4	-0.695	1.18	0.16	0
1954-07-12～15	12 000	13 100	11 200	135	0.015	1.953	1.166	0.027	1.870	0.42	0.48	-0.18
1954-09-01～08	14 300	16 400	13 900	4 970	0.118	3.347	3.939	1.069	0.593	0.94	-0.55	0.19
1958-07-13～18	12 600	10 800	8 890	3 210	0.061	1.468	1.621	1.641	0.358	0.93	-0.19	-0.91
1959-07-21～25	16 100	12 400	10 000	1 200	0.148	2.062	0.139	0.224	0.737	0.74	0	-0.17
1959-08-05～08	9 140	11 300	10 300	1 350	0.078	1.901	1.225	1.302	0.060	0.99	0.12	-0.10
1959-08-17～23	5 540	9 860	11 900	2 870	0.184	1.647	2.658	1.333	0.027	1.00	-0.40	-0.25

“揭河底”冲刷是在高含沙洪水过程中发生的一种河床剧烈冲刷现象。冲刷时，可以看到大块大块的河床淤积物被洪水掀起，露出水面高达数米，垂直水流方向，形成泥墙，数小时后，水位下降，滩地露出，全部洪水归槽，槽宽仅数百米，冲刷长度达数十千米以上，洪水过后，需要相当长的时间才能恢复。

关于“揭河底”冲刷发生的条件，已有很多研究成果，研究途径主要是两个：①根据“揭河底”冲刷时的实测水文资料，对来水来沙条件及冲刷前的河床高程进行综合分析，提出了发生冲刷的条件，这方面的成果基本一致，曾被人们接受。但是 1977 年以后，至今没有发生过“揭河底”冲刷，并且龙门河床高程已经超过了过去提出的 380 m，1988 年、1994 年和 1996 年均发生超过 10 000 m^3/s 的高含沙洪水，也没有发生“揭河底”冲刷，而在 1993 年和 1995 年洪峰流量不大，只有 530～4 030 m^3/s，含沙量只有 15～487 kg/m^3 时，经常观测到河底泥块被揭起来，露出水面的现象，但水位和河底无明显的下降现象。②认为“揭河底”冲刷和高含沙水流的基本特性有关，为此从高含沙水流的基本特性来研究“揭河底”冲刷发生的条件，王明甫曾在这方面做过比较详细的总结，认为已经取得了不少进展，并在一些问题上取得了一些很有意义的成果。但是由于缺乏“揭河底”时成块成片状物体和河床物质组成的实测资料，因此影响了对这一复杂问题的深入认识和具体剖析，提出要对“揭河底”冲刷资料进行实际观测，并设法在实验室中能加以复演。综上所述，“揭河底”冲刷是一个十分复杂的问题，有待进一步研究，特别是加强实际情况的观测。野外观测是很困难的，目前已经注意到观测成块河床泥沙揭起来的现象，这是很可贵的，希望能对当时的水流现象注意观测，如程龙渊在 1969 年 7 月 28 日“揭河底”冲刷时，发现在禹门口外断面上一道斜跨全河的涡旋水流，这是“揭河底”冲刷的产物还是产生冲刷的原因，同时，“揭河底”冲刷后，及时进行测流取沙，并对冲刷前后的观测资料进行分析。不过,“揭河底”冲刷是曾经出现的客观事实,并从实测资料发现吴堡至龙门河段来高含沙洪水时出现几率较多,目前,该河段的来水来沙条件已发生一定的变化,“揭河底”冲刷是否与此有关,有待进一步研究。

3.粗细泥沙对河道冲淤的调整作用

建库前只有龙门、华县、河津和陕县站有泥沙颗粒分析资料,其中,1957~1959年的实测资料经黄委会水文局整编审定可以使用。洑头站到1963年才有实测资料,根据黄河水沙变化研究成果,到1996年北洛河受人类活动引起水沙变化的影响很小,这样洑头站的泥沙颗粒级配采用1963~1990年的平均值。由此计算出1957~1959年龙门、华县、河津、洑头至陕县河段分组泥沙的冲淤变化情况见表2-20。

表2-20　1957~1959年龙门、华县、河津、洑头至陕县河段分组泥沙的冲淤变化

站名	年沙量(亿t)	分组泥沙的年沙量(亿t)				
		<0.025	0.025~0.05	0.05~0.1	>0.1	>0.05
龙门	14.940	5.921	4.726	3.847	0.896	4.743
华县	5.380	3.410	1.178	0.659	0.133	0.792
河津	0.865	0.528	0.214	0.116	0.007	0.123
洑头	1.212	0.559	0.424	0.202	0.027	0.229
小计	22.397	10.418	6.542	4.824	1.063	5.887
陕县	22.900	11.433	5.947	4.577	0.943	5.520
冲淤量	-0.503	-1.015	0.145	0.247	0.120	0.367
排沙比	1.020	1.100	0.980	0.950	0.890	0.940

1957~1959年龙门、华县、河津、洑头至陕县河段的排沙比大于1,表示河道发生冲刷,而各组泥沙的排沙比,只有粒径小于0.025 mm泥沙的排沙比大于1,其余各组泥沙的排沙比均小于1,并且随着粒径变粗,排沙比逐渐减小,表明本河段对粗泥沙的排沙能力小,对细泥沙的排沙能力大。这样,对不同地区来的粗、细泥沙具有明显的调整作用。应该指出:细颗粒泥沙并非都是本区间河段来的,因为本区间河段来沙量不多,更不是都是粒径小于0.025 mm,那么为什么计算时段出现“淤粗冲细”的现象,这是在大洪水漫滩后,滩地淤积泥沙粒径较细,如建库前断面41—45之间,滩地泥沙的平均中值粒径为0.085 mm,主槽泥沙的平均中值粒径为0.115 mm,在冲刷的时候,塌滩冲槽,由于水流的分选作用,从而出现“淤粗冲细”的现象。

综上所述,库区黄河干流河段不同地区的来水来沙组合,造成了河道的复杂冲淤演变。一般来说,来水含沙量小于26 kg/m^{3}时,河道发生冲刷;来水含沙量大于50 kg/m^{3}时,河道发生淤积;来水含沙量在26~50 kg/m^{3}之间时,有冲有淤。黄河上游和关中地区来水含沙量低,河道发生冲刷,其他地区来水含沙量高,泥沙粒径粗,以及吴堡至陕县区间来高含沙小洪水,本河段可能发生严重淤积。从多年平均来说,每年6~8月来水含沙量高,河道发生淤积,其余各月来水含沙量低,河道发生冲刷,并具有“拦粗排细”的调整作用。

第三节　建库后库区河道的冲淤特点

一、枢纽运用方式及侵蚀基准面

(一)枢纽运用方式

三门峡水库自1960年9月14日投入运用以来,经历了蓄水运用、滞洪运用和蓄清排浑运用3个时期。

1. 蓄水运用期

1960年9月14日~1962年3月19日为蓄水运用期。在此期间,库水位在330 m以上的时间达200多天,有3次较大幅度的升降。第一次从1960年9月14日~1961年2月9日,最高库水位为332.58 m,回水超过潼关,渭河回水达华县附近,距坝约169 km,黄河回水距坝约145 km,其后库水位下降,至6月底为319.13 m,7月至8月下旬库水位在316.25~321.89 m之间变动;8月下旬库水第二次升高,至10月21日库水位达332.53 m,与第一次蓄水时的最高水位接近,此时渭河出现2 700 m^3/s的洪水,黄河流量约2 000 m^3/s,在前期淤积和此次洪水淤积影响下,回水迅速向上游延伸,渭河回水达赤水附近,距坝约187 km,黄河回水距坝152 km,分别比第一次蓄水时向上游延伸18 km和8 km,其后库水位下降,至12月底降到320 m左右;第三次蓄水,1962年2月17日库水位升高到327.96 m,以后库水位下降,至3月20日降到全部闸门敞开泄流,进入滞洪运用期。

2. 滞洪运用期

1962年3月20日~1973年10月为滞洪运用期。在此时期内,水库除承担防凌任务外,在特殊干旱年份利用部分防凌蓄水为下游春灌补水,其余时间基本上是全部敞开闸门泄流。按枢纽泄流情况及水库淤积又可分为4个时段:①1962年3月~1964年10月,虽然水库改为滞洪运用,库水位下降,在蓄水运用时的淤积三角洲发生强烈的溯源冲刷,由于死库容尚未淤满,三角洲以下还是壅水,泥沙发生淤积,甚至发生异重流。另外,由于枢纽泄流能力太小,遇到丰水丰沙的1964年,水库削峰滞洪情况十分严重,如潼关最大洪峰流量12 000 m^3/s,相应出库流量只有4 820 m^3/s,最高库水位达325.80 m,库水位超过310 m的时间达120天,引起水库严重淤积。②1964年11月~1966年6月,泄流规模未变,来水较枯,削峰滞洪作用较小,汛期最高库水位318.05 m,库水位超过310 m的时间为89天,库区淤积有一定的改善。③1966年7月~1970年5月,枢纽进行第一次改建,即增建进口高程为290 m的两条隧洞;打开4条发电钢管,进口高程由300 m降到278.85 m,改为泄流排沙运用。库水位305 m时泄量由612 m^3/s增加到1 924 m^3/s(设计值,未包括机组泄量,下同)。汛期最高库水位319.97 m,库水位超过310 m的时间为42天。④1970年6月~1973年10月,枢纽进行第二次改建,相继打开8个底孔,枢纽泄流能力进一步加大,库水位305 m时的泄量为4 529 m^3/s,315 m时的泄量为9 059 m^3/s,汛期最高库水位为312.72 m,库水位超过310 m的时间仅为5天。

3. 蓄清排浑运用期

1973 年 11 月以后水库采用"蓄清排浑"运用方式。水库"蓄清排浑"运用是三门峡水库在实践中不断总结经验形成的。第二次枢纽工程改建的原则为:在确保西安、确保下游的前提下,合理防洪、排沙放淤、径流发电。运用原则为:当三门峡以上发生大洪水时,敞开闸门泄洪。当预报花园口可能超过22 000 m^3/s 洪水时,根据上、下游来水情况,关闭部分或全部闸门。增建的泄水孔原则上应提前关闭,以防增加下游负担。冬季应继续承担下游防凌任务。发电的运用原则是在不影响潼关淤积的前提下,汛期控制水位 305 m,必要时降到300 m,非汛期310 m。在运用中应不断总结经验,加以完善。黄河的水、沙特点,非汛期来沙量少,水库进行蓄水运用,汛期来沙量多,水库降低水位控制运用,一方面排泄全年的来沙量,达到当年库区冲淤平衡,另一方面就是避免小水排沙,加重下游河道淤积。

1)运用方式

非汛期水库蓄水运用,进行防凌、发电和春灌等综合利用,一年内坝前水位变化的总趋势如图 2-11所示,各时段年内水位变化过程如下所述。

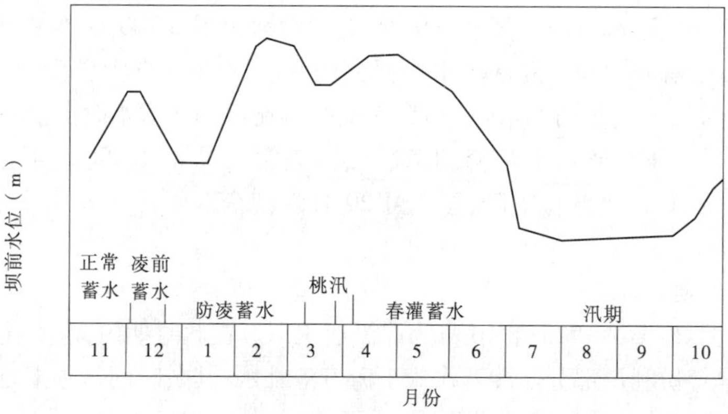

图 2-11　三门峡水库运用过程示意

防凌蓄水分两个时段,一是防凌前蓄水,由于内蒙古河段封河初期,来水流量小,引起下游河道小水封河,对防凌不利,为此,三门峡水库在黄河下游防凌前蓄水,以避免小流量封河,推迟封河时间,并可减轻三门峡水库防凌库容不够的压力。防凌前蓄水、泄水运用时间在 11 月中旬至 12 月底。二是防凌蓄水,下游封河后,根据下游冰凌情况,水库控制下泄流量,尽量减少河槽蓄冰量;到开河前夕,根据封河上首河段的开河预报,进一步控制水库下泄流量,尽量避免"武开河",使封冻河段在开河时水位呈下降趋势。防凌蓄水时间一般在 1 月中旬到 2 月底。

发电和春灌运用是在不影响潼关淤积的前提下进行的。发电运用水位一般为 310 m。春灌运用是在第二次改建时遇到下游严重的春旱,利用三门峡水库的防凌蓄水补给下游灌溉,取得很大的效果,并对库区冲刷、降低潼关高程影响不大,故"蓄清排浑"运用后,把春灌蓄水也列为水库综合利用的内容之一。由于下游两岸灌溉面积大,需水量多,历时长,三门峡水库只能根据自身的调节能力,利用部分防凌蓄水,进行适当调节,缓解下游春灌期的“卡脖子”旱。蓄水时间一般到6月底，库水位降到305 m，转为汛期运用。

汛期水库运用承担防洪减淤、排沙和发电等任务，运用方式基本上按改建时制定的原则执行。

2）运用情况

a. 非汛期

非汛期水库运用情况可分为3个时段，如表2-21所示。

表2-21　非汛期水库运用情况

时段（年-月）	防凌前最高库水位（m）	防凌蓄水			桃汛期		春灌蓄水		
		最高库水位（m）	>320 m天数	>323 m天数	起调水位（m）	平均水位（m）	最高库水位（m）	>320 m天数	>323 m天数
1973-11～1979-06	318.93	321.94	25.0	8.3	321.68	322.87	324.71	83.0	46.9
1979-11～1992-06	315.71	321.44	20.4	5.4	319.29	321.20	323.26	54.6	25.0
1992-11～1994-06	315.45	318.90	0	0	315.38	318.50	322.14	38.5	0

注：表中数值均为运用时段内的平均值。

1973年11月～1979年6月是“蓄清排浑”运用的第一时段，非汛期水库运用水位均较高，特别是防凌蓄水和春灌蓄水连续运用，高水位历时长，以致非汛期唯一能使潼关河段发生冲刷的桃汛时段也消失了，桃汛期的平均起调水位321.68 m，回水超过坫垮，平均库水位322.87 m，使潼关到坫垮河段无法发生冲刷，由此引起潼关高程发生严重淤积升高。如1976年11月～1977年6月，防凌前最高库水位达317.23 m，防凌蓄水时最高库水位达325.95 m，桃汛期的起调水位323.42 m，春灌蓄水时最高库水位为325.32 m，该年非汛期库水位超过323 mm的时间长达112天，潼关高程升高1.09 m。第二时段为1979年11月～1992年6月，水库运用进行调整，限制高水位运用，控制高水位运用时期，从表2-21可以看出：防凌前蓄水的平均最高库水位由前一时段的318.93 m降到315.71 m，防凌蓄水时平均最高库水位变化不大，表明当时黄河下游的凌汛情况变化不大，但是，由于凌汛后库水位必须降到320 m以下，以利于桃汛期冲刷潼关至坫垮河段的淤积，春灌蓄水最高水位不得超过324 m，所以最高库水位和高水位运用时间均有大幅度降低。在本时段内，由于底孔严重损坏，1984年又进行改造和大修，1989年完成，由此引起底孔泄量降低，为了弥补泄量的减少，1990年7月又打开了9号、10号二个底孔，并投入运用，这时，库水位315 m时，泄流9 440 m^3/s。第三时段为1992年11月～1994年6月，运用水位进一步降低。1992年汛前潼关高程上升达328.40 m，接近枢纽改建前的水平，分析原因，主要是来水来沙条件发生了变化，为了研究通过水库运用能否降低潼关高程，又一次调整非汛期水库运用水位，防凌前库水位变化不大，防凌蓄水水位较低，主要是这几年下游凌汛不严重，同时由于下游灌溉引水，凌汛期黄河下游水量不多了。桃汛期的起调水位降到 315 m 左右，春灌蓄水最高水位降到 322 m 左右，不致引起潼关至坫垮河段发生严重淤积，基本上消除了非汛期水库运用对潼关高程淤积的影响。

b. 汛期

汛期水库运用也可以分为 3 个时段，如表 2-22 所示。

表 2-22　汛期水库运用情况

时段	库水位(m)		各级库水位运用天数(天)			
	平均值	最高值	<300 m	300 ~ 305 m	305 ~ 310 m	>310 m
1974 ~ 1979 年	305.18	313.53	2.5	59.8	54.7	6.0
1980 ~ 1988 年	303.43	311.02	9.9	74.3	35.7	3.1
1989 ~ 1993 年	302.73	309.47	23.8	76.2	20.0	3.0

第一时段是 1974 ~ 1979 年，汛期发电运用，平均库水位为 305.18 m，与改建时提出的运用指标基本一致，但是，库水位超过 305 m 的时间较长，原因是多方面的，运用初期起闭设施不完备，黄河洪水涨落快，缺乏经验等。第二时段是 1980 ~ 1988 年，由于水轮机机组磨损严重，7 ~ 9 月停止发电，机组做无水调相运行。1980 年汛期曾一度敞泄运用，并在潼关河段进行拖淤试验，由于当年来水小，虽然库水位低于 300 m 的历时达 27 天，最低库水位达 289.5 m，库区冲出泥沙 2 亿多 t，绝大部分时间为小水冲刷，对降低潼关高程的作用不大，且由于小水带大沙，使下游河道发生严重淤积。总的来说，这一时段平均库水位较第一时段降低 1.75 m，库水位大于 305 m 的历时也有缩短。第三时段是 1989 ~ 1993 年，主要为研究水轮机抗磨蚀的防护材料而进行了浑水发电试验。该试验是在非汛期淤积的泥沙被冲完后（按沙量平衡法计算）才进行，试验水位严格控制在 305 m 以下，汛期平均库水位较低，高水位运用时间短。

综上所述，三门峡水库在“蓄清排浑”运用时期，在实践中进行了大量的试验，积累了许多宝贵的经验，为本次汛期发电原型试验研究提供了条件。

（二）侵蚀基准面

在河流上修建水库，调节径流，除害兴利，综合利用，促进国民经济发展。对河流来说，水库运用水位的升高，相当于抬高了河流的局部侵蚀基准面，改变了原来河流的边界条件，引起河流自动调整，重新塑造新的河床或库床，以适应变化了的情况。侵蚀基准面是水库泥沙研究中的一个重要问题，有许多研究成果，一般认为与枢纽的泄流规模和水库的运用方式有关。对蓄水运用水库来说，一般以淤积三角洲顶点的水位表示，三门峡水库蓄水运用时间短，研究成果不多。滞洪运用时，库水位变幅大，计算方法多，黄委会水利科学研究所（即黄委会黄河水利科学研究院）曾根据三门峡和闹德海水库滞洪运用时段的实测资料分析❶，认为以略小于相应入库造床流量的水位作为滞洪运用水库的侵蚀基准面；对于“蓄清排浑”运用水库来说，为安全起见，应略大于相应入库造床流量的水位。钱

❶ 黄河泥沙协调小组，水库泥沙报告汇编，1972 年。

意颖、陈世丹根据三门峡水库“蓄清排浑”运用后的实测资料进行检验,基本符合实际情况。

二、入库水沙变化概况

三门峡水库投入运用,标志着黄河的治理与开发进入了一个新的发展时期,流域的治理与开发可能引起河流的水沙变化,经过长期的分析研究,一致认为黄河水沙发生了显著的变化。

(一)年水量与年沙量的变化

据文献[10]的成果,龙门、河津、咸阳、张家山和洑头 5 站(以下简称五站)1960～1996 年的水沙变化情况见表 2-23。

表 2-23　五站 1960～1996 年水沙变化情况

项目	1919～1959 年	1960～1969 年	1970～1979 年	1980～1989 年	1990～1996 年	1960～1996 年
实测年水量(亿 m^3)	410.64	449.08	346.86	352.56	358.16	359.20
还原天然年水量(亿 m^3)	467.97	581.11	497.37	541.23	422.58	517.72
减水量(亿 m^3)	57.33	132.03	150.51	188.87	164.42	158.52
实测年沙量(亿 t)	16.284	17.303	13.558	7.894	10.000	12.366
还原年沙量(亿 t)		19.197	17.268	12.988	15.509	16.305
减沙量(亿 t)		1.894	3.710	5.094	5.508	3.938

注:还原年沙量为还原到相当于 1919～1959 年基准的年沙量。

从表 2-23 可以看出:从三门峡水库投入运用以来,来水来沙量都在不断地减少。1960～1996 年五站实测年水量 359.20 亿 m^3,年沙量 12.366 亿 t,与 1919～1959 年的实测值相比,水、沙量均偏小,属于枯水枯沙系列。经还原计算后,五站年水量为 517.72 亿 m^3,年沙量为 16.305 亿 m^3,与 1919～1959 年的还原值相比,属于丰水平沙系列。1960～1996 年五站年均减水量 158.52 亿 m^3,占同期还原天然年水量的 30.6%,几乎比 1919～1959 年的减水量增加了 2 倍;年均减沙量 3.938 亿 t,占同期还原年沙量的 24.2%,减水比大于减沙比。1960～1996 年实测平均含沙量为 34.4 kg/m^3, 1960～1969 年实测年均含沙量为 38.5 kg/m^3,1919～1959 年实测年均含沙量为 39.6 kg/m^3,前两者略小于后者。

三门峡水库投入运用后不同地区来水来沙变化情况见表 2-24。还原天然沙量的计算,考虑了水利、水保工程的减沙量,人类活动的增沙量,以及由此引起河道冲淤变化等因素,与还原到相当于 1919～1959 年期间的计算不同,因为在该时段已经减少了一部分沙量,故还原天然年沙量较相当于 1919～1959 年基准的年沙量大。从表 2-24 可以看出:1960～1996 年期间河津的减水、减沙百分数最高,分别达 53.4% 和 73.1%,其次为头道拐,减水、减沙百分数分别达 33.0% 和 50.2%,其余地区的减水、减沙百分数都不高,在

15%～30%,并且咸阳、张家山和洑头的减水百分数均高于减沙百分数,即用水多、减沙少,使这些站的年平均含沙量增高,其余地区减沙百分数高于减水百分数,使其年平均含沙量降低。

表2-24 不同地区(站或区间)1960～1996年来水来沙变化情况

项目	头道拐	头道拐至龙门	龙门	河津	咸阳	张家山	洑头	五站
实测年水量(亿 m^3)	233.07	50.27	283.34	10.60	44.17	14.32	6.81	359.20
还原天然年水量(亿 m^3)	347.0	61.10	408.80	22.76	56.70	20.23	9.28	517.72
减水量(亿 m^3)	114.63	10.83	125.46	12.16	12.53	5.91	2.48	158.52
减水百分数(%)	33.0	17.7	30.7	53.4	22.1	29.2	26.7	30.6
实测年沙量(亿t)	1.147	6.654	7.801	0.165	1.238	2.394	0.768	12.366
还原天然年沙量(亿t)	2.303	8.715	11.018	0.613	1.539	2.803	0.904	16.877
减沙量(亿t)	1.156	2.061	3.217	0.448	0.301	0.409	0.136	4.511
减沙百分数(%)	50.2	23.6	29.2	73.1	19.6	14.6	15.0	26.7

注:减水和减沙百分数分别为其减少量除以相应的还原量。

1960～1996年期间五站年均减水158.52亿 m^3,其中头道拐年均减水114.63亿 m^3,占五站减水量的72.3%,其余地区的减水量均小于五站减水量的8%。五站年均减沙量4.511亿t,其中头道拐至龙门区间年均减沙量2.061亿t,占五站减沙量的45.7%,其次头道拐占25.6%,其余各地区均小于10%。

(二)水、沙在年内分配的变化

据许多研究成果表明:大型水库的调节对水、沙在年内分配的影响最大,为此根据刘家峡和龙羊峡水库投入运用的情况,统计了头道拐、龙门和潼关站不同时期全年、汛期和非汛期的水、沙量(见表2-25)。由表2-25可以看出:1960～1967年还没有大型水库调节径流,虽然五站的减水量超过100多亿 m^3(见表2-23),表2-25中各站在年内的分配与建库前一致,汛期约占60%。1968～1985年刘家峡水库投入运用,该库为不完全调节运用,每年汛期平均蓄水27亿 m^3,非汛期泄水26.2亿 m^3,使得表2-25中各站汛期水量减少,使汛期水量占年水量的比例降为54.1%～56.6%,沙量在年内的分配变化不大。1986年10月龙羊峡水库投入运用,与刘家峡水库联合联用,进行多年调节,使汛期水量进一步减少,汛期水量占年水量的百分数降为41.3%～46.7%,汛期沙量占年沙量的百分数也减少。

综上所述,三门峡水库投入运用后,由于流域治理和开发,年均来水来沙量都有明显的减少,减水比大于减沙比;由于龙羊峡和刘家峡等大型水库的调节,汛期水量大幅度减少,其占年水量的百分数由过去的60%降到41%～47%,这些情况对减少三门峡水库的淤积是不利的。

表 2-25　不同时期干流主要水文站水沙量年内分配的变化

站名	时期	实测水量(亿 m^3)			汛期水量占全年百分比(%)	实测沙量(亿 t)			汛期沙量占全年百分比(%)
		汛期	非汛期	全年		汛期	非汛期	全年	
头道拐	1960～1967 年	180	111	291	61.9	1.593	0.425	2.018	78.9
	1968～1985 年	135	109	244	55.3	0.933	0.235	1.168	79.9
	1986～1995 年	74	105	179	41.3	0.344	0.177	0.521	66.0
龙门	1960～1967 年	215	141	356	60.4	10.445	1.268	11.713	89.2
	1968～1985 年	158	134	292	54.1	6.516	0.891	7.407	88.0
	1986～1995 年	96	124	220	43.6	4.183	0.908	5.091	82.2
潼关	1960～1967 年	279	198	477	58.5	12.246	2.274	14.520	84.3
	1968～1985 年	214	164	378	56.6	9.655	1.851	11.506	83.9
	1986～1995 年	134	153	287	46.7	5.907	1.996	7.903	74.7

三、水库不同运用方式对调节水沙的作用

三门峡水库蓄水运用时期不长,对调水调沙的作用与一般的蓄水水库运用一样,径流受人为的调节,洪水削减,枯水增大。泥沙除有少量以异重流方式排出库外,大部分淤在库内,出库泥沙大量减少。本文主要介绍水库滞洪运用和"蓄清排浑"运用对调水调沙的作用。

(一)对洪水的调节作用

图 2-12 为水库不同时期的削峰比与潼关相应洪峰流量的关系,可以看出水库调节洪水的作用与入库洪峰流量、枢纽的泄流能力和水库运用方式有关。在改建前滞洪运用

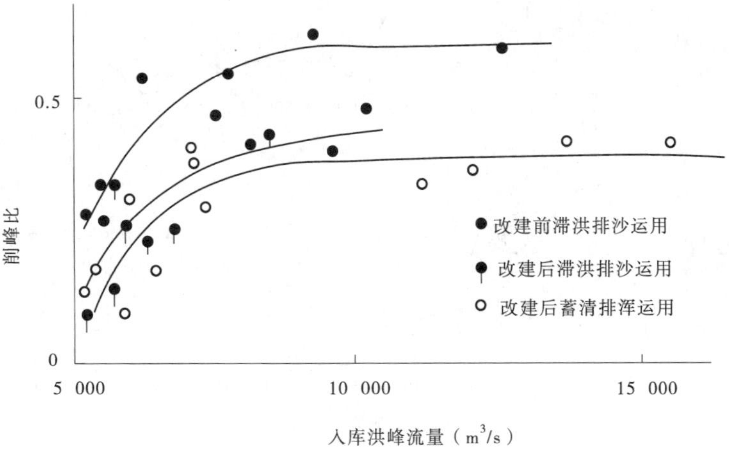

图 2-12　三门峡水库不同运用方式时的削峰情况

时，由于枢纽泄流能力小，削峰作用严重，当入库流量大于9 000 m^3/s 后，削峰比在60%以上；改建后，枢纽泄流能力增大，在水库同样运用情况下，削峰作用明显减弱；改建后，在同样泄流规模情况下，水库"蓄清排浑"运用时，削峰作用较滞洪运用时进一步减弱，当入库流量大于9 000 m^3/s 时，削峰比小于40%。应该指出：在"蓄清排浑"运用初期，由于泄水建筑物及其启闭设备不适应黄河泥沙多、洪水暴涨暴落的特点，以及一些其他原因，按照三门峡水库汛期运用的原则，泄水建筑物如能及时开启，对流量小于4 500 m^3/s 的洪水不该发生滞洪现象，实际还是出现了滞洪壅水现象，后来，经过二期改建后，设备得到更新和改造，缩短闸门关开时间，充分发挥了枢纽的泄流能力，改善了削峰滞洪现象。

（二）对水、沙搭配的调节作用

水库运用对水、沙搭配的调节作用，采用进、出库各级流量与其输沙量关系表示，如图2-13所示。该图具有 Wolman 和 J. P. miller 用地貌功曲线来确定冲积河流的造床流量的涵义，也就是说，这个关系图可以反映水库调节水、沙搭配后对下游河道的造床作用。由图2-13可以看出：三门峡水库在滞洪运用时，由于大水滞洪拦沙，小水排沙，将泥沙调到流量小于3 500 m^3/s 时排出，使相应最大输沙量的流量由潼关（进库）的4 000 m^3/s 降到三门峡（出库）的1 500 m^3/s，使下游河道淤积加重，平滩流量降低，表示下游河道造床

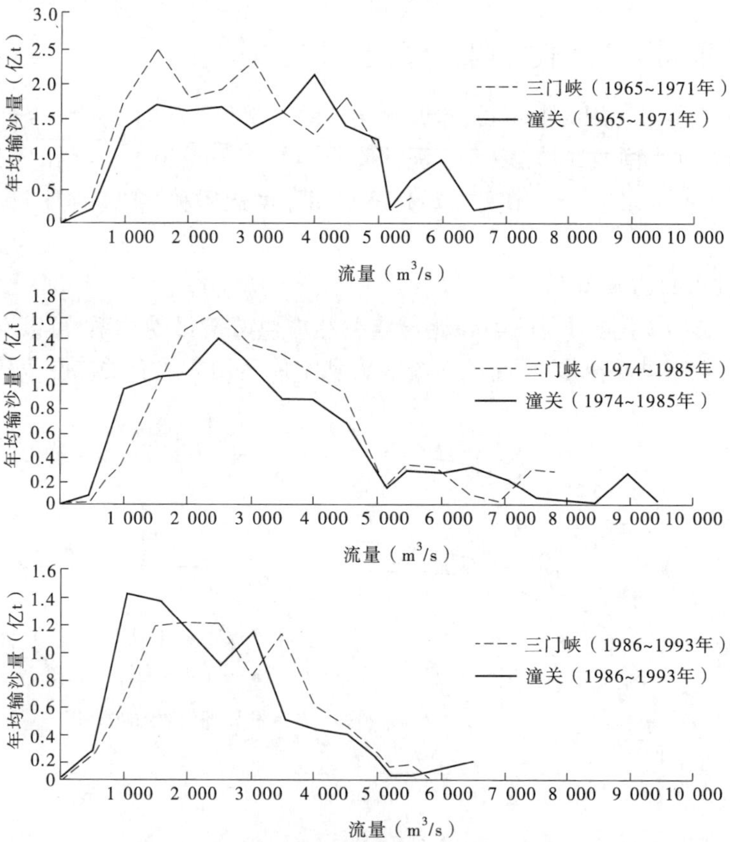

图2-13　三门峡水库进出各级流量与年均输沙量关系

作用降低。三门峡水库"蓄清排浑"运用后，1974～1986 年入库流量变幅大，最大日平均流量将近 10 000 m^3/s，流量大于 6 000 m^3/s 时水库虽仍滞洪滞沙，由于非汛期水库蓄水运用，泥沙淤积在库内，汛期控制水位运用(如库水位 305 m 或 300 m)。当入库流量小于控制水位的泄量时，库水位变化很小，这样流量由小变大，相应水深也由小变大，从而库区发生冲刷，反之，流量由大变小，则库后发生回淤，这样形成水库在流量小于 1 500 m^3/s 拦沙，泥沙主要集中在中水流量(2 000～6 000 m^3/s)排出，增加了下游河道的输沙能力，减轻下游河道淤积，并增加了平滩流量，表示增强了下游河道的造床作用。1986 年以后，入库流量减小，最大日平均流量只有 6 500 m^3/s，流量大于 3 000 m^3/s 出现频率只有 2.2%，水库对小流量仍起拦沙作用，由于大中流量出现频率小，调沙作用减弱，其出库的水、沙搭配与滞洪运用的差不多，由此下游河道的平滩流量又降低，出现淤积加重的不利局面。

综上所述，水库运用对水、沙的调节作用，与来水来沙条件、枢纽的泄流能力和水库运用方式有关。滞洪运用时，削峰作用大，并将入库"大水带大沙，小水带小沙"的情况改为"大水带小沙，小水带大沙"的情况，对下游河道不利。"蓄清排浑"运用时，在相同来水来沙和枢纽的泄流能力情况下，其削峰作用比滞洪运用小，并将全年的泥沙调到中水流量排出，可以改善下游河道的淤积，但是入库大、中流量减少，则对下游河道的减淤作用也减弱。

四、不同时期库区泥沙冲淤演变和河床调整机理

(一)不同时期库区泥沙冲淤变化情况

1. 冲淤量的变化

三门峡水库建成后，为了监测库区泥沙淤积情况，并研究其冲淤演变的规律，进行了系统的测验研究，为枢纽工程的改建和管理运用提供了科学依据。观测内容：在原有水文站网的基础上，进行调整补充，又增加淤积断面、水力因子断面、沿程水位和库岸坍塌等观测项目。淤积断面测量范围，随着库区泥沙的淤积逐步扩大，目前已包括黄河干流龙门、渭河咸阳和北洛河洑头等水文站以下的范围。库区泥沙冲淤量就是该范围内实测断面的冲淤量，按库区河道情况分为 4 个河段：即小北干流(黄淤 41—68 断面)、潼关以下(黄淤 1—41 断面)、渭河下游(渭淤 1—37 断面)和北洛河下游(洛淤 1—23 断面)。

按水库运用情况和库区泥沙冲淤变化情况一般分为 3 个时段：即蓄水拦沙期(1960 年 9 月～1964 年 10 月)、滞洪排沙期(1964 年 10 月～1973 年 10 月)和蓄清排浑期(1973 年 10 月以后)。库区泥沙冲淤变化过程见图 2-14，各河段各时段的冲淤变化情况见表 2-26。1960 年 9 月～1995 年 10 月库区共淤积 67.93 亿 m^3，其中潼关以下淤积 28.53 亿 m^3，占总淤积量的 42.0%，小北干流淤积 23.98 亿 m^3，占总淤积量的 35.3%，渭河和北洛河下游分别淤积 12.74 亿 m^3 和 2.68 亿 m^3，分别占总淤积量的 18.8% 和 3.9%。在蓄水拦沙期库区淤积 44.26 亿 m^3，占库区总淤积量的 65.2%，其中潼关以下淤积 35.75 亿 m^3，占该时期库区淤积量的 80.8%，潼关以上淤积仅占 19.2%，并且主要淤积在小北干流。滞洪排沙期库区淤积 11.85 亿 m^3，占库区总淤积量的 17.4%，在该时段，由于枢纽工程改建，泄流能力增大，侵蚀基准面下降，潼关以下冲刷 9.23 亿 m^3，潼关高程下降，潼关以上还是发生淤积，淤积量为 21.08 亿 m^3，其中小北干流淤积 12.03 亿 m^3，占该时期潼关以上淤积量的

57.1%，渭河和北洛河下游分别淤积 8.25 亿 m^3 和 0.8 亿 m^3，分别占 39.1% 和 3.8%，渭河下游淤积比例较蓄水拦沙期增加将近 1 倍，北洛河下游的淤积比例略有减少。蓄清排浑期库区淤积 11.82 亿 m^3，占库区淤积量的 17.4%，其中潼关以下淤积 2.01 亿 m^3，占该时期库区淤积量的 17.0%，小北干流淤积 5.61 亿 m^3，占该时期库区淤积量的 47.5%，渭河和北洛河下游分别淤积 2.80 亿 m^3 和 1.40 亿 m^3，分别占该时期库区淤积量的 23.7% 和 11.8%，潼关以上各河段淤积比例均有增加。从图 2-14 看出：在该时期的 1973 年 10 月～1985 年 10 月各河段的冲淤变化虽有波动，但冲淤量变化不大，只有 0.39 亿 m^3，其中潼关以下和小北干流分别淤积 0.45 亿 m^3 和 0.31 亿 m^3，渭河下游冲刷 0.47 亿 m^3，北洛河下游淤积 0.1 亿 m^3，特别是 1977 年小北干流和渭河下游发生揭底冲刷后，平滩流量也接近建库前的水平，因此有人认为三门峡水库淤积将达到新的相对平衡状态。不过，1985 年以后小北干流又发生淤积，接着潼关以下、渭河和北洛河下游相继发生淤积，1985 年 10 月～1995 年 10 月库区共淤积 11.43 亿 m^3，其中潼关以下淤积 1.56 亿 m^3，占该时期库区淤积量的 13.6%，小北干流淤积 5.30 亿 m^3，占该时期库区淤积量的46.4%，渭河和北洛河下游分别淤积 3.27 亿 m^3 和 1.30 亿 m^3，分别占该时期库区淤积量的 28.6% 和11.4%。

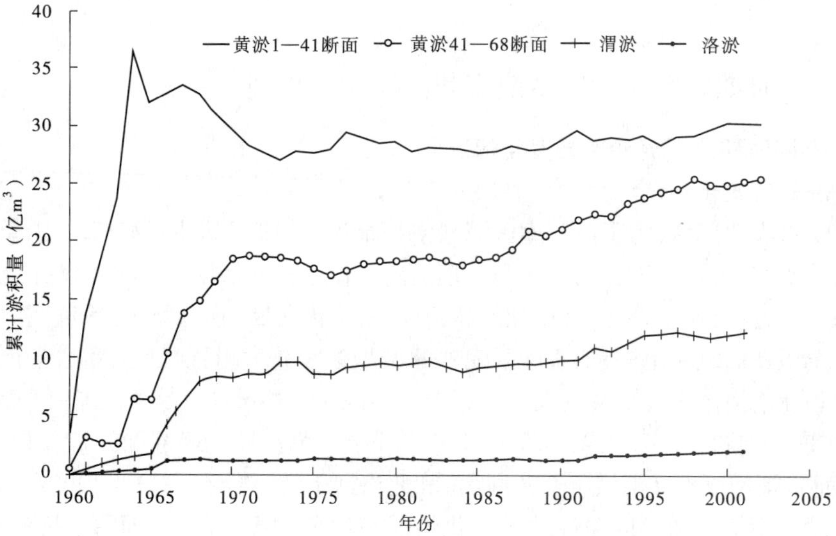

图 2-14　三门峡水库库区各河段累计冲淤量过程

2. 沿程冲淤变化

三门峡水库不同运用时期的沿程冲淤变化已有许多研究成果，蓄水拦沙后期，淤积形态为锥体，淤积厚度向上游逐渐减小，滞洪排沙时期，潼关以下发生溯源冲刷，形成高滩深槽，冲刷深度向上游逐渐减小，潼关高程下降 1.40 m，潼关以上继续淤积，淤积末端向上游延伸，淤积厚度向上游逐渐减小，从表 2-26 中的单位河长冲淤量大致也可以看出这种现象。“蓄清排浑”运用以后，沿程冲淤分布发生变化，如 1973 年 10 月～1985 年 10 月库区淤积量不大，各河段不再出现单向的淤积或冲刷，好像各河段之间进行冲淤调

表 2-26　各河段各时段的冲淤变化情况

水库运用时期		蓄水拦沙期、滞洪排沙初期（亿 m^3）	滞洪排沙期（亿 m^3）	蓄清排浑期（亿 m^3）			合计（亿 m^3）	单位河长冲淤量（亿 m^3/km）			
时段（年-月）		1960-09 ~ 1964-10	1964-10 ~ 1973-10	1973-10 ~ 1985-10	1985-10 ~ 1995-10	1973-10 ~ 1995-10	1960-09 ~ 1995-10	1960-09 ~ 1964-10	1964-10 ~ 1973-10	1973-10 ~ 1985-10	1985-10 ~ 1995-10
潼关以下	大坝—黄淤 22	11.86	-3.84	0.82	0.45	1.27	9.29	0.281	-0.091	0.019	0.010
	黄淤 22—31	13.41	-3.20	0.04	0.27	0.31	10.52	0.446	-0.011	0.001	0.009
	黄淤 31—36	7.84	-1.79	-0.26	0.43	0.17	6.22	0.362	-0.083	-0.012	0.020
	黄淤 36—41	2.64	-0.40	-0.15	0.41	0.26	2.50	0.137	-0.021	-0.008	0.021
	小计	35.75	-9.23	0.45	1.56	2.01	28.53	0.316	-0.082	0.004	0.014
小北干流	黄淤 41—45	2.91	0.78	0.03	0.43	0.46	4.15	0.203	0.055	0.002	0.030
	黄淤 45—50	2.23	4.51	-0.57	0.90	0.33	7.07	0.110	0.222	-0.028	0.044
	黄淤 50—59	0.44	3.32	0.97	1.29	2.26	6.02	0.010	0.077	0.023	0.030
	黄淤 59—68	0.76	3.42	-0.12	2.68	2.56	6.74	0.015	0.068	-0.002	0.054
	小计	6.34	12.03	0.31	5.30	5.61	23.98	0.050	0.094	0.002	0.042
渭河下游	渭淤 1—10	1.40	5.20	0.04	2.00	2.04	8.64	0.020	0.075	0.001	0.032
	渭淤 10—26	0.45	2.91	-0.58	1.06	0.48	3.84	0.005	0.035	0.007	0.013
	渭淤 26—37	-0.16	0.14	0.07	0.21	0.28	0.26	0.003	0.003	0.001	0.004
	小计	1.69	8.25	-0.47	3.27	2.80	12.74	0.008	0.041	-0.002	0.017
北洛河洛淤 1—23		0.48	0.80	0.10	1.30	1.40	2.68	0.004	0.007	0.001	0.011
库区合计（亿 m^3）		44.26	11.85	0.39	11.43	11.82	67.93				

整，而 1985 年 10 月 ~1995 年 10 月库区各河段均发生淤积。沿程分布各河段也不同，小北干流淤积自上而下沿程减少，潼关以下沿程淤积没有趋向性的变化，渭河下游沿程淤积分布仍是向上游逐渐减小。为此，又分析了同流量水位的沿程变化，表 2-27 中黄河干流的流量为 1 000 m^3/s，渭河下游的流量为 200 m^3/s；建库前水位的时间，黄河为 1960 年汛前水位，渭河为 1956 年 4 月 30 日实测水位；其余各年主要为汛后水位，括号内的水位是该年汛前的水位。

表 2-27　各站典型同流量水位变化情况

河名	站名	典型年同流量水位(m)				各年间水位差(m)		
		建库前 ①	1973 年 ②	1985 年 ③	1995 年 ④	② - ①	③ - ①	④ - ③
黄河	北村	301.85	306.98	310.08	308.91	5.13	8.23	-1.17
	大禹渡	311.42	314.06	316.80	317.58	2.64	5.38	0.78
	坫埼	318.42	320.78	322.58	323.80	2.36	4.16	1.22
	潼关	323.50	326.67	326.51	328.17	3.17	3.01	1.66
	上源头	329.18	330.97	331.25	332.52	1.79	2.07	1.27
	老永济	334.28		335.80	336.34		1.52	0.54
	尊村	342.56		343.93	344.45		1.37	0.52
	太里	351.10		351.65	352.24		0.55	0.59
	龙门	380.32	379.09	381.24	383.43	-1.23	0.92	2.19
渭河	华阴	325.92		328.85	330.94		2.93	2.09
	陈村	329.25	331.17	331.88	(333.19)	1.92	2.63	1.31
	华县	333.73	335.95	336.09	337.05	2.22	2.36	0.96
	渭南	342.10	342.75	343.16	(342.42)	0.65	1.06	-0.74
	交口	345.83	345.78	346.31	(345.35)	-0.05	0.48	-0.96
	临潼	353.63	353.50	353.92	353.21	-0.13	0.29	-0.71

从表 2-27 可看出：1973 年汛后与建库前的水位差沿程变化高低不一致，如潼关的水位差大于坫埼和大禹渡，这是由于滞洪运用时，潼关以下发生溯源冲刷引起的；龙门的水位差出现负值，这是 1970 年汛期发生强烈揭底冲刷后，到 1973 年汛后还没有完全回淤；渭河下游各站的水位差沿程变化也不一致，表明库区河床尚在淤积调整过程中。1985 年汛后与建库前的水位差沿程变化，基本上是自下而上逐渐减小，结合上述冲淤量的分析，可以认为库区河床在当时来水来沙条件下自动调整趋于新的相对平衡。

1995 年与 1985 年汛后水位差的沿程变化，与上述沿程变化不同。首先，龙门站 1995 年汛后水位达到 383.43 m，在历史上罕见；其次，北村水位下降 1.17 m，大禹渡以上水位反而上升，潼关站升高达 1.66 m。龙门至潼关河段之间太里至老永济河段的水位升高较小。这些情况表明，龙门河床淤积升高，主要受来水来沙的影响；北村河床的下降，表示水库运用改善的效果;大禹渡至潼关的水位升高,据孙绵惠等研究结果,主要是由于北村至潼关河段的河势变化引起的。该河段在建库前有两个拗陷区,河道的宽度相对较宽,建库后,潼关淤高 3~5 m,北村在 10 m 以上,河床是在水库淤积物上重新塑造出来的,其中潼关至杨家湾河段,在蓄水运用时为三角洲的顶坡段,淤积物的组成较粗,“蓄清排浑”运用后,非汛期运用水位在 315~325 m 时,该河段处于变动回水区,河床冲淤频繁,1977 年大洪水后,主流摆动加剧,引起部分滩岸坍塌,河槽展宽坦化。河槽展宽后,各断面的河相系数($\sqrt{B}/H$)由 10~15 增大至 30 以上,具有游荡型河道的特点。大禹渡(黄淤 30 断面)至灵宝老城(黄淤 26 断面)河段,在水库“蓄清排浑”运用后,历年非汛期受壅水淤积(在三角洲顶点以下),汛期受洪水冲刷,在壅水淤积和洪水冲刷共同作用下,在 1977 年大洪水之前,由于大禹渡河湾顶点下移,出流方向变陡,洪水之后弯曲又加剧,迫使黄淤 29 断面右岸塌滩坐弯,形成东古驿河湾。至 1984 年汛后,东古驿段库岸坍塌 450 m 左右,东古驿河湾的发展,又导致黄淤 29—27 断面间左岸的滩岸冲塌,形成东垆湾。这样,使原来在黄淤30—27 断面之间的规顺河道变成了连续的两个河弯,主河槽中心线的长度由 1971 年的14.1 km 增加到 1993 年的 27.6 km。由于河长的增加,以及来水来沙条件的变化,大禹渡至潼关各站的水位没有随着北村的水位下降而降低,反而升高。龙门以下沿程淤积的减小,表明是沿程淤积的影响;潼关以上、小北干流向上淤积的减小,表明是由潼关高程的升高引起的溯源淤积。在潼关高程升高之后,在渭河不利的来水来沙条件下,发生自下而上的溯源淤积是清楚的,这种淤积情况和建库前是相同的。必须指出:在此时期内,华阴淤积升高达 2.09 m,大于潼关高程的升高值,是黄河西摆的影响,还是渭河河口拦门沙的影响,有待进一步研究。在此时期内,渭南以上的冲刷主要是由 1992 年、1994 年连续出现3 000 m^3/s以上的高含沙洪水形成的冲刷,同时也表明渭南以下河道在该时段非但没有发生冲刷,反而发生淤积,并且河道淤积自上而下逐渐增加,属于溯源淤积情况,由此可能引起河道输沙能力降低。

3. 年内冲淤分配的变化

潼关以下库区冲淤变化受水库运用的影响非常敏感,潼关以上的冲淤变化受水库运用的影响较小。水库不同运用时期潼关以下库区年内冲淤变化情况见表 2-28。

表 2-28 水库不同运用时期潼关以下库区年内冲淤的影响

时段(年-月)	水库运用方式	冲淤量(亿 m^3)		潼关高程(m)	
		非汛期	汛期	非汛期	汛期
1965-10~1971-06	敞泄、防凌、改建	-0.643	0.302	0.22	-0.26
1971-06~1973-09	敞泄、防凌、春灌、改建	0.673	-1.299	0.10	-0.31
1973-09~1985-10	蓄清排浑	1.310	-1.349	0.53	-0.52
1985-10~1995-10	蓄清排浑	1.284	-1.128	0.37	-0.21

从表 2-28 可看出,水库不同运用方式对库区冲淤的年内分配产生影响。1965 年 10 月~1971 年 6 月水库敞泄滞洪运用,由于枢纽泄流能力小,洪水期泄流壅水,库区发生淤积,枯水期泄空冲刷,由此形成汛期库区淤积,淤积范围随来水大小,壅水高低,回水长短

而变化,一般在大禹渡以下。大禹渡以上还是洪水期发生冲刷,枯水期回淤,潼关高程的冲淤变化也是这样,但是,遇到丰水年,如1967年潼关站汛期水量达402亿 m^3,回水超过潼关,潼关高程升高0.64 m;非汛期库区发生冲刷,冲刷范围一般冲到大禹渡至坫埼之间,坫埼以上发生淤积,潼关高程也升高。应该指出:在该时段内非汛期冲刷范围大于汛期淤积范围,这是枢纽工程改建、泄流能力增大、侵蚀基准面下降造成的。1971年6月~1973年9月,由于非汛期进行防凌和春灌运用,每年凌汛期和1~6月蓄水运用,故非汛期库区发生淤积,而每年汛期均有改建的泄水建筑物投入运用,泄流能力增加,所以汛期发生冲刷。

综上所述,水库蓄水拦沙期,水库淤积非常严重;滞洪排沙运用时期,由于枢纽工程的扩建,泄流能力加大,水库淤积虽然减轻,但是淤积量还是不小;水库"蓄清排浑"运用后,非汛期蓄水运用,库区发生淤积,汛期降低水位控制运用,库区发生冲刷。在1973年9月~1985年10月时段内,库区和潼关高程基本冲淤平衡表明,水库运用(特别是汛期运用)与当时的来水来沙条件相适应,库区自动调整逐渐趋向冲淤平衡。1986年以后,虽然库区年内冲淤分配没有变化,并且水库运用有一定的改善,但来水来沙条件发生变化,特别是来水的年内分配变化较大,库区和潼关高程又发生淤积,表明库区河道随着来水来沙条件的变化而又进行调整。

(二)水库淤积末端的变化

1.淤积末端的变化情况

水库淤积末端是指水库淤积向上游发展与原河床相交的地方,表示方法有二:一是高程差(ΔH),即在水库运用时期内淤积末端处的高程与最高库水位之差;二是上延系数ξ,即淤积末端距坝距离与最高库水位时和原河床的平交处距坝距离之比。据我国一些水库实测资料分析结果,水库淤积末端变化有两种情况,一种是$\Delta H>0,\xi>1.0$,水库淤积具有上延现象,这种现象经常出现在含沙量高或推移质来沙量多的水库;另一种是$\Delta H<0,\xi<1.0$,一般出现在含沙量小于2~3 kg/m^3,河底比降比较大的水库,水库淤积没有上延现象。总之,水库淤积末端的变化,与来水来沙条件、原河底比降、坝高和水库运用时间的长短有关。三门峡水库控制黄河泥沙的95%以上,含沙量高,泥沙多,居世界之首。原河道流经汾渭地堑盆地,地势平坦,河道比降小,为冲积性河流;河谷宽广,人口众多,工农业发达,特别是渭河下游是著名的"八百里秦川",古都西安位于其中部,是我国西北地区社会经济的重要基地。水库淤积向上游延伸,影响两岸的经济建设和社会安定,是研究三门峡水库泥沙淤积的重要课题之一,研究成果丰富。

三门峡水库淤积向上游延伸有以下几种情况:

(1)水库的回水和淤积的相互作用,使水库淤积末端逐渐向上游发展。在蓄水运用时期,回水末端以下流速迅速降低,入库泥沙淤积形成三角洲,随着淤积三角洲的发展,洲锋前移,洲面抬高,回水末端向上游延伸,淤积末端也向上游发展,如上所述,1961年2月9日库水位332.58 m,1961年12月21日库水位为332.53 m,两者水位非常接近,但入库流量后者大于前者,按一般概念来说,流量大,回水末端将下移,但是实测资料表明,由于前期淤积的影响,黄河和渭河的回水末端分别向上移9 km和18 km,渭河的回水延伸较黄河大,这是渭河在淤积范围内的比降较黄河小引起的。

(2)河床比降调整引起淤积末端向上游延伸。在滞洪排沙运用时期,随着枢纽工程的改建,泄流能力增加,坝前水位降低,潼关以下冲出一条规顺的河槽,形成高滩深槽,部分库容得到恢复,而潼关以上还是继续淤积,淤积末端也继续向上游延伸。

(3)河型变化引起新的淤积末端向上游延伸。如上所述,目前三门峡水库由于泥沙淤积引起河型变化的河段,主要发生在潼关以下,对1985~1995年期间潼关高程的升高有一定的影响,同时对小北干流和渭河下游部分河段淤积延伸有一定的影响(见表2-27),不过,其淤积末端向上游延伸的范围还未超过第二种情况。

(4)在"蓄清排浑"运用时,非汛期蓄水运用,在回水末端以下出现淤积三角洲,可能出现如第一种情况的淤积末端上延现象。由于非汛期来沙量少,水库运用严格控制不影响潼关,回水长度较短,并且在汛期降低库水位运用,在溯源冲刷和沿程冲刷的共同作用下,一般情况可以将非汛期库区淤积的泥沙全部冲出库外,故淤积末端上延现象基本不存在。不过,有些年分非汛期运用水位较高,又遇到汛期不利的来水来沙条件,无法将非汛期淤积的泥沙冲出库外,引起淤积上延,使潼关高程升高,如1976年11月~1977年10月,在非汛期运用中,防凌和春灌时的最高库水位分别达到325.95 m和325.32 m,回水超过潼关,库水位超过323 m的历时长达100天,使潼关高程升高1.25 m,为历年的最高值,汛期又遇到枯水丰沙的不利情况,潼关高程仅冲刷下降0.58 m,全年还是升高0.67 m,而后降低库水位运用,又遇有利的水沙条件,潼关高程才降下来,这是一个教训,在今后的水库运用中要加以注意。

淤积末端位置的确定,还有一个计算方法问题。渭河下游淤积末端变化的研究,参加研究的单位和人员比较多,计算方法也比较多,淤积末端的位置差异比较大,如中国科学院地理研究所用沉积物法和抛物线法研究,认为1974年渭河下游河槽的淤积末端位于渭淤21—22断面附近:黄委会水利科学研究所用同流量水位法和断面法分析,认为1974年河槽的淤积末端在渭淤23—24断面附近,滩地的的淤积末端在渭淤21断面附近;陕西省水利科学研究所和渭南地区三门峡库区管理局从全断面淤积量分析,认为1974年渭河下游的淤积末端在渭淤26—27断面附近。虽然各家研究的淤积末端位置不同,但是淤积末端的变化情况有类似之处。小北干流和北洛河的淤积末端变化,杜殿勋曾用同流量水位法进行分析,各河淤积末端最大时特征值见表2-29,3条河的淤积末端变化见图2-15。

表2-29　黄河、渭河、北洛河淤积末端的特征值

河名	淤积末端			高程差(m)	上延系数	时间(年-月)
	位置(断面号)	距坝里程(km)	高程(m)			
黄河	黄淤59—60	199	355.00	22.42	1.37	1970-07
渭河	渭淤25	238	351.54	18.96	1.41	1976-10
北洛河	洛淤18—19	224	351.20	18.62		1967-10

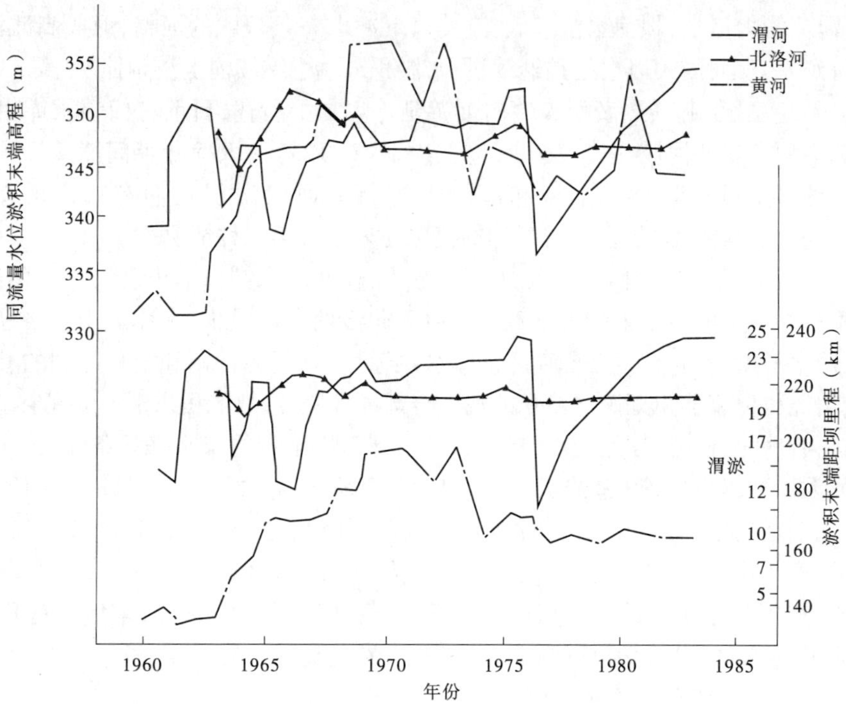

图2-15 黄河、渭河、北洛河淤积末端变化

综上所述，水库的回水和淤积相互作用使淤积末端向上游延伸，是在水库运用初期，淤积末端延伸范围较小。比降调整引起的淤积末端向上游延伸是在水库淤积发展到坝前后，为了适应来水来沙的要求，河床进行自动调整，包括比降、断面形态和河床泥沙的组成，其延伸范围较大。这两种淤积末端的延伸方式是前后结合，从三门峡水库运用情况来说，调整速度是很快的，不过，现在的淤积末端最大值并非原设计时坝前运用水位的淤积延伸长度，而是水库经过改建，运用水位降低后的淤积延伸长度，水库初期高水位运用可能有一定的影响，即使按水库运用的最高库水位计算，水库淤积的上延系数和高程差还是很大的。至于水库淤积引起的河型变化，从河床演变的成因来说是可能的，在文献中，也曾见到在三角洲洲面上形成游荡型河道的资料，形成弯曲型河道情况尚未见到，不过，三门峡水库这种情况，与小浪底水库有类似之处，在小浪底水库运用过程中应注意观测和研究。

2. 水库淤积末端变化的特点及其原因

水库淤积末端的变化是水库淤积调整与来水来沙相互作用的结果，反映水库淤积河床再造床调整的现象，分析其变化特点和原因，对认识水库淤积再造床是有帮助的。

水库淤积末端在河槽和滩地的变化情况不同，河槽淤积末端不是单一的向上游延伸，而是在上延与后退交替过程中向上游发展。从图2-15可以看出：小北干流、渭河和北洛河下游的河槽淤积末端变化均具有这一特点，但各河的变化情况不完全相同，渭河下游的淤积末端上延比较慢，后退迅速，上延和后退的差距大；北洛河的淤积末端上延和后退都比较慢，并且差距小；小北干流淤积末端的变化介于上述两者之间。3 条河的淤积末端变化过程不同，可能与建库前河道的冲淤特点有关。

从 1960 年至 1988 年渭河下游淤积末端的变化过程中，具有明显上延的有 5 次，明显后退的有 4 次，见表 2-30。可以看出：潼关高程升高后，渭河下游淤积末端的上延或后退，随着来水来沙条件而变。在淤积末端后退的 4 次中，均与渭河下游发生揭底冲刷的时间一致，其中有 3 次后退长度超过 37.7 km。张家山的洪峰流量大于 4 970 m^3/s，属于高含沙大洪水，渭河下游河槽发生强烈冲刷，淤积末端后退较大；1970 年汛期，张家山洪峰流量2 700 m^3/s，对渭河下游河道冲淤变化来说，处于过渡范围内，故淤积末端后退长度不大。在淤积末端上延的 5 次中，其中 4 次张家山洪峰流量小于 1 900 m^3/s，属于高含沙小洪水，渭河下游河道淤积，淤积末端上延。在 1970 ~1976 年期间，1973 年 8 月张家山洪峰流量达 6 160 m^3/s，淤积末端没有后退，可能因为该年张家山与林家村以上同时来水，在建库前，渭河下游河道一般情况下均发生淤积，表明与建库前河道冲淤变化是一致的。

表 2-30　渭河淤积末端变化情况和原因

序号	时间	变化情况	潼关高程变化(m)	来水最大流量(m^3/s)	
				咸阳	张家山
1	1961 ~ 1963 年	上延	2.26	4 020	1 570
2	1964 年汛期	后退 40.29 km	2.06	3 390	4 970
3	1964 ~ 1965 年	上延	-0.45	3 200	507
4	1966 年汛期	后退 37.74 km	-0.86	4 290	7 520
5	1966 ~ 1969 年	上延	0.15	5 360	1 480
6	1970 年汛期	后退 5.09 km	-0.75	5 050	2 700
7	1970 ~ 1976 年	上延	-1.38	3 220	6 160
8	1977 年汛期	后退 62.73 km	-0.58	3 270	5 750
9	1977 ~ 1988 年	上延	0.32	6 210	1 960

建库前，小北干流来沙多，粒径粗，是引起河道淤积的主要原因。建库后，淤积末端的变化大致可以分为 4 个时段：①从三门峡水库投入运用(1960 年 9 月)至 1970 年汛后，水库运用方式由蓄水运用改为滞洪运用，经过第一次枢纽工程的改建，并开始第二次改建，水库排沙能力增加，但潼关高程继续升高(见表 2-31)，淤积末端向上游延伸达到黄淤 60 断面附近(见图 2-15)，距坝将近 200 km。同时可以看出：该时段的来水来沙情况与 1935 年 7 月 ~1960 年 6 月接近，建库前河道发生淤积，这样，淤积末端的向上游延伸是水库淤积和原河道在来水来沙情况下淤积共同作用的结果。至于龙门高程下降 5.83 m，是 1970 年汛期发生揭底冲刷的结果，据文献[12]分析结果，该年 8 月 2 ~3 日洪水，龙门揭底冲刷深度 5.44 m(最大冲刷深度 9.0 m，冲刷长度 81.7 km，但是根据该年汛前和汛后同流量水位比较，龙门下降 5.81 m，北赵(黄淤 59 断面上游 2.3 km)升高 0.45 m，在本时段内，1964 年、1966 年和 1969 年也曾发生揭底冲刷，都与淤积末端的变化无关。在本时段

内,1962 年汛期淤积末端略有后退,这是该年 3 月水库改为滞洪运用,库水位下降,原来蓄水运用时,在潼关附近淤积三角洲冲刷下移,潼关高程下降 0.72 m,同时该年汛期来水来沙条件较好,小北干流全河发生冲刷,这是少见的现象。②1970 年汛后至 1974 年汛后,淤积末端变化不大,这是枯水枯沙时段,龙门高程升高 5.08 m,为 1970 年揭底冲刷后的回淤,潼关高程下降 1.09 m。在此时段内,1972 年汛前至 1973 年汛前淤积末端后退,主要是来水来沙条件使小北干流上端发生冲刷,从而使淤积末端后退,1974 年汛期头道拐至吴堡区间来沙偏多,又使淤积末端上延。③1974 年汛后至 1976 年汛前,淤积末端发生较大的后退,为丰水枯沙年,头道拐以上来水偏丰,头道拐至龙门区间来水来沙偏少,小北干流冲刷 1.78 亿 m^3,而龙门高程继续升高,潼关高程基本不变,故淤积末端后退。④1976 年汛前至 1985 年汛后,为丰水枯沙时段,淤积末端经常发生上延和后退,上延距离没有超过黄淤 60 断面,在此时段内,龙门高程升高 0.93 m,潼关高程下降 0.09 m,这样淤积末端的变化主要受来水来沙条件的影响。需要指出的是,1977 年为枯水丰沙年,龙门年水量 235.7 亿 m^3,年沙量 16.1 亿 t,吴堡至龙门区间来沙量 10.2 亿 t,汛期小北干流发生二次揭底冲刷,虽然该年小北干流淤积 0.994 亿 m^3,但是沿程各水位站同流量的水位差,除上源头上升 0.72 m 外,龙门下降 6.48 m,其余各站则下降 0.79 ~ 1.60 m,并且这次淤积末端后退到 1976 年淤积末端以下,这主要是揭底冲刷引起的。

表 2-31　不同时段来水来沙和龙门、潼关同流量水位变化情况

时段(年-月)	年水量(亿 m^3)			年沙量(亿 t)			同流量水位差(m)	
	头道拐	吴堡	龙门	头道拐	吴堡	龙门	龙门	潼关
1935-07 ~ 1960-06	271.6	316.9	348.7	1.959	7.811	11.290	4.71	1.31
1960-11 ~ 1970-10	270.4	289.0	337.4	1.776	7.534	12.130	-5.83	2.27
1970-11 ~ 1974-10	192.8	214.5	237.4	0.868	4.548	5.231	5.08	-1.09
1974-11 ~ 1976-06	329.5	332.1	365.2	1.896	3.732	5.902	0.67	-0.02
1976-07 ~ 1985-10	266.6	289.1	313.8	1.267	4.222	6.587	0.93	-0.09

综上所述,关于水库淤积末端的变化,河槽的淤积末端是由于水库运用抬高侵蚀基准面和来水来沙相互作用的结果,出现在上延、后退的过程中向上游发展的现象;滩地的淤积末端只有向上延伸,没有后退的现象,在河槽的淤积过程中,平滩流量降低,洪水漫滩后,滩地才发生淤积,当平滩流量恢复到建库前水平时,滩地淤积末端基本上与河槽淤积末端一致。此外,局部河段还可能受到河道整治,桥渡和引水、蓄水工程的影响。

(三)溯源冲刷在水库冲淤调整中的作用

1. 水库排沙方式

溯源冲刷是水库排沙的一种方式,本文简单介绍三门峡水库运用以来的几种排沙方式。由于枢纽的改建,水库运用方式的改变,来水来沙条件的变化,以及水库淤积的自动调整等原因,按库区水流、泥沙的运动情况,水库排沙可以分为两类:即壅水排沙和泄空排沙(或称不壅水排沙)。

1）壅水排沙

壅水排沙就是水库在壅水情况下排沙，按水库壅水情况和泥沙运动特点，又可分为两种水库排沙方式：即壅水明流排沙和异重流排沙。

a. 壅水明流排沙

水库在壅水情况下，库区水流和泥沙的运动情况与明渠水流基本一致，水库的排沙能力随其壅水程度而变，涂启华用出库含沙量与入库含沙量的比值表示水库排沙比，用出库流量（$Q_{出}$）与其相应库水位下的库容（V）的比值反映库区的形态和壅水程度，利用三门峡等水库的实测资料分析，得到关系如图 2-16 所示。对同一水库来说，$Q_{出}/V$ 的比值主要反映壅水程度，比值小，壅水程度高，比值大，壅水程度低。

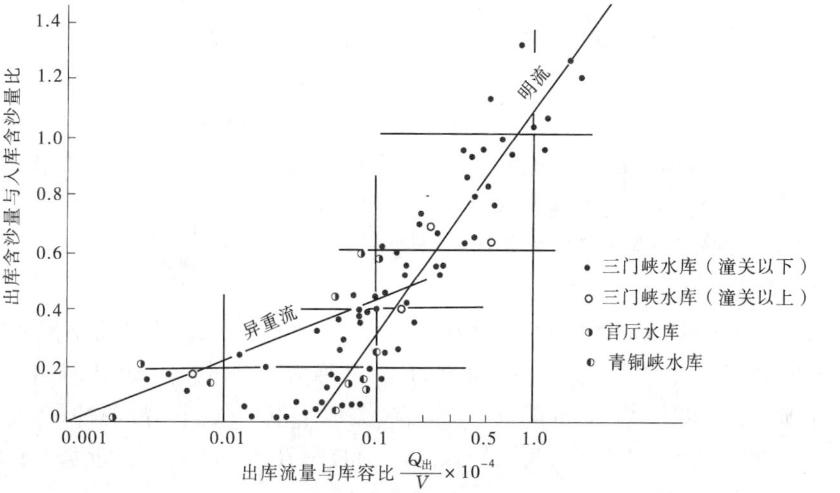

图 2-16　水库壅水排沙关系图（涂启华）

从图 2-16 看出，壅水明流排沙随着水库壅水程度而变，排沙比可以从零增加到略大于 1。排沙比大于 1，表示库区发生冲刷。水库壅水情况下发生冲刷的原因可能有二：一是水库壅水程度比较低，而来水具有较强的输沙能力，使河道发生强烈的冲刷，表明具有富余的挟沙能力，这种情况，在库区河道是经常出现的，虽然水库壅水降低水流的挟沙能力，但其降低的作用仍小于富余的挟沙能力，故仍可能出现冲刷，但其冲刷强度有一定的减弱。二是由于闸门的启闭和水流条件的变化，引起局部河道的冲刷，使出库含沙量（或沙量）增大，以及测验误差等原因，引起排沙比大于 1。壅水明流排沙在蓄水拦沙、滞洪排沙和蓄清排浑运用时期时有发生，从长时段来说，其排沙比还是小于 1，水库发生溯源淤积。

b. 异重流排沙

异重流排沙是在壅水比较严重的情况下，遇到特定的来水来沙条件才能发生，主要发生在水库蓄水运用和滞洪运用时的壅水比较严重时候。异重流的流速和含沙量沿垂线的分布与明渠挟沙水流不同，从图 2-16 还可以看出：在壅水程度相同的情况下，异重流的排沙比还略大于壅水明流的排沙比。据三门峡水库实测异重流资料统计，1961 ~ 1964 年共测到异重流 22 次，异重流排沙量占同期入库（潼关站）沙量的 25.7%，其排沙作用是相当可观的，但是从整个时期来说，排沙比还是很小的，仅为入库总沙量的 6.8%。异重流的形成必须具备一定的来水来沙条件,一般异重流发生在洪水期含沙量比较高的时候,中、枯水时,含沙量低,不会形成异重流;异重流形成后,其排沙比还与库区地形和泄水孔的高程有关,如水库运用的初期,由于库区地形复杂,局部阻力大,以及泄水孔高等原因,异重流的排沙仅为1%左右。

2)泄空排沙

泄空排沙是水库在不壅水情况下的排沙,主要发生在滞洪运用和"蓄清排浑"运用时期,前者是在一定泄流条件下,由于来水来沙条件的变化形成,一般发生在洪峰过后的落峰过程和非汛期,后者是根据来水来沙条件和库区冲淤特点,通过水库合理调度形成的。按照库区水流情况,可以分为两种,即明流排沙和降水排沙。

a. 明流排沙

明流排沙是库区水流既不壅水,也不降水,完全与河道输沙一样,即在一定流量情况下,库水位(由泄流曲线控制的水位)与库区河道形成的水位一致,库区的冲刷特点与天然河道一样,冲刷和淤积的变化自上而下,故又分别称为沿程冲刷和沿程淤积。从水库排沙作用来说,沿程冲刷时的排沙比大于1,沿程淤积时的排沙比小于1。在相同来水来沙条件下,明流排沙比还是大于壅水排沙比,在水库运用中应该充分利用。不过,根据建库前实测资料统计分析,库区河道多年平均还是淤积的。

b. 降水冲刷

降水冲刷是指泄流曲线控制的水位低于河道形成的水位,水面线形成降水曲线,库区发生强烈的冲刷,这种冲刷都是自下而上的,故又称为溯源冲刷。如1964年10月25日以后水库泄空,库水位由322 m降到309 m,潼关以下发生强烈的溯源冲刷,至1965年2月25日,共冲刷泥沙2.16亿t,为同期入库沙量的3.76倍,最大冲刷强度达1.2亿t/天,对减淤保库有重要作用。

必须指出:在水库实际运用过程中,水库排沙方式不是单一的,而是几种排沙方式结合的;水库的沿程冲淤变化,也是这样,特别是明流排沙,即河道输沙,河道输沙与水库排沙方式就是上下游相结合的,如水库壅水排沙时引起的溯源淤积,与河道输沙相互作用的关系,已经在水库淤积末端的变化部分进行了初步分析,不再赘述。以下仅就溯源冲刷的特点及对库区冲淤调整的作用进行初步分析。

2. 溯源冲刷的特征及其在水库冲淤调整中的作用

1)溯源冲刷的典型实例

溯源冲刷的特点用典型实例来说明。1964年10月25日以后的水库排沙,是一次比较典型的溯源冲刷,该年汛期水丰、沙多,潼关站汛期水量475亿m^3,沙量21.3亿t,分别比多年平均值大58%和60%。虽然水库完全敞泄运用,由于泄流能力太小,长期处于高水位滞洪运用,库区发生严重淤积,1964年6月11日~10月11日潼关以下实测淤积量达11.6亿m^3。10月25日以后,入库流量减小,坝前水位迅速下降,由322 m降到309 m,水库泄空发生强烈的溯源冲刷,如图2-17所示。从图2-17可以看出:这次溯源冲刷是从坝前开始,冲刷过程可分两个时段,第一时段是从10月25日~12月中旬,出库流量减小,坝前水位迅速下降,溯源冲刷向上游发展,比降逐渐增大,出库泥沙粒径变粗,表明库区河床出现粗化,在流量、比降和床沙的综合作用下,出库输沙率开始时迅速增大,而后又迅速下降，最大冲刷强度达 1.2 亿 t/天，冲刷强度非常大。第二时段是 1964 年 12 月 15 日以后，出库流量较小，虽然有时大，有时小，出库输沙率发生相应变化，但出库泥沙粒径变化不大，表明床沙组成变化不大，1965 年 4 月 25 日坝前水位与 1964 年 12 月 15 日相同，从水面线相比看出，溯源冲刷继续向上发展，比降变缓，这时段内库区的冲刷强度较上一时段减弱，特别是流量小于 1 000 m^3/s 后，出库输沙率很小。这次水库溯源冲刷，对减淤保库具有显著的作用，但是，由于长期小水排沙，下游河道发生严重淤积，并多淤在河槽内，对下游河道泄洪排沙不利。

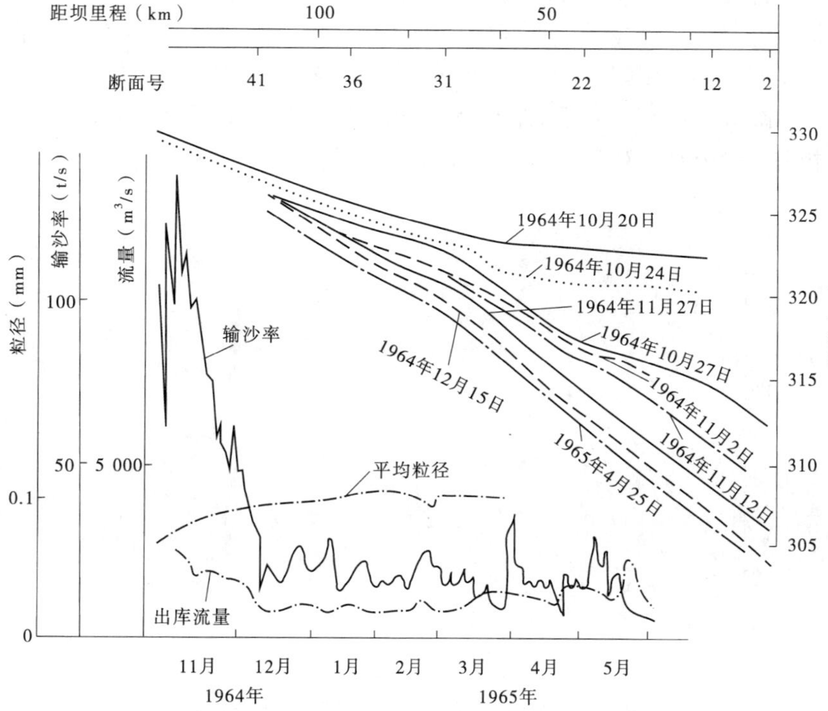

图 2-17　三门峡水库 1964 年汛后溯源冲刷水面线和出库沙量、d_{50} 过程线

应该指出：溯源冲刷还经常发生在水库淤积三角洲上，即库水位低于三角洲顶点时，即发生溯源冲刷。不过，冲出来的泥沙，即淤积在三角洲以下的壅水区，如 1962 年由蓄水运用转为滞洪运用时，就是这样。“蓄清排浑”运用时由非汛期蓄水运用转到汛初降低水位运用，也是这样，只有库水位降到汛期控制水位（305 m）以下，库区再发生溯源冲刷，才能把泥沙冲出库外。

2）溯源冲刷的范围

溯源冲刷范围应该包括横向和纵向两个方面。由于横向变化与库区的其他冲刷方式引起的横向变化一致，主要表现为河槽范围的变化，同时，三门峡水库改建后，在“蓄清排浑”运用时期，河宽变化不大，故专门研究较少。而纵向的变化，涉及水库运用对潼关高程的影响，故研究成果较多，目前，一般所说的溯源冲刷范围即为纵向冲刷范围，是指冲刷向上游发展与沿程冲刷（或淤积）相衔接处。胡一三、姜乃迁等在“九五”国家重点科技攻关项目中，曾对三门峡水库“蓄清排浑”运用时期，汛期的溯源冲刷范围进行系统的研究，认为溯源冲刷范围与入库流量、坝前水位和非汛期淤积部位等因素有关，其中入库流量是关键条件，并绘制了溯源冲刷发展距离（即距坝的距离）与入库汛期平均流量的关系（见图 2-18）。可以看出：当入库流量小于 1 300 m^3/s 时，溯源冲刷距离与入库流量成正比，当入库流量大于 1 300 m^3/s 后，溯源冲刷范围在黄淤 36—38 断面之间，距坝 105 ~ 115.5 km，与流量无关，与非汛期淤积部位有关，即非汛期运用水位高，高水位运用时期长，水库淤积三角洲部位偏上，这样，溯源冲刷范围也偏上。另外，由于溯源冲刷的冲刷量（或冲刷厚度）向上游逐渐减小，如大禹渡下降 1 m，坫埼下降约 0.49 m，潼关下降约 0.17 m，这样，非汛期淤积部位偏上，虽然溯源冲刷范围较长，但汛期冲刷比较困难，对降低潼关高程不利。该成果还分析了一次洪水中坫埼、大禹渡站的冲刷厚度与相应的水流能量的关系，见图 2-19，图中水流能量用 $r'WJ$ 表示，r' 为浑水容量；W 为冲刷时段内的入库水量；J 为潼关至大禹渡的比降。从图 2-19 可以看出：坫埼和大禹渡的冲刷厚度与水流能量具有很好的相关性，相关系数分别为 0.78 和 0.81，即水流能量大，溯源冲刷的作用也大。

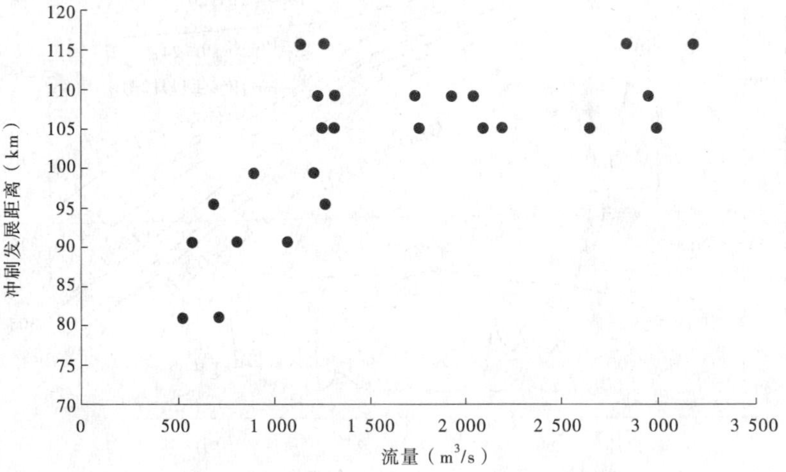

图 2-18　溯源冲刷发展距离与入库流量的关系

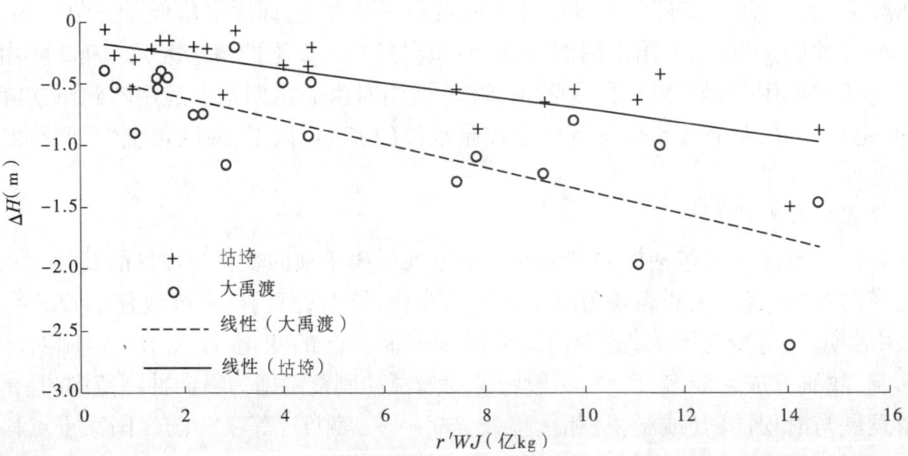

图 2-19　溯源冲刷厚度 ΔH 与水流能量 $r'WJ$ 关系

本文补充分析的三门峡水库滞洪排沙时期非汛期溯源冲刷的成果见表2-32。从表2-32可以看出：非汛期溯源冲刷的范围主要与入库水量和前期（汛期）淤积量有关，坝前水位应该有影响，但在统计时段内枯水期枢纽泄流能力变化不大，所以还看不出坝前水位变化的影响。

表2-32　非汛期溯源冲刷范围

时段（年-月）	溯源冲刷范围		冲淤量（亿 m^3）	出库水量（亿 m^3）	防凌运用情况			时段前汛期冲淤量（亿 m^3）
	断面号	距坝（km）			时间（月-日）	蓄水量（亿 m^3）	平均水位（m）	
1964-10 ~ 1965-06	36	105	-3.40	226.6				11.56
1965-10 ~ 1966-06	34	95.2	-0.88	120.3				-1.11
1966-10 ~ 1967-06	35（二）	99.2	-1.25	237.5	01-21 ~ 03-10	11.5	321.22	1.65
1967-10 ~ 1968-06	35（二）	99.2	-1.09	239.8	01-14 ~ 03-22	17.8	321.82	2.07
1968-10 ~ 1969-06	34	95.2	-0.77	181.1	01-24 ~ 04-04	17.9	322.26	0.29

综上所述，从实测资料看，不论汛期或非汛期，单纯依靠溯源冲刷直接降低潼关高程是非常困难的。实践经验表明，当溯源冲刷和沿程冲刷结合起来，是可以降低潼关高程的。来水流量比较大，含沙量比较高，水库调度合理，不但可以避免来水挟带的泥沙在库区淤积，还可以冲出水库前期淤积的泥沙。利用较大流量排沙出库，对黄河下游河道是有益的，同时也符合水库综合利用的要求。三门峡水库的实践经验，为本次试验研究提供了良好的条件。根据来水来沙情况，制定合理的水库运用方式和指标，使其对库区冲淤和下游河道都有利，是本次试验研究的目的。

第四节　小　结

（1）库区河道流经汾渭盆地，这是新生代第三纪以来强烈下陷地区，现今新构造运动继续存在，地壳差异运动明显，河道的下陷，一方面堆积了部分泥沙，另一方面使河道成为随着来水来沙、侵蚀基准面和河岸等边界条件的变化而自动进行冲淤调整的冲积性河流。

（2）现行库区河道自春秋时期以来，河道冲淤演变大致可以分为两个阶段：第一阶段是从春秋战国至隋唐时期河道基本稳定，第一级阶地从春秋时期形成后，河道经过冲淤调整，逐渐建立冲淤平衡。虽然东汉时期曾开始有淤积现象的记载，但是至隋唐时期河道淤积时重时轻，河道还是比较稳定的。第二阶段是从宋元开始，库区河道淤积加重，明清时期及其以后时期，河道淤积严重，小北干流河道向宽、浅、散、乱发展。

（3）三门峡建库前，据实测水文泥沙资料统计分析，库区河道年均淤积0.89亿t，其中渭河下游部分为0.29亿t，黄河干流部分为0.60亿t。据同流量水位统计分析，陕县站年均升高 0.01 m,潼关站为 0.07 m,龙门站约为 0.20 m,华县站为 0.06 m,咸阳站冲淤变化不大,黄河干流部分河道淤积自上而下逐渐减少,表明主要受来水来沙的影响;渭河下游部分自下而上逐渐减少,这就表明除受来水来沙的影响外,还受潼关升高的影响。

(4)三门峡水库投入运用后,抬高库区河道的侵蚀基准面,河道自动进行冲淤调整。由于当时对泥沙问题认识不足,库区发生严重淤积,淤积末端向上游延伸,迫使枢纽工程改建并改变水库的运用方式。经过改建和水库"蓄清排浑"运用,1974 ~ 1985 年库区淤积和潼关高程基本稳定,表明水库运用与当时来水来沙情况,水库淤积自动调整趋于相对稳定。1986 年以后,虽然水库运用方式有一定的改善,但是来水来沙条件发生了明显的变化,库区河道淤积又加重,潼关高程居高不下,库区河道的淤积分布与建库前基本一样,表明主要受来水来沙条件的影响。

参 考 文 献

[1] 谢又予,李炳元. 从第四纪沉积相的分析探讨汾渭盆地新构造运动特征[G]//中国科学院地现研究所. 地现集刊. 北京:科学出版社,1976.

[2] 钱意颖,叶青超,曾庆华. 黄河干流水沙变化与河床演变[M]. 北京:中国建材出版社,1993.

[3] 中国科学院地理研究所渭河研究组. 渭河下游河流地貌[M]. 北京:科学出版社,1983.

[4] 竺可祯. 中国近五千年来气候变迁的初步研究[J]. 中国科学,1973(2).

[5] 李春荣. 黄河小北干流的变迁及治理[J]. 人民黄河,1985(3).

[6] 杨庆安,龙毓骞,缪凤举. 黄河三门峡水利枢纽运用与研究[M]. 郑州:河南人民出版社,1995.

[7] 黄河小北干流山西河务局. 山西黄河小北干流志[G]. 郑州:黄河水利出版社,2002.

[8] 黄河小北干流陕西河务局. 陕西黄河小北干流志[G]. 郑州:黄河水利出版社,1999.

[9] 钱宁,王可钦,等. 黄河中游粗泥沙来源区对黄河下游冲淤的影响[G]//中国水利学会. 河流泥沙国际学术讨论会论文集. 北京:光华出版社,1980.

[10] 汪岗,范昭. 黄河水沙变化研究[M]. 第二卷. 郑州:黄河水利出版社,2002.

[11] 黄河水利委员会科技外事局,三门峡水利枢纽管理局. 三门峡水利枢纽运用四十周年论文集[G]. 郑州:黄河水利出版社,2001.

[12] 程龙渊,刘拴明,等. 三门峡库区水文泥沙实验研究[M]. 郑州:黄河水利出版社,1999.

[13] 水利部黄河水利委员会水文局. 黄河流域片水资源评价[R]. 郑州:黄河水利委员会水文局,1986.

[14] 赵文林. 黄河泥沙[M]. 郑州:黄河水利出版社,1996.

[15] 钱意颖,陈世丹. 三门峡水库蓄清排浑运用的启示[J]. 人民黄河,1988(2).

[16] 三门峡水库运用经验总结项目组. 黄河三门峡水利枢纽运用研究文集[G]. 郑州:河南人民出版社,1994.

[17] 胡一三,姜乃迁,等. 小浪底水库初期运用条件下三门峡水库运用方式研究[M]. 郑州:黄河水利出版社,2004.

第三章　汛期发电原型试验的基本原则和主要指标

三门峡水库是以防洪为主的综合利用水利枢纽工程，承担着防洪、防凌、灌溉和发电的任务。汛期发电原型试验是在服从防洪、减淤和排沙要求的原则下，充分发挥水库调节水沙的能力，改善库区泥沙的冲淤变化，提高水电站的发电效益。

第一节　水库发电运用方式

发电是三门峡水库开发的目标之一，电站采用坝后式厂房，原设计装机 8 台，单机容量 14.5 万 kW，总装机容量 116 万 kW，年发电量 60 亿 kWh。原设计水库初期运用水位 340 m，水轮机设计水头 63 m，属高水头大容量机组。1960 年 9 月水库开始蓄水后，最高水位达 322.58 m，1962 年 2 月第一台机组启动试运转。由于水库泥沙淤积问题，1962 年 3 月水库由蓄水运用方式改变为滞洪排沙运用方式，机组停止发电。

为了解决水库的泥沙淤积问题，发挥水库的综合效益，加大枢纽的泄流排沙能力，对泄流设施进行了两次改建，确立了"合理防洪、排沙放淤、径流发电"的运用原则，1973 年底以后，水库采用"蓄清排浑、调水调沙"运用方式。在来沙量大的汛期（7 ~ 10 月），如果没有防洪、蓄水要求，则降低库水位泄洪，以恢复库容；在来沙量较小的非汛期（11 月 ~ 翌年 6 月）控制最高蓄水位，适当蓄清水以兴利。同时，对电站部分进行改造：将电站坝段 1 ~ 5 号发电引水钢管进水口高程由 300 m 降到 287 m，即降低了 13 m，1973 年 12 月第一台机组投产发电，至 1978 年先后共安装 5 台单机容量为 5 万 kW 的水轮发电机组，并对原 110 kV 开关站进行了改建；增建了 220 kV 开关站，实现了低水头径流发电。发电运用原则，按照 1969 年"四省会议"及以后国务院有关文件确定为：非汛期除从属防凌、灌溉需要外，控制水位 310 m；在不影响潼关高程淤积的前提下，汛期控制水位为 305 m，必要时降到 300 m。

由于泥沙对水轮机组的严重磨蚀影响，三门峡水电站的发电运用方式经历了全年发电运行和非汛期进行两个阶段。

一、发电运用方式的变化

（一）全年发电运用方式

1973 ~ 1980 年是电站全年发电运行阶段，其发电运用水位遵照"四省会议"规定的运用原则执行，即非汛期除服从防凌、灌溉需要外，控制发电水位 310 m；汛期控制 305 m 水位发电。由于含沙量高，加上机组在汛期发电运行中，水头低，运行工况恶劣，高含沙水流对水轮机过流部件的气蚀、磨损破坏十分严重，如早期投入运行的 4 号机组，运行 30 465 h后，在 1979 年大修时，其转轮叶片和转轮室中、下环受气蚀、磨损的严重破坏，已近于报废。叶片背面气蚀损坏面积达 40% ~ 50%，深度 10 ~ 20 mm，最深处达 18 ~ 20 mm。叶片头被气蚀掉 200 mm × 250 mm，个别部位的深坑达 30 ~ 40 mm，叶片外缘与中环的间隙已由原 6 ~ 8 mm 扩大到 50 ~ 120 mm，检修补焊所用焊条竟达 9.3 t，耗资 74.78 万元，大修工期长达 222 天。

汛期发电运行，泥沙对水轮机主轴密封磨损很快，使漏水量增大；对顶盖泵密封的磨损以及造成龙头坑淤积，常使顶盖泵不能正常排水，威胁着水导轴承，时刻有被淹的危险。汛期来水中水草杂物多，造成拦污栅堵塞，栅前、栅后的落差可高达 3 ~ 4 m，不但增加水头损失，有时尚会压垮拦污栅片。大量树根、杂物进入蜗壳，卡堵导叶进口，使机组调节负荷发生困难，甚至带不上负荷。

汛期发电使机组检修工作量大为增加，检修周期缩短，机组运行不正常。为了改善机组运行情况，减少高含沙水流对水轮机的气蚀、磨损破坏，经批准从 1980 年起汛期停止发电。

（二）非汛期发电运用

在总结枢纽工程防汛和运行经验后，决定将电站运用方式改变为非汛期发电运行、汛期机组无水调相运行和安排机组大修。按照电力系统的需要，汛期通常安排 1 ~ 2 台机组进行调相运行。自 1981 ~ 1990 年，三门峡电站汛期调相共向系统输送无功电量 63 297 kvar · h，以提高电网西部末端电压，对稳定电网中枢点电压起到了保证作用。

电站改变运行方式以来，由于汛期不发电，机组不在汛期低水头下运行，运行工况得到改善，避开了高含沙水流对机组的危害，减轻了水轮机水下过流部件受气蚀、磨损所造成的破坏，从而相对减少了检修工作量，缩短了检修工期。从检修补焊所耗用的焊条数量来看，1981 年以前，平均每台机一次大修耗用焊条 6 465 kg，1984 ~ 1990 年则降为 2 718 kg。同时，利用汛期不发电的机会，大量安排机组检修和主辅设备更新改造，设备完好率有了明显提高，从而提高了安全、经济发电运行水平，促进了非汛期的电力生产。截至 1990 年底，共发电 150.4 亿 kWh，创产值 9.4 亿元。其中非汛期发电的 1981 ~ 1990 年每年每台机平均发电量达到 2.12 亿 kWh。10 年平均年非汛期发电量为 10.01 亿 kWh，接近原设计非汛期发电 10.74 亿 kWh 的指标（见表 3-1），其中有 5 年还超过了这个指标。1989 年水情较好，达到了年发电量 12.49 亿 kWh 的水平，创发电的历史最高记录。10 年间还创百日安全无事故记录 28 次。

表 3-1　1981 ~ 1990 年月、年平均发电量与设计值对照　（单位：亿 kWh）

月份	1月	2月	3月	4月	5月	6月	7月	8月
1981 ~ 1990 年实际平均值	0.974	1.028	1.579	1.679	1.619	0.978	0.099	0.047
设计值	1.44	0.46	1.86	1.80	1.35	1.04	1.15	1.15
月份	9月	10月	11月	12月	汛期	非汛期	全年	
1981 ~ 1990 年实际平均值	0.050	0.384	1.063	1.085	0.580	10.005	10.585	
设计值	1.13	1.07	1.35	1.44	4.50	10.74	15.24	

二、汛期发电存在的主要问题

三门峡电站机组运行的主要问题是黄河高含沙水流对水轮机过流部件气蚀和磨损联合作用所造成的破坏，以及转轮叶片根部产生裂纹。按照“蓄清排浑”运用原则，汛期三门峡水库降低水位排沙，除汛期的自然来沙外，还要把非汛期淤积在库区的泥沙都要集中在汛期排泄，以保持有效库容，因此水流含沙量高且泥沙颗粒粗是三门峡水电站汛期发电的最大特点。原水电站改建设计规定，汛期5台机组进行浑水发电，设计发电量4.5亿kWh，但由于黄河汛期含沙量大，使水轮机过流部件气蚀、磨损十分严重。为了改善机组运行状况，减少水轮机磨损，从1980年起，停止汛期发电。汛期不发电，虽减轻了对水轮机过流部件的磨蚀，相对减少了检修工作量，同时利用汛期不发电时间，安排了机组大修和主辅设备更新改造，提高了设备完好率，使非汛期发电量有了较大的提高，但这毕竟是无奈的权宜之计，并没有解决根本问题。汛期4个月时间的水能资源未能利用，汛期来水量大，如能利用其发电，可以增加4亿kWh左右的发电量，大大提高三门峡水电站的发电效益，并为黄河干流多泥沙河段和其他多泥沙河流水电资源开发利用提供经验。而且，这些年来，新型的抗磨防护材料的研制获得了长足的发展，三门峡水利枢纽二期改建工程也已基本完成，相应扩大了底孔泄流排沙规模，为汛期发电提供了有利条件。为了减缓过流部件的气蚀、磨损破坏，三门峡水利枢纽管理局自1989年起，每年汛期用1~2台机组进行浑水发电试验，对各种抗磨材料进行筛选对比，目前已取得进展，为今后机组改造和水电站的运行提供了依据。同时，随着三门峡水库蓄清排浑、调水调沙运用方面经验的积累，1986年开始，对三门峡水库运用进行了经验总结。总结报告提出：入库的水沙条件是变化的，为了保持和继续发挥已有效益，水库应根据来水来沙的变化，适当地调整运用指标，这是多沙河流上水库运用的特点之一。综上所述，在新的条件下，探讨研究三门峡水库的汛期发电问题是非常必要的。汛期发电原型试验是在服从防洪减淤和"四省会议"的原则指导下进行的，期望能改善库区淤积，综合发挥水库效益。

第二节　汛期发电原型试验水库运用的基本原则

为实现上述目标，制定行之有效、可供操作的水库运用方式，需对有关的入库水沙条件和水库运用对库区冲淤的影响做一些扼要的分析。

一、入库水沙特点和近期来水来沙的变化

(一)年和汛期各月的水沙变化情况

最近许多研究成果表明：自20世纪70年代以来黄河水沙状况发生了较大变化。引起水沙变化的原因有自然因素和人类活动的影响。人类活动中有水利、水保、开矿、修路以及社会经济活动等，特别是大型水库投入运用对水沙调节作用大，根据黄河上游干流大型水库投入运用的情况，统计了各时段进入三门峡水库年、非汛期、汛期及汛期逐月和流量大于3 000 m^3/s洪水的水、沙量，结果分别见表3-2和表3-3。

从表3-2和表3-3可看出：上游大型水库投入运用以来，入库水沙量不断减少，且汛期、非汛期的分配也发生变化：①在上游没有大水库调节径流时，入库水量汛期占年水量的60%左右，非汛期占40%左右。②1968年10月刘家峡水库投入运用，该库为汛期不完全年调节运用，每年汛期蓄水平均27.0亿m^3，非汛期泄水26.2亿m^3，使三门峡水库汛期入库水量减少。汛期入库水量占年水量的百分数降为56%；非汛期水量增加，占年水量

的百分数增加到44%。③1986年10月龙羊峡水库投入运用,1986～1989年为蓄水运用阶段,水库共蓄水160亿 m^3,使三门峡入库水量减少很多。1990～1999年为初期运用,一般为汛期蓄水,非汛期放水,这样使三门峡汛期入库水量进一步减少。1990～1994年汛期入库水量仅占年水量的42.2%,非汛期水量增加,占年水量的57.8%,其在年内分配与刘家峡水库运用前恰好相反。汛期各月分配的变化主要发生在龙羊峡水库投入运用以后,其中9、10月水量减少百分数最多。10月水量减少百分数达一半多。沙量的变化在年沙量减少的过程中,年内分配的变化不大,一般汛期入库沙量占年沙量的84%左右,非汛期为16%左右,只有1990～1994年间非汛期入库沙量占年沙量的百分数增加到27.5%,这可能与1990年和1991年连续两年6月来洪水有关,这是每年的第一场洪水,含沙量高,洪水沙量多。

表3-2　不同时段入库水量及汛期逐月分配

时段		年均	非汛期	汛期	7月	8月	9月	10月	$Q>3\,000\ m^3/s$	备注
1960～1968年	亿 m^3	475.6	195.1	280.5	54.6	71.9	81.1	73.0	158.4	
	占年(%)	100	41.0	59.0	11.5	15.1	17.1	15.3	33.0	
1969～1986年	亿 m^3	366.6	161.3	205.3	41.5	54.5	58.0	51.3	78.1	刘家峡水库投入运用
	占年(%)	100	44.0	56.0	11.3	14.9	15.8	14.0	21.3	
1987～1989年	亿 m^3	324.1	168.4	155.7	32.4	54.0	45.5	23.8	55.8	龙羊峡水库蓄水运用阶段
	占年(%)	100	52.0	48.0	10.0	16.7	14.0	7.3	17.2	
1990～1994年	亿 m^3	286.5	165.7	120.8	26.1	43.9	31.9	18.9	8.2	龙羊峡水库初期运用
	占年(%)	100	57.8	42.2	9.1	15.3	11.1	6.6	2.9	
1994～1999年	亿 m^3	226	124	102	25.1	36.9	25.9	14.1	7.1	汛期发电原型试验
	占年(%)	100	54.9	45.1	11.1	16.3	11.5	6.2	3.1	

表3-3　不同时段入库沙量及汛期逐月分配

时段		年均	非汛期	汛期	7月	8月	9月	10月	$Q>3\,000\ m^3/s$	备注
1960～1968年	亿t	14.5	2.27	12.27	3.94	4.50	2.60	1.23	7.64	
	占年(%)	100	15.6	84.6	27.1	31.0	17.9	8.5	52.7	
1969～1986	亿t	10.9	1.79	9.08	2.57	3.79	1.82	0.90	4.11	刘家峡水库投入运用
	占年(%)	100	16.4	83.3	23.6	34.8	16.7	8.3	37.7	
1987～1989	亿t	8.78	1.73	7.05	2.57	3.41	0.82	0.25	2.80	龙羊峡水库蓄水运用阶段
	占年(%)	100	19.7	80.3	29.3	38.8	9.3	2.8	31.9	
1990～1994	亿t	8.65	2.38	6.27	1.49	3.06	1.45	0.27	2.01	龙羊峡水库初期运用
	占年(%)	100	27.5	72.5	17.2	35.4	16.8	3.1	23.2	
1994～1999	亿t	8.26	1.73	6.53	2.45	2.99	0.93	0.16	1.48	三门峡水库汛期发电原型试验
	占年(%)	100	20.9	79.1	29.7	36.2	11.3	1.94	17.9	

汛期发电原型试验期间(1994～1999年)汛期来沙量仍占年沙量约80%。但是,汛期各月的沙量所占百分数变化很大,特别是9、10月的沙量减少很多,所占百分数也很小,1990～1994年9月来沙约1.5亿t,占年沙量的17%,10月来沙量将近0.3亿t,占年沙量的3%。汛期发电原型试验期间,9、10月的来沙和占汛期的比例更少,来沙集中于7、8月,更集中于几场洪水。1987～1999年平均每年只有3场$Q_m \geq$ 2 500 m^3/s的洪水,年平均历时23天,但沙量却占汛期的2/3以上,这样为汛期处理排沙与发电关系提供了较好的条件,只要把汛期几场洪水的泥沙处理好,汛期排沙达到年内库区(指潼关—三门峡大坝库段,下同)冲淤平衡,就能在较短时间内完成,其余时间就可以进行调度,改善库区淤积,并用来发电。

表3-2和表3-3中汛期入库洪水的洪峰流量大于3 000 m^3/s的水沙量,根据以往资料和经验:当入库洪水的洪峰流量大于3 000 m^3/s时的水量大于50亿m^3时,潼关高程在汛期才能冲刷下降,小于50亿m^3时,潼关高程在汛期还要继续升高。从表3-2和表3-3可以看出:刘家峡和龙羊峡水库投入运用后,三门峡入库洪峰流量大于3 000 m^3/s的水沙量减少很多,水量减少的幅度较沙量还大,特别是龙羊峡水库运用后,1990年后入库洪峰流量大于3 000 m^3/s的水量远小于50亿m^3,这样,三门峡水库汛期运用要保持潼关高程年内不升高,有很大的困难,可能在入库水沙这样大的变化下,库区又要发生淤积调整,重新塑造河床达到与来水来沙条件相适应的新的相对平衡。

(二)9、10月洪水出现的时间及水沙量变化

不同时段9、10月入库洪水出现的时间及水沙量的变化见表3-4和表3-5。

表3-4 9月洪水出现时间及水沙量变化

时段	年数	总水量(亿m^3)	总沙量(亿t)	洪水出现		洪水期水量		洪水期沙量	
				年数	天数	亿m^3	占总水量百分比(%)	亿t	占总沙量百分比(%)
1960～1968年	9	729.91	23.460	7	171	601.83	82.5	20.840	88.8
1969～1986年	18	1 043.64	32.813	12	265	730.89	70.1	24.869	75.8
1987～1989年	3	136.43	2.458	1	30	80.87	59.0	1.580	64.3
1990～1994年	5	158.42	2.999	3	25	39.54	25.0	1.502	50.1

表3-5 10月洪水出现时间及水沙量变化

时段	年数	总水量(亿m^3)	总沙量(亿t)	洪水出现		洪水期水量		洪水期沙量	
				年数	天数	亿m^3	占总水量百分比(%)	亿t	占总沙量百分比(%)
1960～1968年	9	657.02	11.047	7	145	474.27	72.2	7.549	68.3
1969～1986年	18	922.79	16.222	12	151	468.86	50.8	9.943	61.3
1987～1989年	3	71.54	0.749	0	0	0	0	0	0
1990～1994年	5	94.68	1.353	0	0	0	0	0	0

三门峡水库9、10月的洪水主要来自黄河上游，在刘家峡水库投入运用后，三门峡水库9、10月洪水的出现天数、水量和沙量明显减少，龙羊峡水库投入运用后，洪水的出现天数、水量和沙量进一步减少，特别是10月三门峡水库基本上就没有洪水。这样三门峡水库利用洪水排沙的条件只在7、8月，9月洪水出现的天数大量减少，10月基本没有，和非汛期一样。

（三）不同流量时的含沙量

黄河汛期含沙量大，泥沙对水轮机的磨损十分严重，如何通过水库的合理调度，减少过机泥沙，减轻水轮机的磨损，改善机组工况，增加发电效益，是三门峡水库汛期发电原型试验中的一个重要课题。为此分析不同流量时的含沙量，为水库调度运用提供依据。表3-6为不同时段平均每年汛期入库各级流量的含沙量，可以看出：龙羊峡水库投入运用以来，加上天然来水减少，三门峡水库汛期来水来沙量均减少，但含沙量增加，特别是近些年来，高含沙量小洪水增多，沙量集中于流量大于1 500 m^3/s 的时候，而流量小于1 500 m^3/s 出现的天数大幅度增加，约占整个汛期的3/4，相应水量、沙量也增加，但含沙量变化不大，小于30 kg/m^3。这样就可以利用含沙量大的洪水期（包括高含沙量小洪水）进行排沙，利用含沙量较低的平水期（中小流量）进行发电。

表3-6 不同时段平均每年各级流量的含沙量

时段	流量级（m^3/s）	天数（天）	水量（亿 m^3）	沙量（亿 t）	含沙量（kg/m^3）
1974～1985年	总量（汛期）	123	236.1	8.85	37.5
	$Q \geq 3\ 000$	30.6	106.4	4.48	42.1
	3 000～2 500	11.4	26.8	1.16	43.3
	2 500～1 500	39.3	66.9	2.33	34.8
	$Q < 1\ 500$	41.7	36.1	0.907	25.1
1986～1999年	总量（汛期）	123	120.4	5.83	48.4
	$Q \geq 3\ 000$	4.4	13.9	1.46	105
	3 000～2 500	4.3	10.4	0.719	69.1
	2 500～1 500	21.7	35.1	2.06	58.7
	$Q < 1\ 500$	92.6	61.0	1.59	26.1

二、水库运用对库区排沙和冲淤的影响

（一）水库调度对库区的排沙作用

三门峡枢纽汛期发电的主要问题是泥沙多。如上所述，入库流量大于2 500 m^3/s 的历时短，含沙量高，流量小于2 500 m^3/s 特别是流量小于1 500 m^3/s 的历时长，含沙量低。如何进行水库调度，尽量利用含沙量高的洪水期集中排沙（包括冲刷非汛期淤积的泥沙），为含沙量低的平水期进行发电提供条件，成为汛期发电原型试验的关键问题。

1. 水库降低水位情况下不同流量的排沙作用

1990 年 10 月在深水围堰(或钢围堰)施工时,水位降得很低,历时 12 天,出现溯源冲刷,其冲刷过程见表 3-7。

表 3-7 1990 年 10 月投入深水围堰施工时间排沙过程

日　期	3 日	4 日	5 日	6 日	7 日	8 日	9 日
坝前水位(m)	304.13	300.11	294.98	295.60	291.05	293.44	300.36
出库流量(m^3/s)	955	1 370	1 200	1 160	817	555	666
冲淤量(亿 t)	0.000 2	-0.111	-0.048	-0.019	-0.006	-0.001	0.001

在这次降低水位冲刷过程中,虽然坝前水位由 304.13 m 降到 291.05 m,坝前水位降低了 13 m,但是,由于冲刷流量小,冲刷历时只有 5 天,在这 5 天内,潼关来水 4.739 亿 m^3,来沙 0.128 亿 t,平均含沙量为 27 kg/m^3,库区冲刷 0.185 亿 t,冲刷量主要集中在开始的2~3 天,占总冲刷量的 85.9%~96.2%,5 天内平均每冲刷 1 t 泥沙需耗水 25.6 m^3。另外,1994 年 8 月 1~23 日洪水期有计划降低库水位泄洪排沙,在这时段内库区通过两次洪水,8 月 5~22 日坝前水位和库区排沙情况见表 3-8。

表 3-8 1994 年 8 月 5~22 日洪水过程中库区排沙情况

日　期	5 日	6 日	7 日	8 日	9 日	10 日	11 日	12 日	13 日
坝前水位(m)	302.48	305.04	307.55	300.45	297.63	295.99	300.11	304.47	302.20
出库流量(m^3/s)	889	3 120	5 070	2 370	1 600	1 850	1 670	3 230	2 890
冲淤量(亿 t)	-0.000 5	0.386 2	-0.485 6	-0.243 7	-0.105 4	-0.102 0	0.055 3	0.206 5	0.062 2
日　期	14 日	15 日	16 日	17 日	18 日	19 日	20 日	21 日	22 日
坝前水位(m)	304.79	302.16	298.02	299.03	301.58	301.58	297.79	299.69	301.98
出库流量(m^3/s)	3 400	2 830	1 890	1 550	1 910	1 630	1 580	1 670	1 410
冲淤量(亿 t)	-0.283 4	-0.275 6	-0.084 7	-0.029 5	-0.009 0	-0.041 6	-0.007 1	0.009 3	0.009 0

在这两次洪水冲刷过程中,由于出库流量较大,坝前水位虽较高,库区还是发生较大的冲刷,且冲刷时间较长,为 4~7 天,但强烈冲刷的时间也只有 3~4 天。必须指出:表 3-8中 8 月 6 日发生严重淤积,这是计算冲淤量时没有考虑洪水传递时间引起的,因为 8 月 6 日潼关洪水起涨时间早,三门峡洪水起涨时间晚,用当天输沙量计算库区的冲淤量就产生不合理现象。为了避免这种计算的不合理现象,需要考虑洪水传递的影响,但是洪水传递也很复杂,故将计算洪水的时段适当延长,这样两次洪水的计算时段分别为 8 月 6~10 日和 8 月 14~20 日,潼关来水量分别为 13.1 亿 m^3 和 12.8 亿 m^3,来沙量分别为 2.24 亿 t和 1.00 亿 t,平均含沙量分别为 171 kg/m^3 和 78.1 kg/m^3,坝前降低水位分别为 11.56 m 和 7.0 m,库区冲刷量分别为 0.55 亿 t 和 0.73 亿 t,每次洪水中平均冲刷 1 t 泥沙的耗水量分别为 23.8 m^3 和 17.5 m^3。这就表明在洪水时降低库水位,即使来水含沙量很高,不仅可以使洪水挟带的大量泥沙通过水库,并且还可以把库区前期淤积的泥沙冲出库

外,其冲刷效果比小流量、低含沙量时要好得多,可以节省输沙耗水量。小流量虽然坝前水位大幅度下降,发生溯源冲刷,但冲刷作用小,主要限于近坝区,输沙耗水量大,并且库水位稍有上升,库区即由冲刷转为淤积。这样,从库区排沙来说,应该充分利用高含沙洪水期降低库水位,进行排沙,而且强烈冲刷时间较短,可以在较短时间取得好的排沙效果;平水期由于流量小,排沙作用不大,来水含沙量又小,可以适当抬高库水位进行发电。

2. 洪水排沙后抬高水位发电运用对水库调沙的影响

图 3-1 为 1993 年汛期水库经泄洪冲刷后,于 8 月 25 日开始抬高水位进行发电时进出库水沙过程线。同年 7 月 1 日 ~ 8 月 24 日水库为泄洪排沙运用,平均库水位为 300.33 m,库区排沙 1.86 亿 t,水位 305 m 时的库容为 0.59 亿 m^3。8 月 25 日开始抬高水位,至 8 月 30 日库水位达 305 m,从此以后至 9 月库水位维持在 305 m 左右,进库流量由 2 000 m^3/s 逐渐降到 1 000 m^3/s 左右,出库流量过程变化不大,表明水库对径流基本上没有调节作用,但是对泥沙调节作用比较明显,出库含沙量小于进库含沙量,其差值在开始时为进库含沙量的一半,以后逐渐变小,同时从库区淤积量的累计过程线可以看出,淤积量逐渐增加,至 9 月 20 日累计淤积逐渐趋于稳定,进出库含沙量也趋于一致。从 8 月 25 日 ~9 月 20 日入库平均流量为 1 620 m^3/s,平均含沙量为 19.7 kg/m^3,出库平均含沙量为 12.9 kg/m^3,为入库含沙量的 65.5%,库区淤积 0.26 亿 t,约占 305 m 以下库容 0.59 亿 m^3的 32.6%。这些实测资料表明,洪水排沙后,平水期水库抬高库水位发电,坝前壅水对减少过机含沙量具有显著的作用,并且调沙的时间较长,达 1 个月左右,为溯源冲刷时间的 4 ~5 倍。这样,可以通过水库合理调节,争取延长发电时间。当然,坝前水位升高对入库含沙量调整时间的长短,与入库流量的大小,含沙量的多少有关。当入库流量小,含沙量低,调沙作用的时间长;当入库流量较大,含沙量较高时,调沙作用的时间就短,实际调沙作用的效果在具体运用中根据实测资料确定。

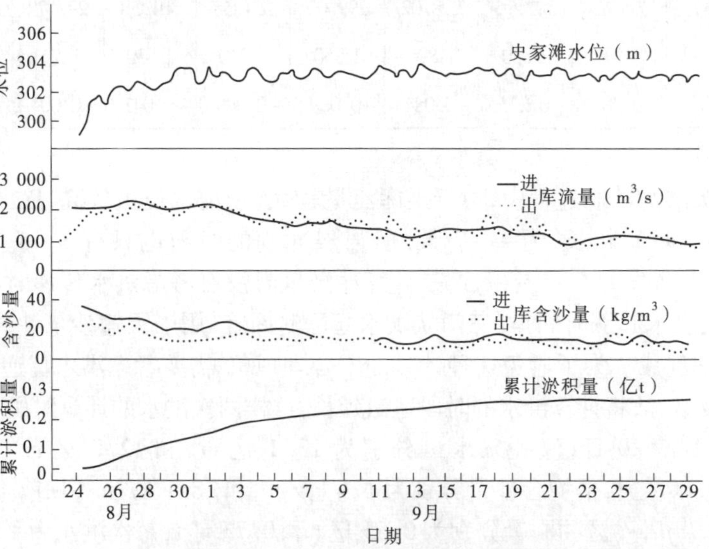

图 3-1 1993 年汛期浑水发电期间水沙过程

3. 三门峡水库“蓄清排浑”运用汛期不同流量的排沙作用

三门峡水库“蓄清排浑”运用以来，在1974～1985年期间库区基本冲淤平衡，也就是说，在汛期4个月把全年入库的泥沙排到水库下游，由此统计分析汛期不同流量时的水库排沙作用，也可以为汛期发电原型试验确定排沙流量提供参考依据。表3-9为1974～1985年汛期不同流量时的水库冲刷量和冲刷强度，可以看出：流量小于1 500 m^3/s出现的天数占汛期总天数的33.9%，库区冲刷强度均小于汛期平均冲刷强度，冲刷沙量仅占汛期冲刷量的15.6%；当流量大于4 500 m^3/s时，由于水库泄流壅水，库区还发生淤积；当流量在1 500～4 500 m^3/s时，库区的冲刷强度均大于汛期平均冲刷强度，冲刷量还大于汛期冲刷量，由此汛期发电原型试验应该充分利用中等洪水排沙，平水期入库含沙量小，排沙作用小，是进行汛期发电原型试验的好时机。

表3-9　1974～1985年汛期不同流量级的水库冲刷强度

流量级（m^3/s）	出现天数		冲刷沙量		冲刷强度
	天	占合计百分数(%)	亿t	占合计百分数(%)	亿t/天
<500	2.2	1.8	-0.001	0.1	-0.000 4
500～1 000	16.7	13.6	-0.055	2.8	-0.003 3
1 000～1 500	22.8	18.5	-0.247	12.7	-0.010 8
1 500～2 000	20.9	17.0	-0.466	23.9	-0.022 3
2 000～2 500	18.4	14.9	-0.356	18.2	-0.019 3
2 500～3 000	11.4	9.3	-0.583	29.9	-0.051 1
3 000～3 500	9.5	7.7	-0.326	16.7	-0.034 3
3 500～4 000	8.8	7.2	-0.202	10.4	-0.023 0
4 000～4 500	6.4	5.2	-0.206	10.6	-0.032 2
>4 500	5.9	4.8	0.493	-25.3	0.083 6
合　计	123	100	-1.949	100	-0.015 8

（二）水库调度对库区冲淤的影响

图3-2为1992年10月～1993年10月运用年度内库区泥沙冲淤分布情况。非汛期水库蓄水运用，平均库水位314.67 m，最高库水位321.61 m，库水位超过320 m的天数为34天，是“蓄清排浑”运用以来运用水位较低，高水位运用时间较短的一年；但库区淤积1.967亿m^3，是“蓄清排浑”运用以来淤积最多的一年。由于水库运用水位较低，高水位运用历时短，泥沙淤积部位靠近坝前，北村以下的淤积量达1.034亿m^3，占潼关以下库区总淤量的52.6%；北村至大禹渡河段淤积0.707亿m^3，占35.9%；大禹渡以下的淤积量占潼关以下库区总淤积量的88.5%；大禹渡至坫埼河段淤积0.197亿m^3，占10.0%；坫埼至潼关河段淤积0.029亿m^3，占1.5%，其中大禹渡至潼关河段的淤积量是“蓄清排浑”运用以来较少年份之一。汛期7、8月泄洪排沙运用，平均库水位300.89 m（其中库水位低于300 m有27天），该时段入库水量83亿m^3，其中洪水期水量占55.8%，库区冲刷1.8亿m^3，大禹渡以下冲刷1.69亿m^3，几乎将非汛期库区淤积的泥沙全部冲出库外。

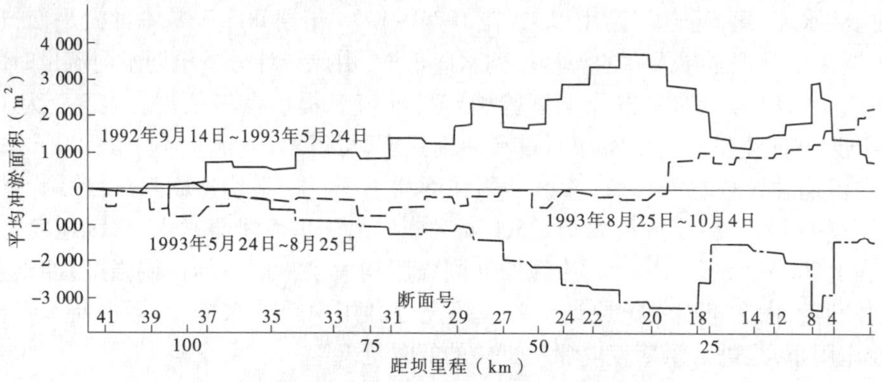

图 3-2　潼关—三门峡段冲淤分布

8 月 25 日开始抬高库水位至 305 m 进行发电，根据实测断面资料计算，库水位305 m 以下的库容为 0.59 亿 m^3，至 10 月 4 日库水位继续抬高，北村以下由于受回水影响，淤积 0.38 亿 m^3，北村以上未受回水影响，河床继续冲刷，潼关至北村河段在前期冲刷基础上，又冲刷 0.24 亿 m^3。这就表明，汛期洪水期降低库水位，库区发生强烈的溯源冲刷，在溯源冲刷过程中，不断向上游发展，而后抬高库水位到 305 m 进行发电，在回水范围内泥沙淤积，在淤积过程中，一方面向坝前发展，一方面向上游发展，形成溯源淤积，在淤积范围以上还继续发生冲刷，不受发电的影响。另外，在回水范围内泥沙淤积，可以减少过机泥沙，有利于发电。同时也表明：汛期库水位 305 m 发电时引起库区泥沙冲淤变化的范围在北村以下。这种冲淤变化现象，说明汛期发电原型试验只要控制北村高程（即 1 000 m^3/s 流量水位）比过去低，不会增加其上游泥沙淤积，又可利用坝前回水范围的库容调节泥沙，减少过机泥沙，有利于充分发挥发电效益。

综上所述，三门峡水库来水来沙的特点：洪水沙多，平水沙少，近期洪水次数、天数、水量骤减，沙量更集中于洪水期。三门峡水库的排沙特点是：大水冲刷强度大，即使高含沙量时，结合降低坝前水位，可以在短时间内取得很好的排沙效果；而在小水期，水流冲刷能力弱，即使降低库水位排沙，库区冲刷也只能局限于坝前小范围内，向上发展很缓慢。洪水排沙形成的坝前漏斗又可作为平水发电时的调沙库容，这些特点为汛期发电原型试验时水库运用提供很好经验，也为“洪水排沙、平水兴利”提供了理论基础。

第三节　汛期发电原型试验水库运用主要指标

为了便于汛期发电原型试验时的水库调度运用，需要制定一些水库运用指标，确保不增加水库淤积，力争减少水库淤积，也有利于下游河道减淤，以便经过现场试验确定今后汛期发电的水库运用指标。根据三门峡水库“蓄清排浑”运用以来的经验以及当前入库的水沙情况和水库上下游河道冲淤特点，水库运用的指标主要有：①水库的排沙流量；②相应排沙流量的坝前控制水位；③库区淤积改善的指标。严格说来，汛期发电原型试验对黄河下游河道冲淤影响也应进行有目标的检测，但下游河道冲淤影响的因素很多，涉及面广，加之试验经费有限，没有进行专门的检测，不过，本书还是根据现有黄河下游的实测资料，进行了初步分析。

一、水库的排沙流量

排沙流量是影响水库排沙和下游河道减淤的一个重要指标，根据三门峡水库运用的实践经验，三门峡水库排沙流量大于3 000 m^3/s，有利于下游河道减淤。但是近年来，汛期入库水量减少，流量大于3 000 m^3/s 出现的时间减少，平均每年只有4天左右，如果水库排沙流量仍按过去大于3 000 m^3/s 运用，水库排沙时间很短，必然影响水库排沙；其次，按前述分析成果，入库流量大于1 500 m^3/s 时，水库排沙能力比较强，这样对水库排沙来说是有利的，但是流量在1 500 m^3/s 左右时水库排沙，黄河下游河道淤积加重，特别是河槽淤积加重，滩槽高差减少，河势摆动频繁，对下游河道是非常不利的。为此，参照1993年三门峡水库运用经验总结项目组的意见，初步确定汛期发电原型试验的水库排沙流量为2 500 m^3/s，即入汛后，入库洪峰流量大于2 500 m^3/s 时，停止发电，降低库水位排沙。

二、水库淤积改善指标

水库淤积改善指标包括减淤量和减淤量的分布，为了在汛期发电原型试验过程中便于操作和试验后的资料分析，增设了控制站（或检测站）和淤积断面测验。增设控制站的目的：首先，为控制汛期发电原型试验引起的库区冲淤变化限制在坝前段，确保淤积不向上游延伸而影响潼关高程；其次，力争在汛期发电原型试验中坝前段的淤积有一定的减轻，特别是控制站断面的同流量水位比过去汛期不发电时还要低，这样可以避免汛期发电引起的淤积向上游发展。增加淤积断面测验的目的，是为检验平水发电时回水淤积上延和控制站以上河道冲淤变化情况，以及分析汛期发电原型试验对库区冲淤的影响。汛期发电原型试验过程中，水库的减淤作用主要通过控制站的同流量水位的变化来确定，因此选择控制站的位置非常重要，如果控制站距坝过远，则洪水排沙时，水库溯源冲刷发展到控制站的时间也长，从而影响发电时间；反之，控制站距坝过近，位于平水发电的回水范围之内，则就失去了检测淤积及其上延的作用。根据三门峡水库现有测站布设情况，暂时选用北村水位站为控制站。并且近年来非汛期运用水位一般不超过322 m，淤积三角洲顶点在北村附近，北村水位经洪水冲刷到相对平衡后，表明非汛期淤积在近坝段的泥沙基本被冲走，再延长低水位运用的时间，对北村以下的冲刷作用不大。汛期库水位305 m发电时，回水不到北村，引起库区淤积的范围在北村以下，如果淤积延伸达到北村，又可规定停止发电，降低水位排沙，使汛期发电原型试验引起的冲淤变化限制在北村以下，北村以上河道的冲淤不受发电影响。对控制站要求，即有比较稳定的水位—流量关系，因为在汛期发电原型试验过程中，入库来水流量不是恒定流，流量是变化的，必须从水位—流量关系中及时了解到水库淤积改善的情况。为此对北村水位站的水位—流量关系及其控制水位进行分析。

（一）北村站的水位—流量关系及北村高程

1. 北村站的水位—流量关系

北村水位站（二）距坝43.4 km，位于黄淤22断面。北村水位每年非汛期水库蓄水运用时，直接受水库回水影响，水位流量关系抬升；汛期库水位下降，北村水位受壅水消落和溯源冲刷的影响，水位不断下降。在北村水位冲刷下降过程中，水位—流量关系的线形是否一致，对检测成果的质量影响很大，以致影响到检测站是否可以使用的问题。图 3-3 是 1995 年汛期连续 4 次洪峰冲刷过程中的水位—流量关系线，线形基本上是一致的，表明利用北村水位站的同流量水位变化来检测坝前段的冲淤变化具有很好的条件。

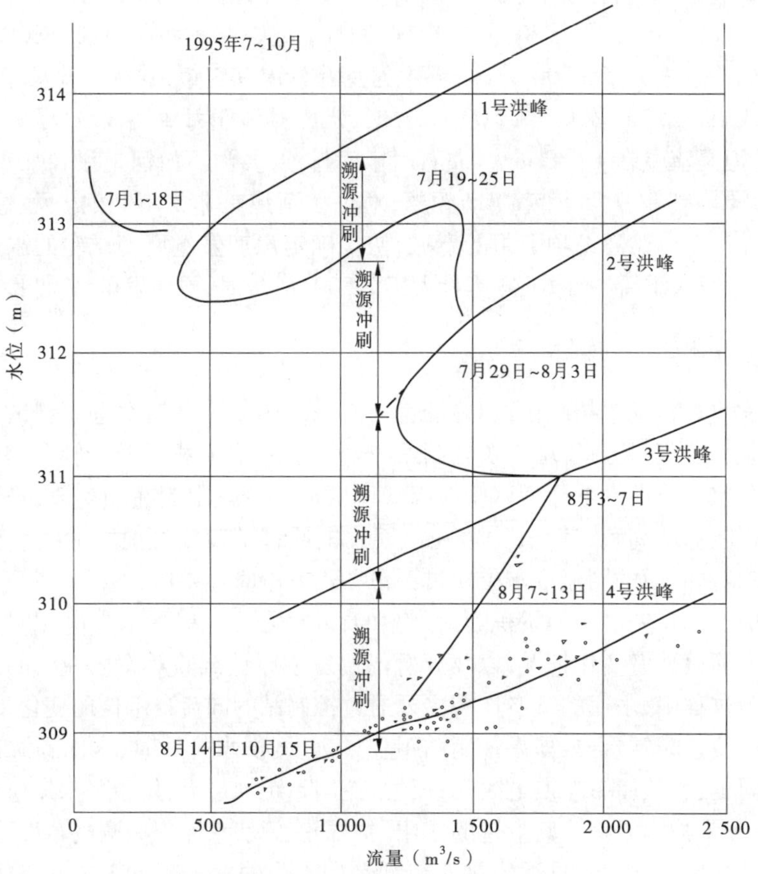

图 3-3 北村水位站洪水水位—流量关系

分析 1973 ~1995 年北村各年的水位—流量关系，为了便于今后使用，流量统一借用三门峡的日平均流量，水位用北村站实测的相应日平均水位，点绘了各年的水位—流量关系，各年的变化情况基本一致，当溯源冲刷达到相对平衡后，北村的水位—流量关系均比较稳定，相关系数在 0.9 以上，历年汛期北村站河床稳定后的水位—流量关系式可以用下式表示：

$$H = \alpha Q + \beta$$

式中 H——北村水位，m；

Q——三门峡流量，m^3/s；

α、β——系数，列于表 3-10。

北村汛期河床稳定时的水位流量关系式中的系数 α、β，分别反映北村站的断面形态和河床高程的变化。从表3-10计算的流量1 000 m³/s时的水位可以看出:β值对北村水位的影响较α值为大,α值很小,对北村的水位影响不大,即表明北村站流量1 000 m³/s时的水位变化主要取决于河床高程,断面形态影响相对较小。

表3-10　北村河床稳定时水位流量关系特征值

年份	α	β	R^2	流量1 000 m³/s水位(m)
1973	0.000 6	306.36	0.927 8	307.96
1974	0.000 7	307.43	0.849 8	308.13
1975	0.000 6	307.74	0.936 9	308.34
1976	0.001 0	308.59	0.918 1	309.79
1977	0.000 5	309.94	0.849 3	310.44
1978	0.000 5	311.04	0.947 3	311.54
1979	0.000 7	309.98	0.929 2	310.68
1980	0.000 4	309.86	0.828 0	310.26
1981	0.000 5	310.21	0.932 1	310.71
1982	0.000 8	309.85	0.837 2	310.65
1983	0.000 3	310.67	0.689 1	310.97
1984	0.000 7	309.77	0.910 1	310.47
1985	0.000 7	309.69	0.927 5	310.39
1986	0.001 1	308.89	0.949 5	309.99
1987	0.001 5	308.65	0.950 8	310.15
1988	0.000 8	307.95	0.921 0	308.75
1989	0.000 7	309.03	0.963 9	309.73
1990	0.000 6	308.56	0.829 1	309.16
1991	0.000 7	309.18	0.850 0	309.88
1992	0.001 0	307.55	0.850 0	308.55
1993	0.000 9	307.72	0.850 0	308.62
1994	0.000 9	307.77	0.870 0	308.67
1995	0.000 7	308.20	0.920 0	308.90

注:R为相关系数。

2. 北村高程

三门峡水库敞泄情况下三门峡水文站日平均流量为1 000 m³/s时,北村水位站(二)实测的相应的日平均水位,称为北村高程。

(二)北村站的控制水位

表3-10示出了1973～1995年计算得出的各年经过汛期冲刷后流量为1 000 m³/s时的北村水位,由表3-10可以看出:1973年汛期三门峡水库敞泄滞洪运用,北村水位较低,

只有307.96 m,1974年开始"蓄清排浑"运用,汛期控制运用,坝前水位升高至305 m发电水位,当时由于闸门启闭设备不健全,又缺乏管理运用的经验,往往闸门启闭不能适应来水来沙过程迅速的变化,以致汛期运用水位偏高,北村高程相应升高,至1978年达到最大值311.54 m,从此北村高程基本维持在310～311 m之间,即使在1980～1987年汛期基本不发电,坝前平均水位低于305 m,北村高程也没有发生明显的降低,平均为310.45 m。但是在1988年以后,北村高程突然下降,并且1989年还开始进行浑水发电试验(试验的目的主要是研究水轮机抗磨蚀的防护材料和管理运用问题),水库运用方式为一般避开7月下半月至8月上半月(简称"七下八上")黄河来洪水多、含沙量高的黄河主汛期。以后抬高库水位到305 m,进行浑水发电试验,北村高程有明显的降低。研究其原因对汛期发电原型试验具有指导意义。下面仅列出1981年和1994年汛期运用情况的对比分析成果。

1981年和1994年汛期洪峰进、出库的特征见表3-11和表3-12。1981年汛期来水量338.67亿m^3,其中有5次洪水,洪量286.76亿m^3,历时95天,洪水量大,历时长;1994年汛期来水量134亿m^3,也发生5次洪水,历时37天,洪量64.4亿m^3,洪量小、历时短。这是汛期发电原型试验的第一年,又遇到第2号隧洞下游塌岸,在汛期平水时抢修施工,在洪水来时停止施工,能敞开的泄水建筑物全部打开,库水位较低,其中除第2号洪水,洪峰流量小,仍控制运用,库水位较高外,有3次洪水期的平均库水位接近301 m,而1981年中5次洪水的平均库水位为305 m左右,均较1994年的库水位高。同时将这2年的出库流量及北村和史家滩的水位过程线绘于图3-4和图3-5中。可以看出:1981年除了洪水流量较大外,闸门开启不够,没有充分利用枢纽的泄流能力,致使泄流壅水比较严重,其中9、10月两场大洪水,洪峰流量时坝前最高壅水位将近310 m,壅水引起的回水超过北村;而1994年除第2号洪水坝前水位较高外,其余各次洪水坝前水位较低,由此1994年北村河床稳定时的水位关系较1981年明显偏低,这就表明充分利用洪水降低坝前水位排沙,对降低北村水位—流量关系的效果是明显的。

表3-11 1981年汛期洪水进、出库水文特征值

序号	站名	时段(月-日)	水量(亿m^3)	沙量(亿t)	平均库水位(m)
1	潼关	07-03～04	25.68	1.24	304.66
	三门峡	07-04～05	29.50	2.12	
2	潼关	07-15～08-03	39.23	1.86	304.85
	三门峡	07-16～08-04	41.28	2.04	
3	潼关	08-18～29	34.28	2.16	304.43
	三门峡	08-19～30	35.04	2.35	
4	潼关	09-01～14	53.27	1.76	305.68
	三门峡	09-02～15	54.62	2.24	
5	潼关	09-15～10-20	135.80	2.24	305.49
	三门峡	09-06～10-21	135.70	3.63	

表3-12　1994年汛期洪水进、出库水文特征值

序号	站名	时段(月-日)	水量(亿 m^3)	沙量(亿 t)	平均库水位(m)
1	潼关	07-09～13	9.20	1.75	305.11
	三门峡	07-09～13	11.7	2.53	
2	潼关	07-23～31	9.50	0.76	311.70
	三门峡	07-24～08-01	11.0	0.57	
3	潼关	08-04～09	12.7	2.15	301.52
	三门峡	08-05～10	12.9	2.32	
4	潼关	08-10～19	20.8	2.74	300.98
	三门峡	08-11～20	19.5	3.03	
5	潼关	08-31～09-06	12.2	1.43	302.51
	三门峡	09-01～07	12.6	2.03	

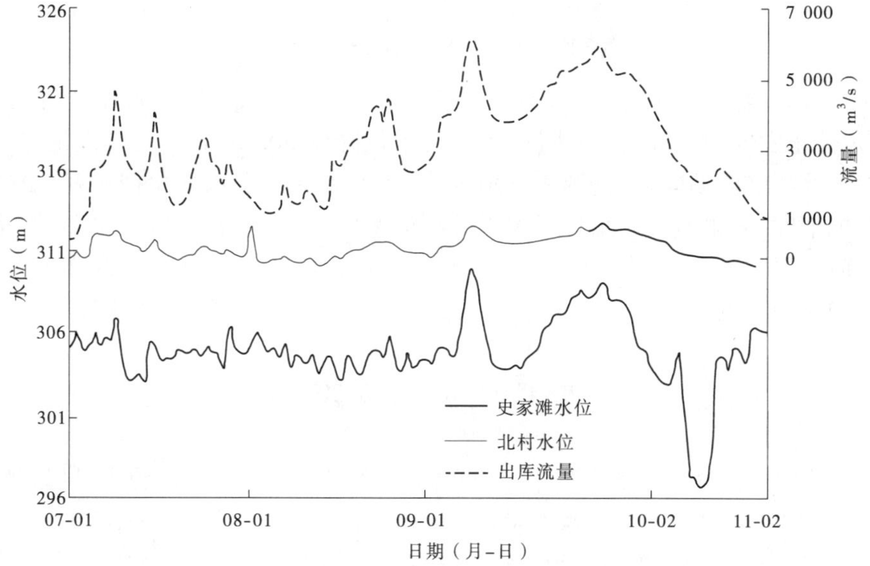

图3-4　1981年水库运用水位过程

汛期发电原型试验中对北村站的控制水位要求是，使汛期发电原型试验引起的库区淤积变化限制在北村以下，同时又不影响溯源冲刷向上游发展。因为北村水位经过冲刷达到相对稳定后的水位—流量关系，对北村以上来说犹如一个新的临时侵蚀基准面。从表3-10可以看出：在1980～1987年三门峡水库汛期不发电时，北村河床稳定时流量1 000 m^3/s 的年均水位为310.45 m，1989～1993年浑水发电原型试验时北村的平均水位为309.19 m，为此初步确定汛期发电试验中北村站1 000 m^3/s 流量的控制水位为309～310 m，即在洪水期降低水位排沙时，北村水位必须降到309 m时才能抬高

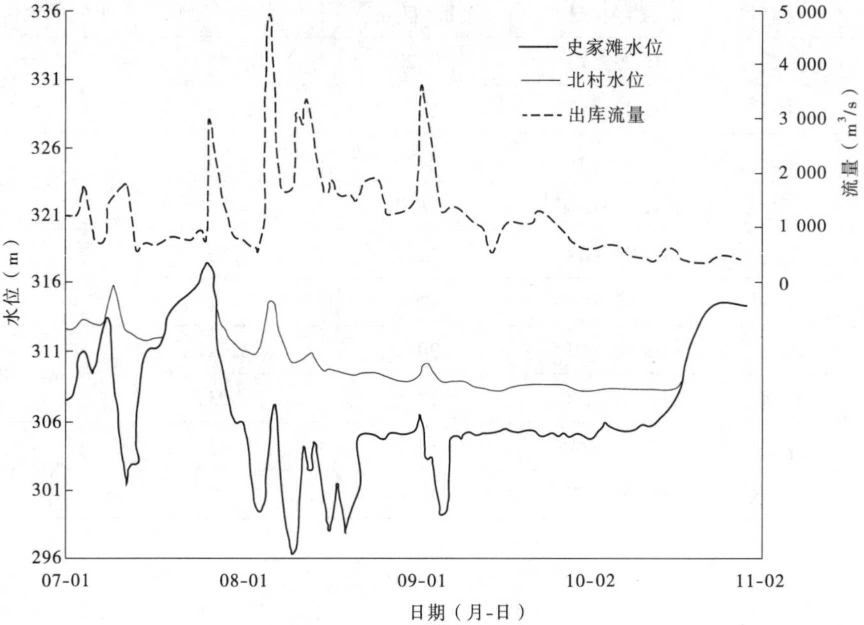

图 3-5　1994 年水库运用水位过程

水位到 305 m 发电，在发电过程中，如果北村水位由于溯源淤积的上延而升高达到 310 m 时，必须停止发电，降低库水位排沙，待北村水位降到 309 m 后才能继续发电。为保证汛期发电原型试验期间，充分利用洪水排沙，使库区泥沙淤积变化控制在北村以下，在汛期发电期间，如果潼关站出现了大于排沙流量的洪水，不管北村水位多高，都要停止发电，降低水位，按“洪水排沙”方式进行。同时根据 1989～1995 年的实测资料，建立了北村河床稳定的平均水位—流量关系式，作为汛期发电试运用的控制条件使用。其关系式为：

$$H = 0.000\,8Q + 308.20$$

式中符号意义同前。

由于实测的水位流量关系线有一定的变幅，变幅约为 0.5 m。试验中可以根据库区来水来沙情况和冲淤情况采用流量 1 000 m^3/s 时北村稳定水位为 309 m，考虑 ±0.5 m 的变幅，作为汛期开始发电和发电过程中水位的控制指标，这样，三门峡水库进行汛期发电原型试验，北村站的控制水位比 1980～1988 年汛期不发电的水位低 1.22 m，比 1989～1993 年浑水发电试验时低 0.42 m，不会增加库区的淤积，还可能改善库区的淤积状况。

三、坝前控制水位

坝前控制水位是指水库排沙时的控制最低运用水位，它与水库排沙流量是保证北村控制水位实现的重要条件。为此坝前控制水位的确定，首先应满足排沙流量 2 500 m^3/s 敞泄的要求，根据 10 个底孔的泄流曲线在敞泄情况下，查出相应流量 2 500 m^3/s 的水位为 297.6 m，控制水位采用 298.0 m。其次满足坝前排沙要求，如上所述，为改善汛期发电原型试验期间库区淤积情况，确定三门峡流量 1 000 m^3/s 时，北村水位为 309 m，由此计算史家滩至北村河段的比降达到 2.5‱，远大于北村以上的比降，可以满足库区排沙的要求。第三尽量扩大库水位 305 m 发电时的坝前调沙库容，减少过机含沙量，改善水轮机发电工况。根据过去实测资料分析和初步估算，库区排沙时坝前控制水位为 298 m，在北村水位冲刷达到 309 m 时，库水位 305 m 时的库容可以达到 0.5 亿 m^3 左右，基本满足发电时调沙库容的要求。

第四节　水库运用方式

综合上述分析结果，三门峡水库汛期发电原型试验的运用原则为“洪水排沙，平水兴利”。具体操作方法和指标为：当汛期入库洪峰流量大于 2 500 m^3/s 的洪水时，停止发电，库水位降到 298 m 排沙运用。在北村水位站的水位降到 309 m（相应三门峡流量为 1 000 m^3/s）时，洪水过后，含沙量又小于 30 kg/m^3（考虑调沙库容的调沙作用，指出库含沙量），可以抬高库水位到 305 m 进行发电。在发电过程中，由于坝前回水淤积上延，使北村水位超过 310 m，为避免淤积继续延伸，增加水库淤积，则不论入库流量多少，均要停止发电，降低库水位到 298 m 进行排沙运用，等北村水位降到 309 m 后再进行发电，以确保汛期发电原型试验引起的库区淤积限于北村以下。

据三门峡水库 1960～1994 年实测资料统计结果（见表 3-13），入汛后第一次出现流量大于 3 000 m^3/s 洪水的时间在 7 月 15 日以前出现的几率只有 45.7%，即有一半以上的年份在 7 月 15 日以前不来洪水，为避免水库小水排沙，对下游河道淤积不利，继续维持 305 m 发电运用；如果到 7 月 20 日还不来洪水，为减轻水库淤积，应该停止发电，降低库水位到 300～298 m，强迫排沙运用，等北村水位降到 309 m 后再开始发电。

表 3-13　入汛后流量大于 3 000 m^3/s 的第一洪峰出现时间

出现时段（月-日）	06-26～30	07-01～05	07-06～10	07-11～15	07-16～20	07-21～25	07-26～30	07-31～08-04	08-05以后
出现次数	1	3	8	4	4	5	4	5	1
占总数百分数（%）	2.9	8.6	22.8	11.4	11.4	14.3	11.4	14.3	2.9
累加百分数（%）	2.9	11.5	34.3	45.7	57.1	71.4	82.8	97.1	100

在汛期发电过程中，入库洪峰流量大于 2 500 m^3/s 时，应停止发电，降低库水位到 298 m 排沙运用。

第五节　小　结

（1）根据三门峡水库长期实践的经验，黄河水、沙主要集中在汛期，泥沙更为集中在汛期的几场洪水。在水库运用中，如果对这几场洪水处理不好，就会使库区发生严重淤积;反之,当高含沙洪水来时,及时开启闸门,降低坝前水位,造成强烈的溯源冲刷,不仅可以使库区不淤,还可以把前期库区淤积的泥沙排出库外,其冲刷效果比小流量敞泄排沙效果好得多。最近实测资料分析成果表明:在溯源冲刷过程中,从坝前向上游发展,靠近坝前冲刷强度大,速度快,随着向上游发展,冲刷强度减弱,速度减缓,以致消失。反之,在水库壅高库水位时,水流进入回水范围后,泥沙发生淤积,在淤积过程中,一方面向坝前推移,另一方面向上游延伸,形成溯源淤积,溯源淤积向上游延伸的速度与来水来沙条件和河床前期条件有关,不过溯源淤积向上游发展的速度比较缓慢。在库区壅水淤积范围以上,河道还保持原来的冲淤特性,不受水库运用的影响,由此可以利用溯源冲刷和溯源淤积向上游发展的速度差,有可能保证不影响库区的冲淤,甚至在有可能改善库区淤积的情况下,争取延长发电时间,增加发电量,为"洪水排沙,平水兴利"提供科学依据。

(2)黄河洪水历时短,水库降低水位进行排沙的历时也不长。对于一般洪水敞泄排沙历时一般为5天左右,强烈冲刷时间仅2~3天。对于大洪水冲刷时间较长,为4~7天,强烈冲刷时间3~4天。洪水排沙后,坝前冲出一定库容,在抬高水位发电时,具有调沙作用,可以减少过机含沙量,为发电提供较好的工况。由于发电时流量小,含沙量少,调沙作用的时间比较长,为水库排沙时间的4~5倍。

(3)汛期发电原型试验运用的具体指标:为保证汛期发电原型试验引起的库区冲淤变化限于坝前(北村以下),并对库区淤积有一定的改善,选择三门峡流量1 000 m^3/s时,北村水位309 m,考虑±0.5 m变幅,作为汛期开始发电和发电过程中水位的控制指标。水库排沙流量考虑到黄河下游输沙减淤要求,确定按入库洪峰流量$Q_m \geq 2\ 500\ m^3/s$掌握;排沙时坝前控制水位为298 m。

(4)汛期发电原型试验的水库具体运用方式。当入库洪峰流量$Q_m \geq 2\ 500\ m^3/s$时,库水位降到298 m排沙运用,在北村水位降到309 m(相应流量1 000 m^3/s)时,洪水过后,含沙量又小于30 kg/m^3,即可抬高库水位到305 m进行发电。在发电过程中,如北村水位超过310 m,为避免淤积上延,则不论入库流量大小,应降低库水位到298 m进行排沙运用,待北村水位降到309 m后再进行发电;如果入汛后,不来洪水,维持305 m发电,如果到7月20日还不来洪水,为减轻水库淤积,应降低库水位至300~298 m强迫排沙,待北村水位降到309 m后才开始发电。

第四章　汛期发电原型试验期间入库水沙条件及其变化

第一节　水量和沙量

汛期发电原型试验期间(1994~1999年)为枯水枯沙(或平沙)年,入库年水量为161亿~297亿m^3,平均为226亿m^3,只有多年(1933~1999年)平均水量372亿m^3的61%。入库沙量为5.81亿~12.4亿t,平均8.44亿t,为多年平均沙量11.9亿t的71%(见表4-1、图4-1)。

表4-1　潼关站1994~1999年水量沙量

年份	水量(亿m^3)			沙量(亿t)		
	全年	汛期	非汛期	全年	汛期	非汛期
1994	297	134	163	12.40	10.51	1.89
1995	240	116	124	8.52	7.04	1.48
1996	250	127	123	11.40	9.87	1.53
1997	161	55.5	105	5.83	4.40	1.43
1998	193	85.9	107	6.64	4.37	2.27
1999	216	95.2	120	5.81	4.09	1.72
1994~1999平均	226	102	124	8.44	6.71	1.73
1933~1999平均	372	206	166	11.90	10.00	1.90
1933~1985平均	437	256	181	13.40	11.30	2.10
1986~1999平均	262	120	142	7.93	6.01	1.92

随着1968年刘家峡水库,特别是1986年龙羊峡水库(具有多年调节功能)相继投入运用进行调节,全河水资源用量增加,加之近期降雨量偏少等,使三门峡水库入库水量、沙量不仅大幅度削减,而且年内分配也发生了较大变化。潼关站1986年前(1933~1985年)平均年水量为437亿m^3,平均汛期水量为256亿m^3,占年水量的59%。而1986年后(1986~1999年)的年均水量、汛期平均水量分别为262亿m^3、120亿m^3,分别占1986年前的60%和47%。由于上游水库的调节,汛期水量减少更多,只占年水量的46%。沙量也是这样,但年内分配的变化不如水量大。1933~1985年年平均入库沙量为13.4亿t,汛期平均沙量为11.3亿t,汛期沙量占年沙量的84%;1986年后年平均沙量为7.93亿t,

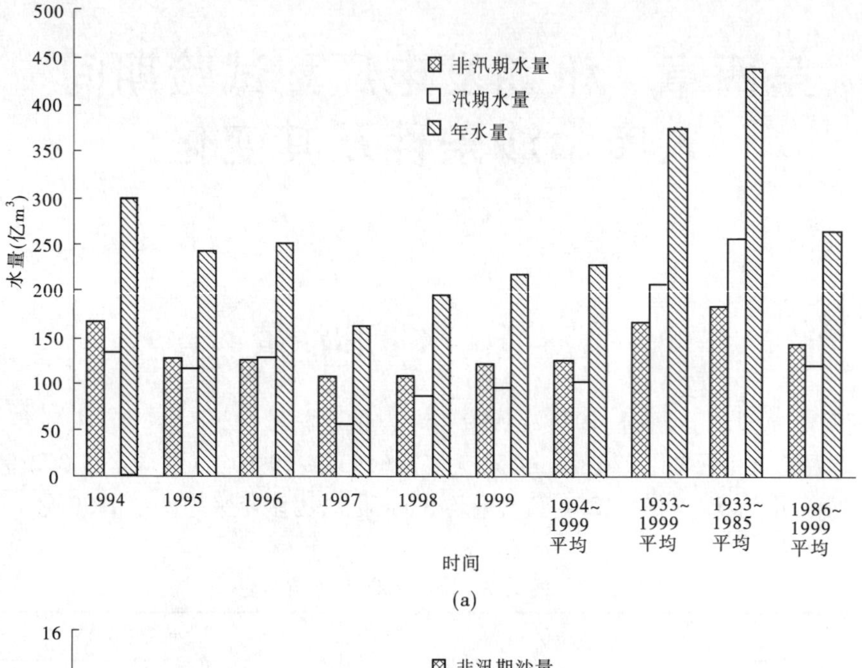

图 4-1　潼关站 1994 ~ 1999 年水量、沙量

汛期平均沙量 6.01 亿 t,分别为 1986 年前的 59.2% 和 53.2%,汛期沙量占年沙量的 75.8%。汛期发电原型试验期间汛期水量、沙量分别占年水量、年沙量的 45.1% 和 79.5%。

除了汛期水量、沙量占全年的比例发生变化外,1986 年以来汛期内各月分配情况亦有明显的变化(见表 4-2),其中最突出的是原来水量还比较丰沛的 10 月份,1985 年前平均水量为 64 亿 m^3,占汛期水量的 26%,而 1986 年后只有 18.1 亿 m^3,仅占汛期水量的 15.1%;沙量也由平均 1.15 亿 t 减少为 0.21 亿 t,占汛期沙量的比值由 10.2% 降到

3.5%。7、8月份来水来沙量虽有所减少，但占汛期水、沙总量的比例却有上升趋势，水量由1985年前的46.4%增至1986年后的58.7%，沙量由1985年前的66%增至1986年后的80%以上。

表4-2　潼关站1994～1999年汛期各月水量、沙量统计

年份	水量(亿 m^3)					沙量(亿t)				
	7月	8月	9月	10月	汛期	7月	8月	9月	10月	汛期
1994	34.6	52.4	33.1	13.5	134	2.92	5.46	1.94	0.19	10.51
1995	19.6	38.8	41.9	16.1	116	1.48	2.95	2.40	0.21	7.04
1996	24.1	53.7	33.8	14.9	127	4.03	5.00	0.69	0.15	9.87
1997	6.7	27.6	13.1	8.1	55.5	0.55	3.61	0.18	0.06	4.40
1998	32.0	29.3	14.5	10.1	85.9	2.58	1.51	0.19	0.09	4.37
1999	32.4	21.2	21.3	20.3	95.2	3.27	0.27	0.27	0.28	4.09
1994～1999平均	24.9	37.2	26.3	13.8	102	2.47	3.13	0.95	0.17	6.71
1933～1999平均	45.3	63.4	64.4	54.4	227	2.78	4.07	2.37	0.95	10.17
1933～1985平均	49.7	69.1	73.0	64.0	256	2.98	4.43	2.76	1.15	11.32
1986～1999平均	28.8	41.6	31.8	18.1	120	2.04	2.88	0.88	0.21	6.01

试验期间(1994～1999年)由于天气干旱，汛期水量在前期(1986～1993年)减少的基础上又有明显减少，沙量则较前期略有增加。其间1994～1996年汛期枯水平沙，平均水量125亿 m^3，较多年平均偏枯39.3%；平均沙量9.14亿t，与多年平均值大致持平。10月份水量仅为15亿 m^3 左右，占汛期总水量的12%，与非汛期相比，也属于较枯的月份；沙量仅有0.19亿t，占汛期总沙量的2.1%。汛期水量、沙量主要集中在7、8月(见表4-2)，分别为74.4亿 m^3 和7.28亿t，分别占汛期总量的59.5%和79.6%，其中1994年和1996年7～8月的输沙量分别高达8.38亿t和9.03亿t，大于多年平均值30%以上。两月平均含沙量均超过85 kg/m^3，1996年7月平均含沙量高达167 kg/m^3。后3年(1997～1999年)汛期枯水枯沙，汛期平均水量78.9亿 m^3，平均沙量4.29亿t，比多年均值分别减少61.7%、57.1%。减幅最大的9、10月，水量和沙量已接近非汛期最枯月份的多年平均值，平均水量分别为16.4亿 m^3 和12.9亿 m^3，分别占汛期水量的20.8%和16.3%，比多年平均值减少71.8%、73.2%；平均沙量仅0.21亿t和0.14亿t，分别占汛期沙量的4.9%和3.3%，比多年平均值减少88.9%、82.1%。最枯的1997年汛期水量仅55.5亿 m^3，为历史记载的汛期入库水量的最小值；沙量4.40亿t，也偏枯50%以上。汛期水量、沙量更集中在7、8月，分别为49.6亿 m^3 和3.94亿t，分别占汛期总量的62.9%和91.8%。

第二节　洪　水

潼关站汛期水量和沙量主要集中在洪水期,洪水对库区冲淤影响大。1985 年前(1960~1985 年),汛期平均发生各级流量洪峰6 次,历时50 多天,集中水量134 亿 m^3,输沙量7.72 亿 t,分别占汛期水量和沙量的57%和74%左右(见表4-3、图4-2)。而1986 年以来,入库洪水明显减少,每年汛期平均发生不到4 次,历时不足30 天。少数年份出现1~2 次,历时仅10 天左右。个别年份甚至没有出现洪峰流量 $Q_m \geq 3\ 000\ m^3/s$ 的洪水。洪水总量和输沙量亦大幅度减少。1986~1999 年汛期平均洪水总量48.4 亿 m^3 左右,比前期减少70%,在汛期总水量中所占的百分数亦降至40%。洪水平均输沙量4.5 亿 t,比1960~1985 年减少50%左右,但在汛期总沙量中的比重仍占75%左右,因而洪水平均含沙量高达93.2 kg/m^3,比1960~1985 年增大50%以上。

表4-3　潼关站1986~1999 年洪水期水量、沙量统计

运用时段	汛期		洪峰						
	水量(亿 m^3)	沙量(亿 t)	出现次数(次)	历时(天)	水量(亿 m^3)	沙量(亿 t)	平均含沙量(kg/m^3)	占汛期比例(%)	
								水量	沙量
1986	141.0*	3.11*	4	34	65.2	2.46	37.7	46.2	79.1
1987	75.4	2.08	2	16	17.3	1.23	71.1	22.9	59.1
1988	187.0	12.50	4	45	101.0	10.7	106.0	54.0	85.6
1989	205.0	6.59	3	27	58.3	3.87	68.1	28.4	58.7
1990	140.0	5.50	6	37	54.2	2.94	54.2	38.7	53.5
1991	61.1	1.99	3	30	18.7	1.27	67.9	30.6	63.8
1992	130.0	8.06	6	49	83.5	7.24	86.7	64.2	89.8
1993	140.0	4.08	4	29	46.3	2.46	53.1	33.1	60.3
1994	134.0	10.50	5	37	64.4	8.83	137.0	48.1	84.1
1995	116.0	7.04	5	31	47.6	4.61	96.8	41.0	65.5
1996	127.0	9.87	5	28	47.2	7.95	168.0	37.2	80.5
1997	55.5	4.40	1	9	10.2	2.99	293.0	18.4	68.0
1998	85.9	4.37	3	25	38.9	3.47	89.2	45.3	79.4
1999	95.2	4.09	2	19	25.6	3.13	122.0	26.9	76.5
1960~1985 平均	234	10.4	6.1	53.2	134	7.72	57.6	57.3	74.2
1986~1999 平均	121	6.01	3.8	29.7	48.4	4.51	93.2	40.0	75.0
1994~1999 平均	102	6.71	3.5	24.5	38.9	5.16	133	38.1	76.9

注:* 由于该年度汛期第一场洪水自6 月28 日开始,故该年汛期水量、沙量包括6 月28~30 日水量、沙量。

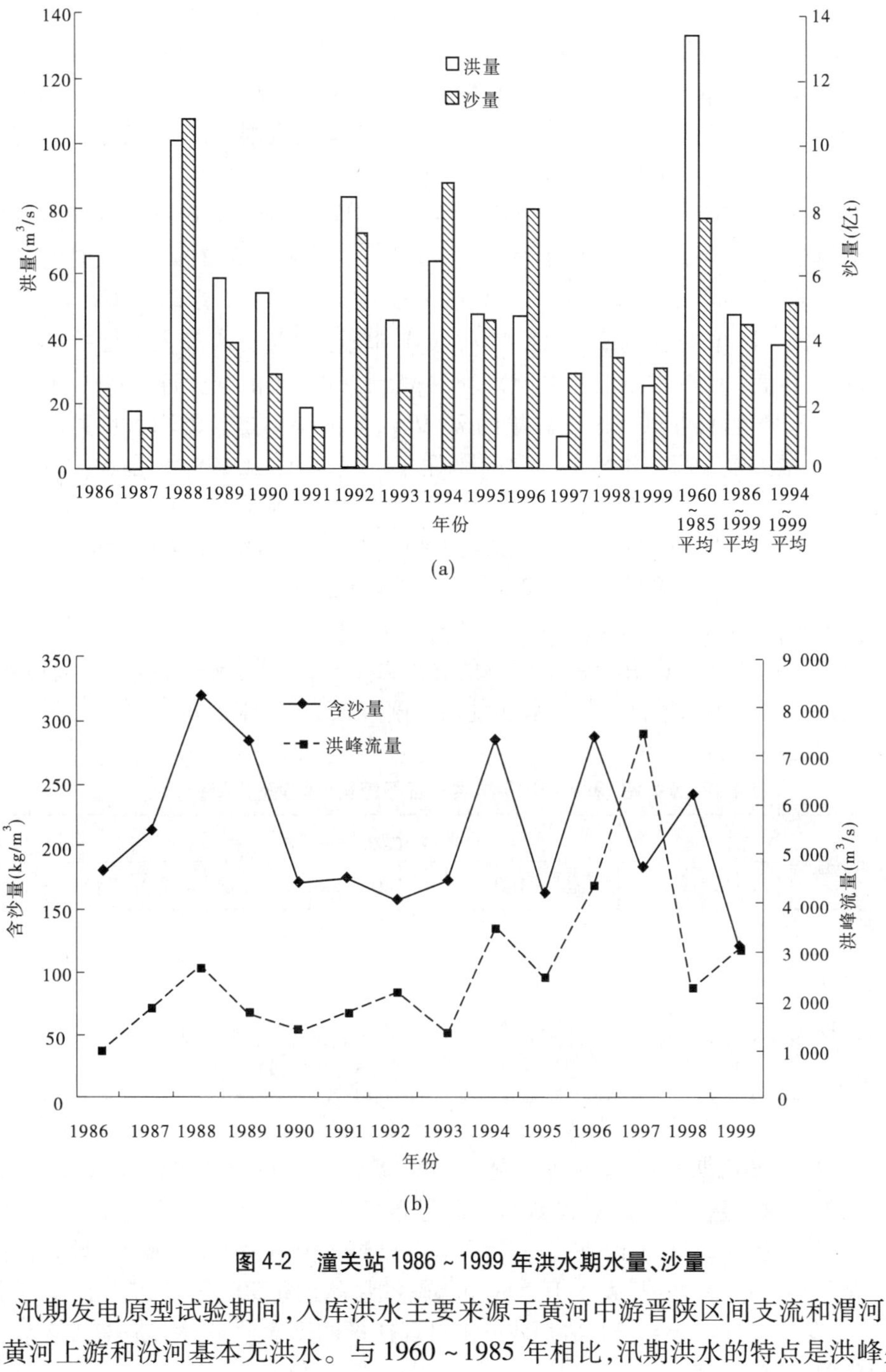

图 4-2 潼关站 1986～1999 年洪水期水量、沙量

汛期发电原型试验期间，入库洪水主要来源于黄河中游晋陕区间支流和渭河、北洛河等，黄河上游和汾河基本无洪水。与 1960～1985 年相比，汛期洪水的特点是洪峰少，历时短，水量小，峰值低，含沙量高。在此期间，渭河来水来沙变化较大，咸阳以上河道连续 6 年汛期枯水枯沙，汛期水量比多年平均值减少 70%～95%。除 1988 年汛期出现两次流量1 500～1 600 m^3/s 的洪峰外，其余年份汛期最大流量均小于 300 m^3/s。泾河则多次发生高含沙量洪水，尤以支流马莲河洪水居多。泾河、渭河来水来沙变化导致渭河下游水量减小,含沙量增大,高含沙量小洪水频繁出现。枯水丰沙的1994年汛期,华县站连续发生5次高含沙量洪峰,含沙量均大于600 kg/m³。近期黄河小北干流河道基流小,洪峰少,部分滩地多年不过流,杂草灌木丛生,严重阻碍行洪。龙门站1994年8月5日和1996年8月10日两次发生流量大于10 000 m³/s的洪峰,但因沿程滞洪削峰,至潼关站最大流量分别减小为7 360 m³/s和7 500 m³/s,削减30%以上。

6年来,潼关站汛期共发生各级流量洪峰21次,年均3.5次,比1986年前平均减少近2次,其中洪峰流量 $Q_m \geqslant 3\ 000$ m³/s的洪峰仅13次。枯水枯沙的1997年汛期仅发生一次洪峰。1999年汛期最大洪峰流量小于3 000 m³/s。每年平均洪峰历时24.8天,比1960~1985年减少一半左右。每年汛期洪水总量和输沙总量亦有较大幅度的减少。年均洪水总量38.9亿m³,仅占汛期总水量的38.1%,比1985年前减少近100亿m³。但汛期洪峰输沙达5.16亿t,占汛期输沙总量的76.9%,与前差不多。洪峰水量和沙量的不同变化,使含沙量大幅升高。洪峰平均含沙量高达133 kg/m³,比1985年前增大80 kg/m³左右,提高1倍以上。在汛期21次洪峰中,以高含沙量小洪水居多,其中流量小于5 000 m³/s、含沙量大于200 kg/m³的有12次(见表4-4),占洪峰总数的57.1%。1997年8月2日洪峰流量4 700 m³/s,而含沙量高达504 kg/m³,这是罕见的。流量大于5 000 m³/s的洪峰仅出现3次,最大流量7 500 m³/s。含沙量小于200 kg/m³的为6次洪水,其中有5次含沙量为100~200 kg/m³,仅有一次洪峰的含沙量小于100 kg/m³。因而,近些年来,洪水次数、洪水总量虽大幅度削减,但洪水沙量相应削减较少,洪水沙量占汛期输沙总量的比例反有所增加。

表4-4 潼关站1994~1999年洪水各级流量、含沙量洪峰统计

流量级(m³/s)	含沙量级(kg/m³)				
	<50	50~100	100~200	200~500	>500
>10 000					
10 000~5 000				3	
5 000~3 000			3	6	1
<3 000	1		2	5	

此外,1998年非汛期5月22~28日还出现一场高含沙量小洪水,潼关站最大流量1 730 m³/s,最大含沙量322 kg/m³,7天洪水总量6.62亿m³,沙量0.778亿t。这次洪水主要来源于渭河咸阳以上和泾河支流马莲河,华县站洪峰流量为1 140 m³/s,最大含沙量为426 kg/m³,连续4天含沙量大于100 kg/m³,输沙量高达0.502亿t。类似同期同类洪水,渭河时有发生,但是,渭河华县站5月下旬出现这样的高含沙量洪水是该站有水文记载以来的首次。

第三节 汛期各级流量天数及水量、沙量变化

1994年以来,由于汛期水量、沙量大幅度减少及洪水水沙组合的不利变化,导致潼关

站汛期日平均流量小于 1 000 m^3/s 出现的天数增多，相应水量、沙量及其在汛期总量中所占的百分数增加（见表 4-5、图 4-3），而流量大于 2 000 m^3/s 的天数及相应的水量、沙量则大幅度减少，含沙量成倍增加。1994～1999 年汛期流量小于 500 m^3/s 的天数平均为 31.8 天，流量在 500～1 000 m^3/s 之间的平均 41.8 天，两者共计 73.6 天，占汛期总天数的 60%，比 1960～1985 年增多 51.3 天；相应流量级的水量增加 20.3 亿 m^3，沙量增加 0.3 亿 t。日平均流量大于 2 000 m^3/s 的水沙变化与上述情况相反，流量级 2 000～3 000 m^3/s 的天数由 1960～1985 年的平均 28.1 天减至 6.5 天，相应水量由 59.4 亿 m^3 减至 12.8 亿 m^3，沙量由 2.57 亿 t 减至 1.47 亿 t，减少 1 亿 t 以上。由于减水远多于减沙，平均含沙量则高达 116 kg/m^3，比 1960～1985 年增大 1 倍以上。试验期间日平均流量大于 3 000 m^3/s 已成为汛期很少出现的情况，每年汛期平均只有 2.2 天，而 1960～1985 年平均达 31.3 天，即使与 1986～1999 年的平均 4.4 天相比也少了一半。相应于该级流量的水量仅 7.12 亿 m^3，比 1960～1985 年均值减少 100 亿 m^3，比 1986～1999 年平均值也少了将近一半。试验期间日平均流量大于 3 000 m^3/s 的沙量减少相对较小，每年平均 1.49 亿 t，比 1960～1985 年减少 4 亿 t，而与 1986～1999 年的平均 1.47 亿 t 相当。日平均流量大于 3 000 m^3/s 的含沙量，1960～1985 年为 50.4 kg/m^3，1986～1999 年为 106 kg/m^3，而在汛期发电原型试验期间的 1994～1999 年却高达 209 kg/m^3。

表 4-5　潼关站汛期各级流量天数、水量、沙量统计

时段	流量级（m^3/s）	天数（天）	水量（亿 m^3）	沙量（亿 t）	含沙量（kg/m^3）	占汛期比例（%）		
						天数	水量	沙量
1994～1999 年	<500	31.8	8.5	0.11	13.0	25.9	8.3	1.7
	500～1 000	41.8	25.0	0.61	23.6	34.0	24.5	9.1
	1 000～2 000	40.7	48.6	2.93	58.6	33.0	47.6	43.6
	2 000～3 000	6.5	12.8	1.53	116.0	5.3	12.6	22.8
	>3 000	2.2	7.1	1.53	209.0	1.8	7.0	22.8
	合计	123	102	6.71	64.0	100	100	100
1960～1985 年	<500	4.6	1.46	0.037	25.3	3.7	0.6	0.3
	500～1 000	17.7	11.7	0.359	30.7	14.4	5.0	3.4
	1 000～2 000	41.3	52.8	1.98	37.5	33.6	22.6	19.0
	2 000～3 000	28.1	59.4	2.57	43.3	22.8	25.4	24.7
	>3 000	31.3	109.0	5.49	50.4	25.5	46.6	52.7
	合计	123	234	10.4	44.4	100	100	100
1986～1999 年	<500	23.6	6.53	0.08	12.3	19.2	5.4	1.3
	500～1 000	41.4	25.5	0.51	20.0	33.6	21.2	8.7
	1 000～2 000	42.3	50.8	2.19	43.1	34.5	42.3	37.5
	2 000～3 000	11.3	23.5	1.60	68.1	9.2	19.5	27.4
	>3 000	4.4	13.9	1.47	106	3.5	11.6	25.1
	合计	123	120	5.85	48.8	100	100	100

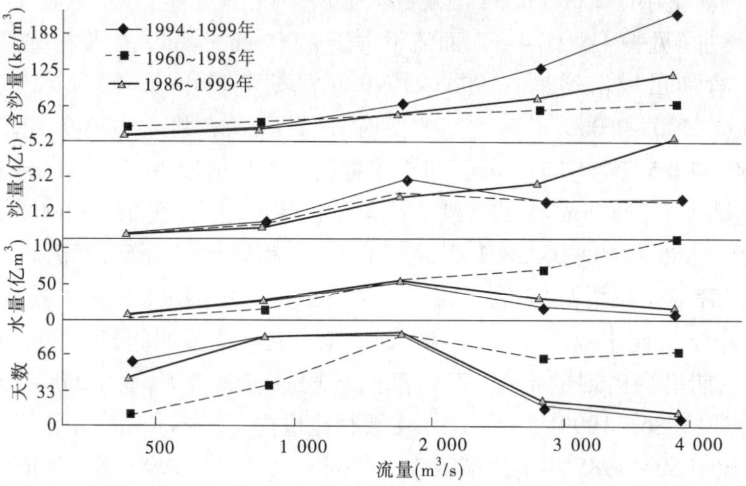

图 4-3　潼关站 1994～1999 年各流量级天数、水量、沙量及含沙量

第四节　水沙变化原因及今后发展趋势

从上述分析可以看出,近期入库水沙变化的主要特点是:年水量总量减少;年内分配发生变化,汛期水量占年水量的比重减少,由以前占全年水量的60%减为40%多;洪峰次数减少,洪峰流量削减。9、10月来水来沙大幅度减少,年沙量也有减少,且平、枯水年减得多,丰水年减得少,减沙作用不稳定。汛期内水沙分配也发生变化,水沙集中于7、8月,来沙更集中于洪水期。造成这些水、沙变化特性的原因,初步分析主要有:①黄河上中游地区降雨偏少。兰州以上为黄河流域主要产流区,汛期径流量的丰、枯取决于流域降雨量的大小。进入20世纪90年代以来的10年间,降水量比常年偏少10%左右。河口镇至龙门区间,近10年降水量与多年均值相比,干流以东大部分地区降水较丰,递增率在10%～15%,干流以西地区递减率大多为10%～30%。汾河、北洛河、泾河、渭河咸阳以上降水均减少10%～20%,特别是1997年减少了30%～40%。受其影响,黄河上中游地区的径流量有不同程度的减少。黄河唐乃亥站以上流域基本不受人类活动的影响,1956～1968年平均径流量213亿 m^3,其中汛期水量131亿 m^3,占年水量的61.5%。1990～1997年间,平均水量减至167亿 m^3,相差46亿 m^3;汛期水量91.5亿 m^3,比前期减少39.5亿 m^3。河口镇站在对1990～1999年径流量还原计算之后,仍比多年平均值偏小65亿 m^3 左右。龙门站及以下支流的还原年水量,除泾河张家山站和北洛河 洑头站减少较少外,其余较多平均值偏小20%左右(见表4-6)。②工农业及生活用水不断增长是水量减少的主要原因。目前上游用水已达140亿 m^3 左右,中游40亿 m^3 左右,下游120亿 m^3 左右,水保减水10亿 m^3 左右。③干流大型水库的调节作用,改变了水沙年内分配,使流量过程均匀化。龙羊峡、刘家峡水库联合运用,改变了水量的年内分配,汛期拦蓄洪水,洪峰削减。一般年份汛期蓄水40亿 m^3 左右,遇丰水年蓄水可达100亿 m^3。非汛期下泄水量增加。上游水库的建成运用,一方面改变年内(有些是年际)间的水量分配,另一方面为宁夏、内蒙古灌溉用水提供了保证，使用水量增加。④中游支流综合治理的减沙作用，在20世纪80年代主要产沙区暴雨强度较弱的情况下，平均减沙3亿t左右。由于目前各种治理措施标准不高，对一般降雨作用较大，遇高强度大暴雨减沙作用较少，甚至发生水毁增加入黄泥沙，如主要产沙区遇暴雨强度较大的1988年、1992年和1994年来沙多达10亿多t，有的地区还有边治理边破坏的情况，说明黄河泥沙并没有稳定减少，出现大沙年的机会是存在的；全河引沙2亿t左右，其中下游占1.2亿t左右，而全河引水占多年平均来水量的一半以上，引沙只占来沙量的13%左右，水引得多，沙引得少，使水沙关系更不协调。

表4-6　各年代还原年径流量比较　（单位：亿 m^3）

站名	1950～1959年	1960～1969年	1970～1979年	1980～1989年	1990～1996年	多年平均（1950～1996年）	90年代占多年平均（%）
河口镇	319.7	373.4	333.2	380.7	284.5	341.7	83.3
龙门	395.6	448.5	397.0	432.2	335.4	406.0	82.6
河津	25.65	29.21	24.13	18.85	17.15	23.37	73.4
张家山	17.04	22.37	19.12	19.77	19.41	19.55	99.3
洑头	7.05	10.59	8.61	9.56	8.07	8.82	91.5
咸阳	55.87	70.44	48.51	61.05	42.57	56.52	75.3
龙、河、张、洑、咸	501.2	581.10	497.4	541.2	422.6	514.2	82.2

注：龙、河、张、洑、咸指龙门、河津、张家山、洑头、咸阳。

从上述水沙变化的原因初步分析中可以看出，用水量增加是进入三门峡水库的年径流量减少的主要原因，而汛期水量减少，洪水次数、洪峰流量减少则主要是由于近期降水量减少，龙羊峡、刘家峡水库调节等原因引起的。今后随着国民经济发展、西部加速开发，用水量还会增加，即使遇到降水量丰沛的年份，年水量会有所增加，但因用水量的增加，龙羊峡水库的多年调节，增加的幅度不会太大。对于与三门峡水库调度运用密切有关的汛期水量减少，洪水次数减少，洪峰流量削减，9～10月水、沙量大幅度减少等水沙变化特性不会发生大的改变，这是由于龙羊峡、刘家峡水库的调蓄运用特性所决定的。当然，也不排除有些年份，在中游主要产流产沙区发生高强度暴雨而产生大和较大的洪峰和大沙年，对此也应予以注意。

第五节　小　结

（1）汛期发电原型试验期间（1994～1999年）入库年均水量、沙量分别为226亿 m^3 和8.44亿t，分别占多年（1933～1999年）实测平均值的61%和71%，是有实测资料以来最枯的系列。

汛期入库水量、沙量分别为102亿 m^3 和6.71亿t，分别占多年实测平均值的49.5%和67.1%；非汛期入库水量、沙量分别为166亿 m^3 和1.90亿t，分别占多年实测平均值的91.7%和90.5%。汛期发电原型试验期间汛期入库水量占年水量的比重由1933～

1985 年的 59% 降到 46%，汛期沙量由占全年的 84.3% 降到 79.5%。

汛期各月水量、沙量的分配亦有明显的变化，7、8 两月的水量占汛期水量的比重由 1933～1985 年的 46.4% 增加到 60.8%，沙量则由 65.6% 增加到 83.4%；9、10 月份水量、沙量占汛期水量、沙量的比重明显减少，特别是 10 月水量的比重由 1933～1985 年的 25% 降到 13.8%，沙量则由 10.2% 降到 2.5%，接近非汛期各月的水量、沙量。

(2)汛期发电原型试验期间，入库洪峰出现次数少，历时短，分别占 1960～1985 年的 57.4% 和 46.6%；水量、沙量小，分别占 1960～1985 年的 18.5% 和 66.8%；洪峰水量占汛期水量的比重由 1960～1985 年的 57.3% 降到 38.1%，洪峰沙量占汛期沙量比重略有增加，由 1960～1985 年 74.2% 增加到 76.9%；含沙量由 1960～1985 年的 57.6 kg/m^3 增加到 133 kg/m^3。由此导致汛期入库流量小于 1 000 m^3/s 的出现天数增多，由 1960～1985 年的 22.3 天增加到 73.6 天，相应水量、沙量占汛期水量、沙量的比重增加，水量由 5.6% 增加到 32.8%，沙量由 3.7% 增加到 10.8%，含沙量由 30.1 kg/m^3 降到 20.9 kg/m^3；而汛期入库流量大于 2 000 m^3/s 的出现天数大幅度降低，由 1960～1985 年的 59.4 天降到 8.7 天，相应水量占汛期水量的比重由 72.0% 降到 19.6%，沙量由 77.4% 降到 45.6%，含沙量由 47.9 kg/m^3 增加到 149.6 kg/m^3，增加了 2 倍多。汛期枯水流量出现时间延长，相应含沙量降低，对汛期发电运用有利，但是，洪峰减少，大流量出现时间减少，含沙量增加，对水库排沙不利，因此必须根据水沙变化，调整水库运用方式，改善库区冲淤状况，充分发挥水库综合效益。

第五章　汛期发电原型试验期间水库调度运用及其对库区和下游河道冲淤的影响

第一节　水库调度运用情况与特点

一、非汛期调度运用

汛期发电原型试验期间三门峡水库非汛期的调度运用同以往一样，包括防凌调度（分为凌前蓄水运用和凌期蓄水运用两个阶段）和春灌蓄水调度，在防凌调度和春灌蓄水调度的基础上进行发电。与以往有所不同的是，由于连续几年黄河汛期水小，无力冲刷潼关河床，潼关高程连年居高不下，为减轻潼关河床淤积，加之下游凌情较轻，近几年非汛期运用水位有较大幅度的降低，特别是高水位历时更有较多的减少。表5-1为试验期间非汛期运用水位情况及与历年比较表。从表5-1中可以看出，试验期间的6年中，蓄水位大于320 m的历时平均每年只有47天，不足1974～1985年以前平均每年95天的一半，就是比1986～1993年也减少了19天；大于322 m的历时总共只有5.5天，而且6年中只有2年的蓄水位超过322 m，没有1年蓄水位超过324 m。从各运用期来看，这几年运用水位降低主要在春灌蓄水期，年平均春灌最高水位不超过322 m(321.92 m)，较前期(1974～1985年平均为323.73 m，1986～1993年平均为323.16 m)均有较大幅度的降低，其中最高的1998年也只有322.80 m，回水影响不到潼关。需要说明的是，1998年5～6月春灌运用后期，为了配合黄河下游河口段挖沙工程施工，要求三门峡水库限制泄流，加上5月下旬渭河出现的一场高含沙量小洪水入库，出库流量小于入库流量引起库水位上升，使库水位急剧上升至323.80 m，比其他年份同期水位偏高10 m左右。受此影响，5、6月平均库水位高达320 m左右，高于一般年份4～6 m，大于315 m各级水位的天数也相应增加（见表5-1）。

二、汛期调度运用

三门峡水库汛期发电原型试验期间的汛期调度主要有三项任务：一是大洪水的防洪调度；二是排沙调度；三是水库的汛期发电原型试验调度。

由于三门峡水库建成以来，下游没有发生超标准洪水，因此水库还未进行过关门拦洪运用，汛期进行泄洪排沙运用。本次汛期发电原型试验期间，汛期进行泄洪排沙运用，即按“洪水排沙、平水兴利”的运用原则和方式进行，以合理处理水库排沙与发电关系。

试验期间的调度运用及排沙情况见表5-2。从表中可以看出，这几年汛期的调度运用基本上是按照上述原则进行，发电控制水位除1994年因2号隧洞出口防护工程抢护施工和1999年10月份为小浪底水库下闸蓄水做准备，三门峡水库蓄水较高（分别达到318.29 m和318.22 m）外，都控制在305 m左右。就整个汛期来说，除1994年和1999年高达306 m外,其余年份都不到304 m,加上采用洪水降低库水位排沙的方式,基本上满足了排沙要求。

表5-1　三门峡水库1994~1999年非汛期运用水位统计

运用时段(年-月)	水库运用情况	运用时段最高水位(m)	各级水位出现天数(天)					非汛期平均水位(m)
			>315 m	>317 m	>320 m	>322 m	>324 m	
1993-11~1994-06	凌前蓄水	315.08	2					315.13
	凌期蓄水	319.54	78	36	0	0	0	
	春灌蓄水	322.64	54	50	43	9	0	
	非汛期合计		134	86	43	9	0	
1994-11~1995-06	凌前蓄水	318.51	37	22	0	0	0	315.12
	凌期蓄水	316.28	26	11	6	0	0	
	春灌蓄水	321.80	39	37	17	0	0	
	非汛期合计		102	70	23	0	0	
1995-11~1996-06	凌前蓄水	315.08	0	0	0	0	0	316.54
	凌期蓄水	321.44	68	43	24	0	0	
	春灌蓄水	321.71	83	47	39	0	0	
	非汛期合计		151	90	63	0	0	
1996-11~1997-06	凌前蓄水	312.89	0	0	0	0	0	314.70
	凌期蓄水	321.39	60	54	23	0	0	
	春灌蓄水	321.81	58	54	38	0	0	
	非汛期合计		118	108	61	0	0	
1997-11~1998-06	凌前蓄水	315.22	5	0	0		0	316.70
	凌期蓄水	320.88	57	48	14		0	
	春灌蓄水	323.80*	69	69	33	7	0	
	非汛期合计		162	147	72	24	0	
1998-11~1999-06	凌前蓄水	318.43	15	8	0	0	0	315.79
	凌期蓄水	319.87	57	32	0	0	0	
	春灌蓄水	320.78	81	63	20	0	0	
	非汛期合计		153	103	20	0	0	
1973-11~1985-06平均值(期内最高)	凌前蓄水	317.11	149	132	95	65	16	316.76
	凌期蓄水	322.39(325.99)						
	春灌蓄水	323.73(325.39)						
1985-11~1993-06平均值(期内最高)	凌前蓄水	315.66	143	103	66	38	0	315.78
	凌期蓄水	319.55(324.94)						
	春灌蓄水	323.16(324.11)						
1993-11~1999-06平均值(期内最高)	凌前蓄水	315.87	137	101	47	5.5	0	315.66
	凌期蓄水	319.90(321.44)						
	春灌蓄水	321.92(322.80)						

注:* 系春灌蓄水后期为配合下游挖沙限制泄流而引起的最高水位,非汛期>315 m的各级水位出现天数也受其影响。

表 5-2　三门峡水库汛期调度运用及排沙情况

年份	运用目标	时段（月-日）	运用水位（m）			沙量（亿 t）			水量（亿 m^3）	说明
			平均	最低	最高	潼关	三门峡	ΔW_S		
1994	发电	07-01～07-27	311.11		318.29					2 号隧洞出口抢护施工，运用水位偏高
	泄洪排沙	07-28～08-22	302.48	295.66						
	发电	08-23～10-14	304.94		306.01					9 月 1～6 日出现 3 660 m^3/s 洪水，开闸排沙，冲 0.64 亿 t
		10-15～10-31	311.39		314.29					2 号隧洞继续施工，水位偏高
	汛 期		306.63	295.66	318.29	10.3	11.9	-1.6	134	
1995	发 电	07-01～07-16	305.38			0.076	0.023	0.053	2.66	
	泄洪排沙	07-17～08-20	299.16	295.53		3.59	4.78	-1.19	41.7	
	发 电	08-21～10-31	305.61		311.56	3.37	3.10	0.27	72.1	9 月 3～6 日利用洪水排沙 4 天，平均库水位 299.25 m，冲 0.41 亿 t
	汛 期		303.75	295.53	311.56	7.04	7.90	-0.86	116	
1996	发电	07-01～07-16	305.30		306.70	0.33	0.22	0.11	5.66	
	泄洪排沙	07-17～08-19	298.57	295.10		8.26	9.95	-1.69	56.6	
	发 电	08-20～10-31	305.04		306.88	1.29	0.65	0.64	64.3	
	汛 期		303.37	295.10	306.88	9.88	10.82	-0.94	127	

续表 5-2

年份	运用目标	时段（月-日）	运用水位(m)			沙量(亿 t)			水量（亿 m^3）	说明
			平均	最低	最高	潼关	三门峡	ΔW_S		
1997	发电	07-01～07-31	303.93		305.43	0.552	0.157	0.395	6.67	
	泄洪排沙	08-01～08-23	300.63	299.27		3.48	3.84	-0.36	20.6	
	发电	08-24～10-31	304.36		306.86	0.369	0.122	0.247	28.3	
	汛期		303.56	299.27	306.86	4.40	4.12	0.28	55.6	
1998	发电	07-01～07-08	304.47		305.18	0.199	0.060	0.139	2.88	
	泄洪排沙	07-09～08-27	301.53	299.20		3.67	4.88	-1.21	57.1	
	发电	08-28～10-31	305.02		308.67	0.507	0.347	0.16	25.9	
	汛期		303.57	299.20	308.67	4.38	5.29	-0.91	85.9	
1999	发电	07-01～07-20	304.87		307.98	1.66	2.17	-0.51	14.7	其间发生一次 2 200 m^3/s 的高含沙量小洪水，潼关以下库区发生冲刷
	泄洪排沙	07-21～08-15	304.57			1.69	2.14	-0.45	37.6	
	发电	08-16～10-03	304.57		305.66	0.49	0.34	0.15	37.6	
		10-04～10-31	314.86		318.22	0.25	0.04	0.21	17.8	为了小浪底水库下闸蓄水
	汛期		306.04	297.61	318.22	4.09	4.69	-0.60	95.2	

在泄洪排沙以后的发电运用阶段，由于305 m水位发电回水影响不到北村，在发电试验的6年中尚未发生过北村高程超过310 m的情况，同时由于9、10月很少有洪水发生，在这6年中只有1994年、1995年9月初分别发生一次洪峰流量$Q_m \geqslant 2\ 500\ m^3/s$的洪水，分别进行了6天和4天的降低水位排沙，冲刷0.64亿t和0.41亿t泥沙，为当年库区冲淤平衡（甚至冲大于淤）发挥了明显的作用，并恢复了部分坝前调沙库容，为其后发电时减少过机含沙量、改善机组运行工况提供了条件。

第二节　非汛期库区冲淤基本特性

一、试验期间非汛期库区冲淤情况

由于非汛期蓄水运用，进入潼关的泥沙，90%以上都淤积在潼关以下的三门峡库区，只是因各年间运用水位的差异，使淤积分布有所不同。

试验期间，各年非汛期潼关沙量为1.43亿～2.27亿t，平均1.86亿t，与多年（1969～1995年）平均1.90亿t差不多。沙量最多的1998年为2.27亿t，主要是5月下旬渭河下游一场高含沙量小洪水，使潼关7天沙量高达0.778亿t所致。

各年的淤积分布如表5-3所示。由于这几年非汛期运用水位较往年降低，最高运用水位一般不超过322 m，大部分水位都在317 m以下，因此大部分泥沙淤积在大禹渡（黄淤31断面，距坝约72 km）以下，其淤积量占全库段淤积量的70%以上，有的年份甚至达到80%～90%，为汛期冲刷恢复库容创造了有利条件。三角洲淤积顶点一般在北村或北村以下，只有1997年、1998年度因320～322 m水位运用时间较长，顶点位置在老灵宝（黄淤26断面，距坝约51 km）附近，特别是1998年5月下旬库水位偏高，又恰遇渭河麦黄水入库后，库水位升高至323.80 m，洪水期间回水末端在古贤（黄淤39断面）附近，有近20天库水位在320 m以上变动，增大了大禹渡至坫埼库段的淤积，在原来的三角洲上又叠加了以大禹渡为顶点的第二个淤积小三角洲。由于试验期间运用水位很少超过322 m，回水影响一般在坫埼附近，即使1998年曾达323.8 m，但运用时间短，入库流量较大，潼关至坫埼段基本处于自然河道状态，对潼关至坫埼段的淤积没有产生明显的影响，因此这几年潼关至坫埼段的淤积量很少，一般只占全库段淤积的2%左右，最多也不超过4%，这部分淤积的泥沙，主要是由于非汛期来水小、泥沙粗造成的自然回淤。

二、回水影响的临界水位分析

三门峡水库非汛期采用蓄水运用，在回水影响范围内，库区泥沙将发生落淤，因此其回水影响的临界库水位对于控制非汛期淤积部位十分重要。在泥沙淤积不严重的河流上，最高库水位与河床的平交点即为该级水位的回水末端。当库水位固定不变时，流量越大，回水长度越短；反之，流量越小，回水末端距坝越远。多沙河流上修建的水库，在回水末端附近由于回水和淤积的相互作用，泥沙淤积向上游和向下游两个方向发展，河道比降及断面形态也随之发生改变，所以，同一库水位的回水末端和淤积末端均随着库区的淤积发展而不断变化。自1974年“蓄清排浑”运用以来，非汛期水库蓄水运用，潼关至坝前堆

表5-3　1994～1999年非汛期库区淤积分布

河段（年-月-日）	河段淤积量（亿 m^3）												黄淤31断面以下淤积比重(%)	淤积三角洲顶点断面号（距坝里程）
	黄淤2—12		黄淤12—22		黄淤22—31		黄淤31—36		黄淤36—41		黄淤2—41			
	淤积量	占全段（%）	淤积量	占全段（%）	淤积量	占全段（%）	淤积量	占全段（%）	淤积量	占全段（%）	淤积量	占全段（%）		
1993-10-04～1994-06-03	0.038	2.94	0.274	21.2	0.698	54.0	0.235	18.2	0.047	3.64	1.29	100	78.1	20（33.6）
1994-10-02～1995-06-07	0.143	8.14	0.559	31.8	0.895	50.9	0.170	9.68	-0.010	-0.57	1.76	100	90.8	接近22（42）
1995-10-22～1996-05-21	0.049	3.18	0.336	21.8	0.858	55.7	0.272	17.7	0.027	1.75	1.54	100	80.7	22（42.3）
1996-11-05～1997-06-03	0.046	3.67	0.160	12.8	0.719	57.4	0.290	23.2	0.037	2.96	1.25	100	73.9	26（51.4）
1997-11-14～1998-06-28	0.041	2.27	0.210	11.9	1.030	58.5	0.470	26.7	0.010	0.57	1.76	100	73.7	26、30（51.4、67.9）
1998-11-19～1999-05-25	0.031	1.85	0.291	17.3	0.992	59.0	0.308	18.3	0.058	3.45	1.68	100	78.2	22（42.3））

积大量淤积物，随着运用水位不同，沿程河床发生不同程度的淤积升高。由于非汛期河床的淤积，每年汛初，各级运用水位的回水末端距坝相对较近。305 m 水位的回水末端位于黄淤 8—12 断面间，经汛期泄洪排沙运用，非汛期淤积物冲刷出库，河床高程得以下降恢复，各级库水位的回水范围逐渐向上游延伸。在库区冲刷较多的年份，汛末 305 m 水位回水影响将接近北村，长达 40 余 km。

每年汛后各级库水位的回水影响范围，可以利用凌汛蓄水过程中水流基本稳定时的库区水位资料加以确定。即在确定某一水位站开始受回水影响的临界库水位时，可采用与其相邻的上游水位站作为参证站。在流量相对稳定的蓄水过程中，以两站间的水位差明显变小为标志，即认为该站水位因受回水影响而开始起涨了，此时的库水位即为回水影响该站的临界库水位。根据上述原则，采用库区相邻各站水位差在库水位上升过程中的变化关系(见图 5-1、图 5-2)可以看出：

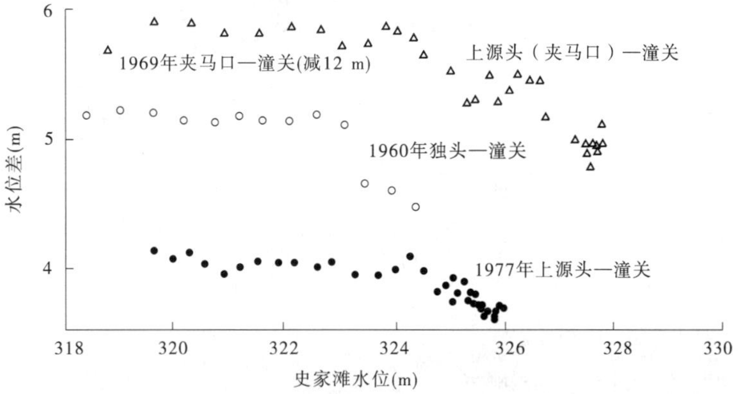

图 5-1 上源头等至潼关水位差与三门峡水库坝前水位关系

(1)回水影响潼关站的临界水库坝前水位为 323.5 ~ 324.5 m。

(2)回水影响坫埼站的临界水库坝前水位为 320 m 左右。

(3)回水影响大禹渡站的临界水库坝前水位为 315 m 左右。

(4)回水影响北村站的临界水库坝前水位为 307 ~ 308 m。

近几年，洪水期水库降低水位排沙，北村以下河床冲刷幅度较大，经过洪水期冲刷后，流量 1 000 m^3/s 的水位比 1988 年前下降 1.5 m 以上，回水影响北村站的临界水位降至接近 305 m。大禹渡和坫埼一带河床较前有所淤积抬高，回水影响该两站的临界库水位也略有提高，分别上升为 315 ~ 315.5 m 和 321 m 左右。

三、非汛期库区淤积分布特点

非汛期库区淤积分布(部位)关系到汛期能否将非汛期淤积物冲刷出库，以保持有效库容和潼关高程的稳定。因此，分析非汛期库区淤积分布特性，从而控制非汛期淤积部位，有助于汛期的冲刷，以保持水库的有效库容。

(一)不同运用条件下的非汛期泥沙淤积的典型分布

非汛期各个运用阶段的水位情况及其相应时段的入库水沙条件，是决定库区淤积分布的主要因素。多年来的资料分析表明，库水位 310 m 时，回水末端在黄淤 26 断面附近，

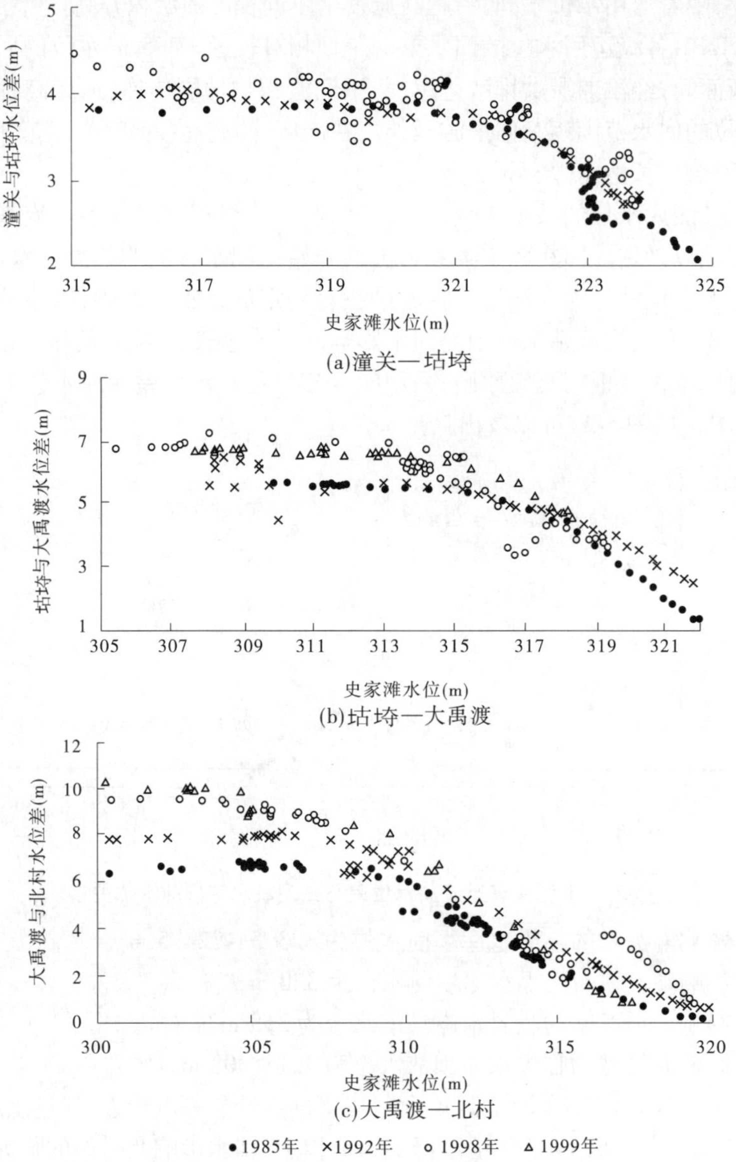

图 5-2　水位落差与三门峡水库坝前水位关系

流量 1 000 m^3/s 左右时水库排沙比小于 20%。壅水淤积物从回水末端至坝前沿程增加，形成锥体淤积。

库水位升至 315 m 时，回水末端上提至大禹渡附近，入库泥沙基本上全部淤在库内，大部分堆积在北村以下。一般年份非汛期 80 ~ 110 天库水位低于 315 m，在此期间的入库沙量是造成北村以下库段淤积的主要原因。

库水位上升到 320 m 时，回水延伸到坫垮附近，坫垮至大禹渡段产生少量淤积，大量泥沙堆积在大禹渡至北村间。当库水位升至 320 ~ 324 m 时，回水变动在坫垮与潼关之间，淤积物主要分布在大禹渡上下库段。淤积形态为三角洲，三角洲顶点位于大禹渡附近。

运用水位高达324～326 m时，回水超过潼关，潼关断面直接产生壅水淤积，淤积物主要分布在坫埼上下库段。1977年非汛期41天库水位介于320～324 m之间，77天库水位大于324 m，最高库水位达325.99 m，是控制运用以来非汛期运用水位最高和潼关河段淤积数量最多的年份，淤积三角洲顶点位于坫埼附近。

1974年和1977年，非汛期库水位高于320 m天数比较接近，潼关—三门峡段的淤积量也比较接近（见表5-4），但是，1977年非汛期库水位在320～322 m和322～324 m的天数比1974年同期少34天、32天，而大于324 m的天数相应多63天。由此引起非汛期平均运用水位由1974年314.28 m上升为1977年的318.32 m，相差4.04 m。水库运用水位的变化，导致库区淤积发生明显的变化，淤积重心从坫埼—北村段向上搬移至潼关—大禹渡段。

1993年是控制运用以来非汛期运用水位比较低的一年。这一年最高库水位321.61 m，有98天库水位变动在315～320 m之间，仅有34天库水位大于320 m。淤积三角洲顶点位于北村附近（见图5-3），淤积量的90%分布在大禹渡以下（见表5-4）。这就为汛期排沙创造了有利条件。1994年后非汛期蓄水运用基本与此相同，只是1998年非汛期水库运用和淤积分布状况是较为特殊的一年，防凌和春灌蓄水阶段与1993年以来的同期运用情况基本相同，但在5月底向下游河道供水期间，为了配合黄河利津以下河段挖沙疏浚工程安全施工，三门峡水库控制下泄流量，致使库水位由缓慢下降转为上升。当5月22日至6月3日渭河高含沙量洪水入库后，库水位急剧升高。洪水期平均库水位322.97 m，最高323.80 m，比1997年同期偏高10 m左右。洪水期间入库泥沙0.805亿t，除少量泥沙通过异重流排出外，基本上全部淤在库内。这部分淤积物主要分布在坫埼至北村间。从整个非汛期运用水位的平均水位及各级水位出现的天数看，仍属于运用水位低，高水位持续历时短的年份。但在库水位322～324 m期间大量泥沙入库，导致黄淤36—22断面间非汛期淤积量多达1.50亿m^3，比一般年份增加近1倍，成为该库段非汛期淤积最多的一年。

（二）水库运用对潼关至坫埼河段的冲淤影响

已有许多研究成果表明：潼关至坫埼河段的冲淤量与潼关高程的升降具有良好的单值关系。上述分析认为，当坝前水位超过320 m后，坫埼受回水影响。三门峡水库"蓄清排浑"运用以来，历年非汛期运用的最高水位变幅很大，最高达325.99 m（1977年），最低为320.78 m（1999年），均超过320 m，汛期发电原型试验期间，非汛期水库运用水位比较低，分析不同库水位对潼关至坫埼河段的冲淤影响，弄清情况，为今后制定水库运用方案具有重要意义。

三门峡水库修建前潼关高程变化的特点为，洪水冲刷，小水回淤，汛期冲刷，非汛期回淤，多年平均回淤略大于冲刷，故潼关高程是微升的。潼关至坫埼河段的冲淤特点，过去分析不多，为此对三门峡水库运用前实测资料进行考证，统一分析结果见表5-5。表中资料虽不多，但从定性上可以认为：潼关至坫埼河段的冲淤特点与潼关高程变化的特点是基本一致的。

此外，又分析了三门峡水库"蓄清排浑"运用以来潼关至坫埼河段的冲淤量与潼关和坫埼两站相应时段同流量水位差的平均值关系，见图5-4，可以看出：它们之间确实存在一定的关系，但有一定的变化幅度，表明它们的关系还受其他因素的影响。于是将三门峡水库运用前测到的唯一的一次资料点入，落在点群边缘，并没有脱离点群，表明三门峡水库

表 5-4 典型运用年非汛期各级水位天数与冲淤量

时段(年-月-日)		库区冲淤量(亿 m^3)						各级水位天数(天)				平均运用水位(m)
		黄淤12以下	黄淤12—22	黄淤22—31	黄淤31—36	黄淤36—41	全段	>320 m	320~322 m	322~324 m	>324 m	
1973-09-26~1974-06-24	冲淤量	0.090	0.106	0.398	0.492	0.150	1.236	121	44	63	14	314.28
	占全段(%)	7.3	8.6	32.2	39.8	12.1	100					
1976-10-05~1977-05-18	冲淤量	0.100	0.147	0.160	0.345	0.389	1.141	118	10	31	77	318.32
	占全段(%)	8.8	12.9	14.0	30.2	34.1	100					
1992-09-14~1993-05-26	冲淤量	0.262	0.742	0.824	0.202	0.015	2.045	34	34	0	0	314.47
	占全段(%)	12.8	36.3	40.3	9.9	0.7	100					
1997-10-08~1998-06-28	冲淤量	0.05	0.24	1.05	1.44	0.05	2.83	71	54	17	0	316.70
	占全段(%)	1.8	8.5	37.1	50.8	1.8	100					

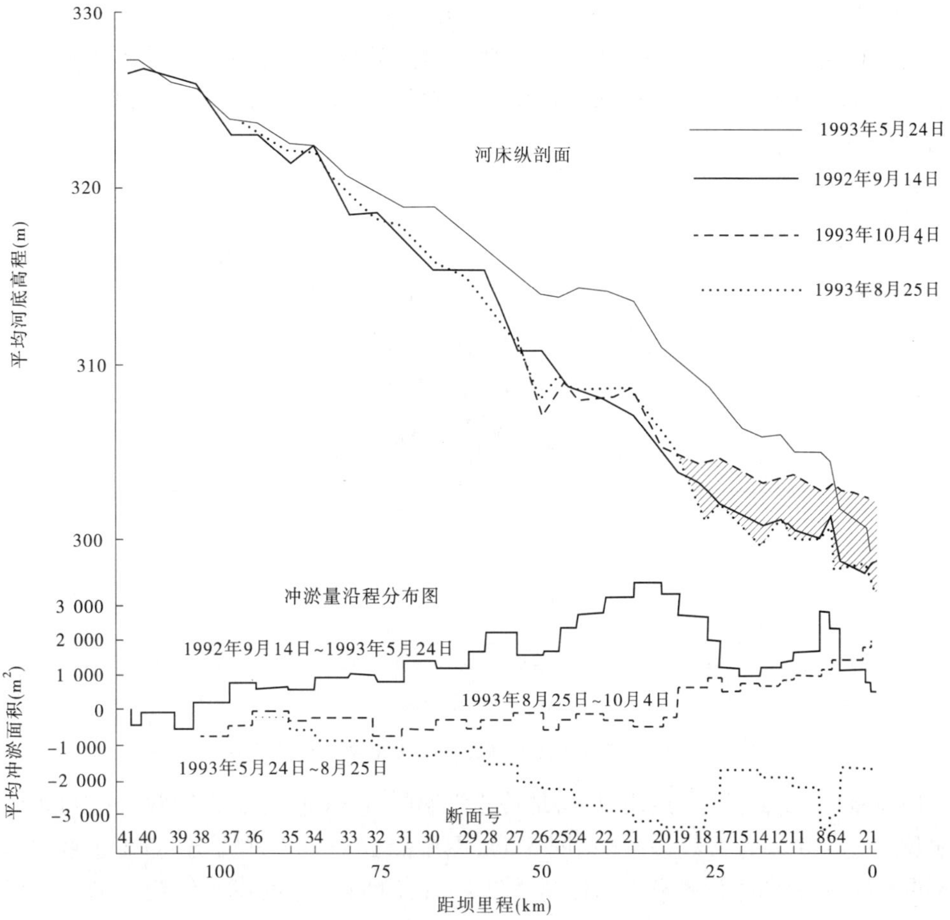

图 5-3　潼关—三门峡段冲淤分布

表 5-5　三门峡水库运用前潼关至坫垮河段的冲淤变化

日期（年-月-日）	潼关流量（m^3/s）	水位（m）			水位差（m）			潼关—坫垮河段冲淤量(亿 m^3)
		潼关	彩霞	杨家湾	潼关	彩霞	杨家湾	
1959-10-31	1 050	323.45	(317.12)	311.63	+0.39 (0.24)	+0.23 (+0.52)	+0.30 (+0.19)	
1960-04-30	1 020	323.84	317.35	311.93				
1960-07-19	1 050	323.69	317.64	311.82				
1960-09-18	1 160	323.51	317.28	311.72	-0.29 (-0.18)	-0.14 (-0.36)	-0.24 (-0.10)	-0.101 9
1960-09-20	1 260	323.55	317.21	311.69				

注:1. 彩霞水位站位于坫垮水位站下 3.76 km,1960 年 4 月 21 日设立,10 月 8 日停测,括号内的水位为插补值。

2. 潼关至坫垮河段冲淤量的测验时段为 1960 年 4 月 30 日 ~9 月 20 日。

3. 水位差的计算时段基本与冲淤量测验时段一致。其中括号内水位差的计算时段不同,上排数字为 1959 年 10 月 31 日与 1960 年 7 月 19 日各站的水位差,表示非汛期的冲淤情况,下排数字为 1960 年 7 月 19 日与 9 月 18 日的水位差,表示汛期的冲淤变化,9 月 20 日后由于水库蓄水受回水的影响,未计入。

建库前后它们的关系是一致的。三门峡水库运用前潼关和坫垮两站非汛期实测的同流量水位平均升高0.38 m(见表5-5),基本上与建库前潼关高程非汛期回淤的多年平均值接近,由此从图5-3中粗估出潼关至坫垮河段非汛期的回淤量最大不会超过0.1亿m^3,平均为0.02亿~0.04亿m^3。

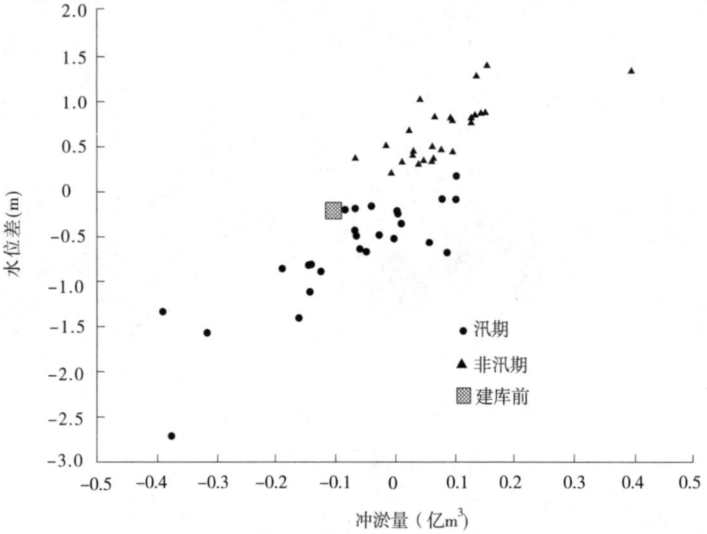

图5-4 潼关至坫垮冲淤量与两站水位差平均值关系

三门峡水库"蓄清排浑"运用以来,坫垮非汛期同流量(潼关流量1 000 m^3/s)水位差与库水位超过320 m的天数关系(见图5-5),图中点群分了3种情况,即在库水位超过320 m的天数中,有的年份中有库水位超过324 m;有的年份中有库水位超过322 m,但又低于324 m;还有的年份低于322 m。可以看出:库水位超过320 m的天数多,一般运用水位也较高,坫垮高程升高也大,反之亦然,应特别指出,当库水位超过320 m的天数多于50天,则坫垮高程随时间延长迅速升高;当库水位超过320 m的天数少于50天,则坫垮高程随时间延长而升高的速度较小。同时将三门峡水库运用前实测的潼关和彩霞两站非汛期的水位差平均值点绘在图上,也在点群范围内,表明坫垮高程在非汛期未受回水影响下的变化与建库前是一致的。

汛期发电原型试验期间,各年非汛期水库运用情况及潼关至坫垮河段的冲淤情况见表5-6,表中还列出三门峡水库"蓄清排浑"运用以来,非汛期水库3种运用情况(即在库水位超过320 m的天数中,①有的年份最高库水位超过324 m;②有的年份最高库水位超过322 m,但又低于324 m;③有的年份最高库水位低于322 m)的平均值。从表5-6可以看出:当最高库水位超过324 m时,变化幅度为324.1~325.99 m,平均为324.65 m,平均历时为21.7天,库水位超过320 m的历时较长,达92.3天,占非汛期时间的38.1%,潼关高程和坫垮高程及潼关至坫垮河段的淤积量均比较大,明显受水库运用的影响。当最高库水位在322~324 m范围内,平均为323.66 m,平均历时为48.1天,库水位超过320 m时的历时为72.6天,潼关高程非汛期平均升高0.34 m,与建库前的多年平均值接近,表明基本不受水库运用的影响,但是坫垮高程和潼关至坫垮河段的淤积量还是较大,仍受水

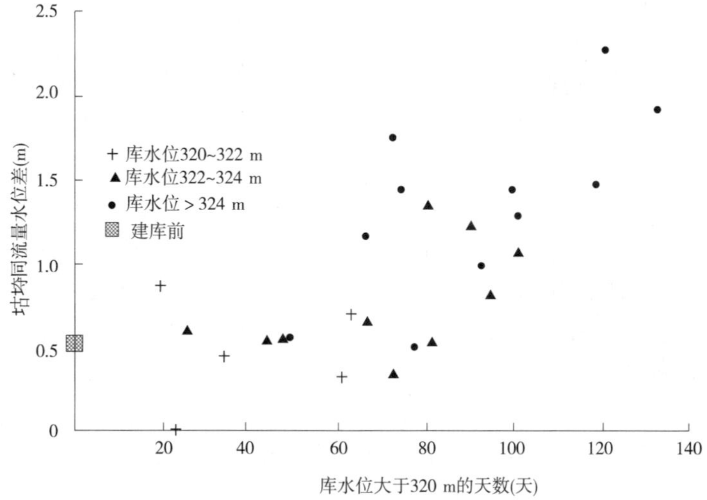

图 5-5　坫垮非汛期水位差与库水位超过 320 m 天数关系

库运用的影响。当最高库水位不超过 322 m，平均为 321.46 m，库水位超过 320 m 的历时平均为 40.2 天，潼关高程和潼关至坫垮河段的淤积量都比较小，可能不受水库运用的影响，但坫垮高程的升高值比潼关大，还受水库运用的一定影响。

表 5-6　非汛期水库运用情况及潼关至坫垮河段冲淤情况

年份	潼关—坫垮河段冲淤量（亿 m^3）	同流量水位差（m）		最高库水位（m）	库水位＞320 m		库水位＞322 m		库水位＞324 m	
		潼关	坫垮		天数（天）	沙量（亿 t）	天数（天）	沙量（亿 t）	天数（天）	沙量（亿 t）
1993～1994	0.047	0.17	0.55	322.66	43	0.390	9	0.117	0	0
1994～1995	-0.010	0.43	0.01	321.80	23	0.250	0	0	0	0
1995～1996	0.027	0.14	0.71	321.31	63	0.880	0	0	0	0
1996～1997	0.037	0.33	0.33	321.81	61	0.659	0	0	0	0
1997～1998	0.010	0.35	0.34	323.80	72	1.720	24	1.140	0	0
1998～1999	0.058	0.15	0.87	320.78	20	0.087	0	0	0	0
1993～1999 平均	0.028	0.26	0.47	322.03	47	0.664	5.5	0.210	0	0
库水位大于 324 m	0.112	0.56	1.29	324.65	92.3	0.607	63.1	0.411	21.7	0.116
库水位 322～324 m	0.075	0.34	0.91	323.66	72.6	0.666	48.1	0.387	0	0
库水位 320～322 m	0.028	0.31	0.48	321.46	40.2	0.445	0	0	0	0

注：表中最后三行是“蓄清排浑”运用以来（1973～1999 年）非汛期三种水库运用情况（与图 5-4 相同）下的平均值。

汛期发电原型试验期间,有2年最高库水位超过322 m,其中1998年最高库水位达323.80 m,超过322 m达24天,在此期间,渭河发生高含沙洪水,入库沙量达1.14亿t,虽然潼关至坫埼河段没有发生严重的淤积,但对坫埼以下各河段的淤积影响比较大,见表5-3。1994年最高库水位达322.66 m,库水位超过322 m的历时9天,潼关高程非汛期升高0.17 m,可以说没有影响。而坫埼高程和潼关至坫埼河段淤积均可能受一定的影响。其余4年中,最高库水位为321.80 m(1994～1995年),相应库水位超过320 m的历时23天,虽然潼关高程升高较大,但坫埼高程升高不大,潼关至坫埼河段还发生冲刷,可以说水库运用基本没有影响;库水位超过320 m历时最长的为63天(1995～1996年),相应最高库水位为321.31 m,潼关高程和潼关至坫埼河段的淤积量都比较小,可能不受水库运用的影响,但坫埼高程升高0.71 m,水库运用有一定的影响;坫埼高程和潼关至坫埼河段淤积最严重的是1998～1999年,分别达0.87 m和0.058亿m^3,但是这年最高库水位为320.78 m,库水位超过320 m的历时仅20天,在此时段内来沙量为0.087亿t,均为"蓄清排浑"运用以来的最小值,其淤积量偏大的原因,可能是1998年汛期冲刷量较大,非汛期回淤量也较大(见表5-7)。在汛期发电原型试验6年中,最高库水位的平均值为322.03 m,库水位超过320 m的历时平均为47天,来沙量接近"蓄清排浑"运用以来的最大值,但潼关、坫埼高程及潼关至坫埼河段的淤积量基本上与最高库水位不超过320 m的情况接近,也就是说,水库运用除对坫埼高程有一定影响外,对潼关高程和潼关至坫埼河段的淤积量基本没有影响。

表5-7　1994～1999年潼关—三门峡段库区分段冲淤量　　（单位:亿m^3）

运用时段(年-月-日)	黄淤12以下	黄淤12—22	黄淤22—31		黄淤31—36	黄淤36—41	全库段
			黄淤22—26	黄淤26—31			
1993-10-04～1994-06-03(非汛期)	0.038	0.274	0.230	0.470	0.235	0.047	1.294
1994-06-03～08-26(泄洪排沙)	-0.185	-0.331	-0.212				
1994-08-26～10-02(发电期)	0.083	0.022	-0.041				
1994-06-03～10-02(汛期)	-0.102	-0.307	-0.782		-0.303	0.006	-1.488
1994-10-02～1995-06-07(非汛期)	0.143	0.559	0.895		0.170	-0.010	1.757
1995-06-07～08-19(泄洪排沙)	-0.347	-0.602	-0.625				
1995-08-19～10-22(发电期)	0.295	0.160	-0.215				
1995-06-07～10-22(汛期)	-0.052	-0.442	-0.840		-0.147	0.100	-1.381
1995-10-22～1996-05-21(非汛期)	0.049	0.336	0.858		0.272	0.027	1.542
1996-05-21～08-25(泄洪排沙)	-0.293	-0.712	-1.530		-0.410	-0.088	-3.033
1996-08-25～11-05(发电期)	0.240	0.223	0.083		-0.019	0.001	0.528
1996-05-21～11-05(汛期)	-0.053	-0.489	-1.450		-0.429	-0.087	-2.508
1996-11-05～1997-06-03(非汛期)	0.046	0.160	0.719		0.290	0.037	1.252
1997-06-03～08-27(泄洪排沙)	-0.184	-0.358	-0.445		0.014	0.069	-0.904

续表 5-7

运用时段 (年-月-日)	黄淤 12 以下	黄淤 12—22	黄淤 22—31		黄淤 31—36	黄淤 36—41	全库段
			黄淤 22—26	黄淤 26—31			
1997-08-27 ~ 11-14(发电期)	0.124	0.131	0.022		-0.114	0.027	0.190
1997-06-03 ~ 11-14(汛期)	-0.070	-0.227	-0.423		-0.100	0.096	-0.724
1997-11-14 ~ 1998-06-28(非汛期)	0.040	0.210	1.030		0.470	0.010	1.760
1998-06-28 ~ 08-27(泄洪排沙)	-0.130	-0.320	-0.960		-0.430	-0.050	-1.890
1998-08-27 ~ 11-18(发电期)	0.130	0.180	0.040		-0.050	-0.019	0.281
1998-06-28 ~ 11-18(汛期)	0	-0.140	-0.920		-0.480	-0.070	-1.610
1998-11-18 ~ 1999-05-25(非汛期)	0.031	0.291	0.992		0.308	0.058	1.680
1999-05-25 ~ 08-24(泄洪排沙)	-0.184	-0.408	-0.806		-0.229	-0.009	-1.636
1999-08-24 ~ 11-16(发电期)	0.192	0.233	0.135		-0.086	-0.059	0.415
1999-05-25 ~ 11-16(汛期)	0.008	-0.175	-0.671		-0.315	-0.068	-1.221
1993-10-04 ~ 1999-11-16 6 年合计	0.078	0.050	0.108		-0.029	0.146	0.353

综上所述,建库前后潼关至坫垮河段的冲淤特点与潼关高程变化的特点基本一致,汛期冲刷,非汛期回淤。三门峡水库“蓄清排浑”运用,随着水库运用水位的高低,历时的长短,对潼关至坫垮河段的淤积影响程度也不同,当最高库水位不超过 322 m,库水位超过 320 m 的历时在 30 天左右,除对坫垮高程的升高有一定的影响外,对潼关高程和潼关至坫垮河段的淤积基本没有影响。汛期发电原型试验 6 年中,有 2 年最高库水位超过 322 m,其余 4 年为“蓄清排浑”运用以来库水位比较低的年份。总的说来,潼关高程和潼关至坫垮河段的淤积量不大,基本上不受水库运用的影响,但坫垮高程的升高还是受到一定的影响。

第三节　汛期潼关至大坝段库区冲淤特性

一、汛期潼关至大坝段库区冲淤概况

根据大断面测验资料,自 1993 年 10 月 4 日 ~ 1999 年 11 月 16 日 6 年间共淤积泥沙 0.353 亿 m^3(见表 5-7)。如果考虑到 1999 年 10 月为配合小浪底水库初期蓄水运用,三门峡水库进行预蓄水,最高库水位达 318.22 m,有 25 天库水位大于 310 m,致使黄淤 31 断面以下增淤约 0.25 亿 m^3,若扣除此影响,6 年潼关至大坝段库区基本上维持冲淤平衡。

在这 6 年中,汛期冲刷量大于非汛期淤积量的只有 1994 年和 1996 年,因这两年汛期水量相对较大些,有 130 亿 m^3 左右,而 1997 ~ 1999 年汛期水量奇枯,都未超过 100 亿 m^3,汛期冲刷都未能抵过非汛期的淤积,特别是 1997 年汛期只有 55 亿 m^3 水,汛期冲刷量只有 0.724 亿 m^3,远比非汛期淤积的 1.25 亿 m^3 少。

从各运用时段的冲淤部位来看,汛初平水期控制305 m水位运用,因流量小,各库段的冲淤数量很少,主要表现在三角洲顶点附近的局部冲刷和坝前壅水段淤积;泄洪排沙期间,北村以下库段发生强烈的溯源冲刷,北村至坫垮河段以溯源冲刷为主,兼受沿程冲刷的影响,但冲刷强度较弱。8月中旬前后,泄洪排沙结束时,北村以下库段冲刷量约大于非汛期淤积量0.2亿~0.3亿m^3(见表5-7),多冲的这部分泥沙正是上年10月控制水位发电期间的壅水淤积物,北村至坫垮(黄淤22—36断面)河段冲刷量占非汛期淤积量的80%左右,而坫垮至潼关段(黄淤36—41断面)河床的冲淤主要受水沙条件的作用,属于沿程冲淤性质;控制水位发电期间,潼关至大坝库段出现两头淤积,中间库段冲刷的情况,北村以下回水区,淤积厚度自上而下沿程增大,回水末端以上河道,在前期大幅冲刷的基础上又继续产生溯源冲刷,潼关至坫垮河段则因水量少而处于回淤状态。1994~1999年汛期发电原型试验期间,如前述,若扣除1999年10月预蓄水的淤积影响的话,黄淤31断面以下库段1998年前还是略有冲刷的;黄淤31—36断面间,6年冲刷0.03亿m^3;黄淤36—41断面,6年累计淤积0.15亿m^3,这部分淤积物主要发生在1995年和汛期水量特枯的1997年。

二、汛期溯源冲刷与影响因素

(一)溯源冲刷过程和范围

对于进行"蓄清排浑"运用的三门峡水库,汛期降低水位进行排沙,汛初降低水位后,坝前水位与非汛期的淤积三角洲产生较大的水位落差,于是形成自大坝向上游发展的溯源冲刷,把泥沙排出库外,溯源冲刷的范围和数量对于冲刷库区非汛期淤积的泥沙,恢复有效库容十分重要。

根据大断面测验,汛前(或汛初)和汛后(或汛末)两次大断面冲淤面积的沿程变化或河底平均高程的沿程变化大致能够确定溯源冲刷的范围。从近些年的资料分析,溯源冲刷的末端大部分在大禹渡(黄淤31断面)与坫垮(黄淤36断面)之间,少些在坫垮上下,溯源冲刷范围除与非汛期的淤积分布有一定的关系外,主要与汛期水量和坝前控制水位有关。图5-6和图5-7分别为1996年和1997年汛初和汛末(或泄洪排沙期后)的平均冲淤面积的沿程分布图。

1996年汛期水量相对较丰(127亿m^3),汛期发生5场洪水(洪峰流量$Q_m>2\ 500$ m^3/s的有3场),从图5-6上判断溯源冲刷末端可达黄淤37断面,超过了坫垮。而1997年汛期水量只有55亿m^3,是有水文记载以来最枯的一年,洪水也只有一次,因此汛末冲刷末端只在黄淤34断面,洪水排沙期后(8月27日),溯源冲刷范围还在大禹渡(黄淤30断面)以下,且非汛期淤积物还有0.53亿m^3没有冲刷出库。必须指出:非汛期泥沙淤积距坝较远,汛期溯源冲刷范围也较大,但不能由此认为溯源冲刷可以把非汛期淤积的泥沙冲出库外。

水库在溯源冲刷过程中,一般是从大坝向上游发展的,靠近坝前冲刷深度大,冲刷速度快,随着向上游的发展,溯源冲刷深度逐渐减小,冲刷速度减缓,以致溯源冲刷逐渐消失,三门峡水库各年的溯源冲刷特点基本一致。汛初,在库水位低于三角洲之后,三角洲顶点附近水位落差集中,局部形成很陡的水面比降,水深减小,流速增大,此处河床首先发

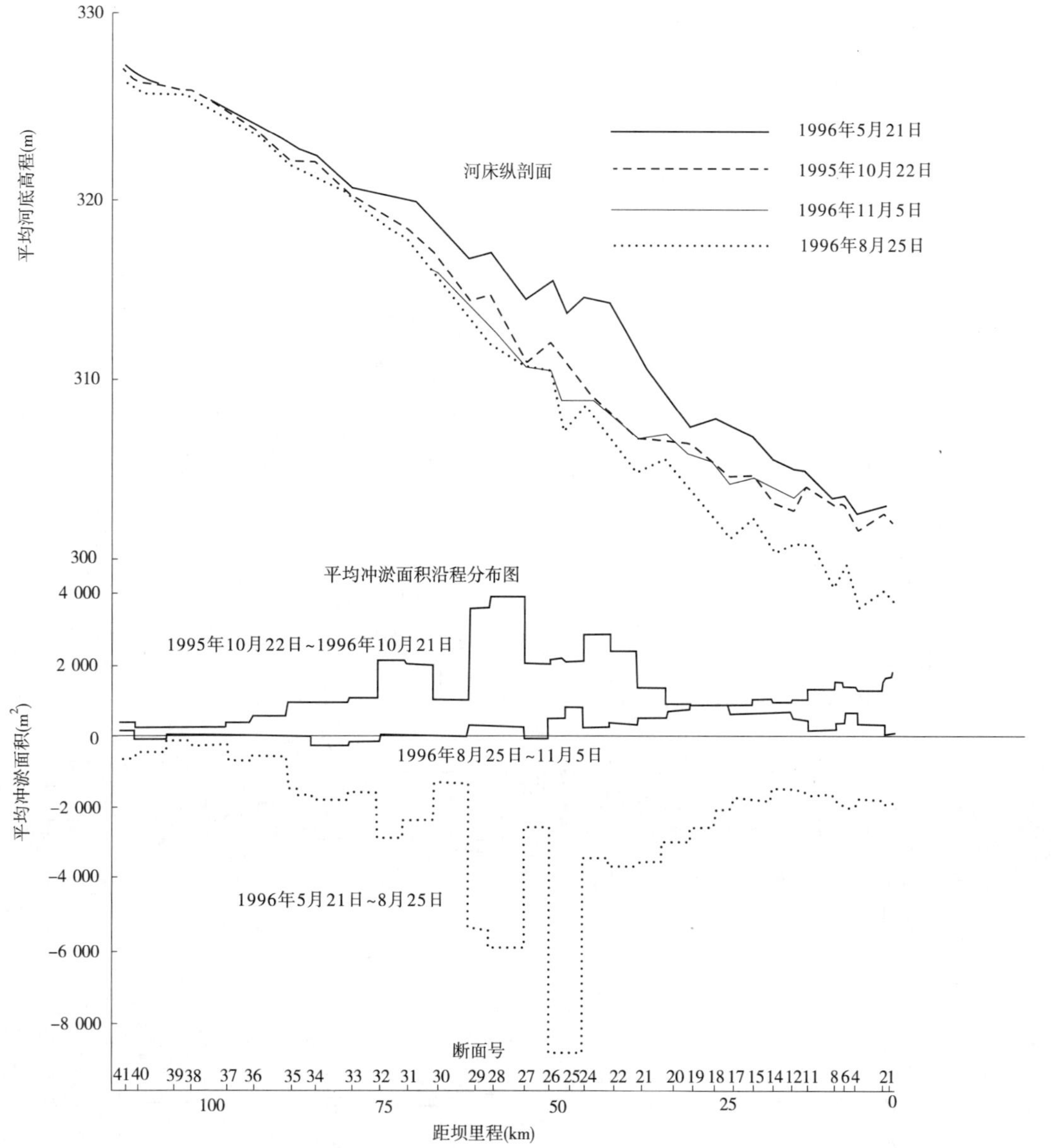

图 5-6 1996 年平均冲淤面积沿程分布

生冲刷,冲刷范围逐渐向上游发展,水面比降趋于减缓。冲刷河段越长,水位落差的集中程度越分散,冲刷强度也就越弱,直到冲刷河段的河道形态与当时的水沙条件相适应,溯源冲刷即告终止。汛初每一场洪水冲刷之前,控制 305 m 水位运用,因流量小,溯源冲刷缓慢。冲刷河段向上游发展的同时,下游河道不断淤积抬高。洪水期溯源冲刷的强度,取决于同流量水位急剧下降的速度和幅度。最近几年洪水排沙控制水位由洪水前的 305 m 降至 300 ~ 298 m,起自三角洲顶点和库水位下降后自大坝前向上游发展的溯源冲刷同步发展,加大了溯源冲刷的强度与范围。根据汛期发电原型试验期间洪水期泄洪排沙之后加测的大断面观测资料分析结果表明,在控制 305 m 水位发电期间,回水影响接近北村,

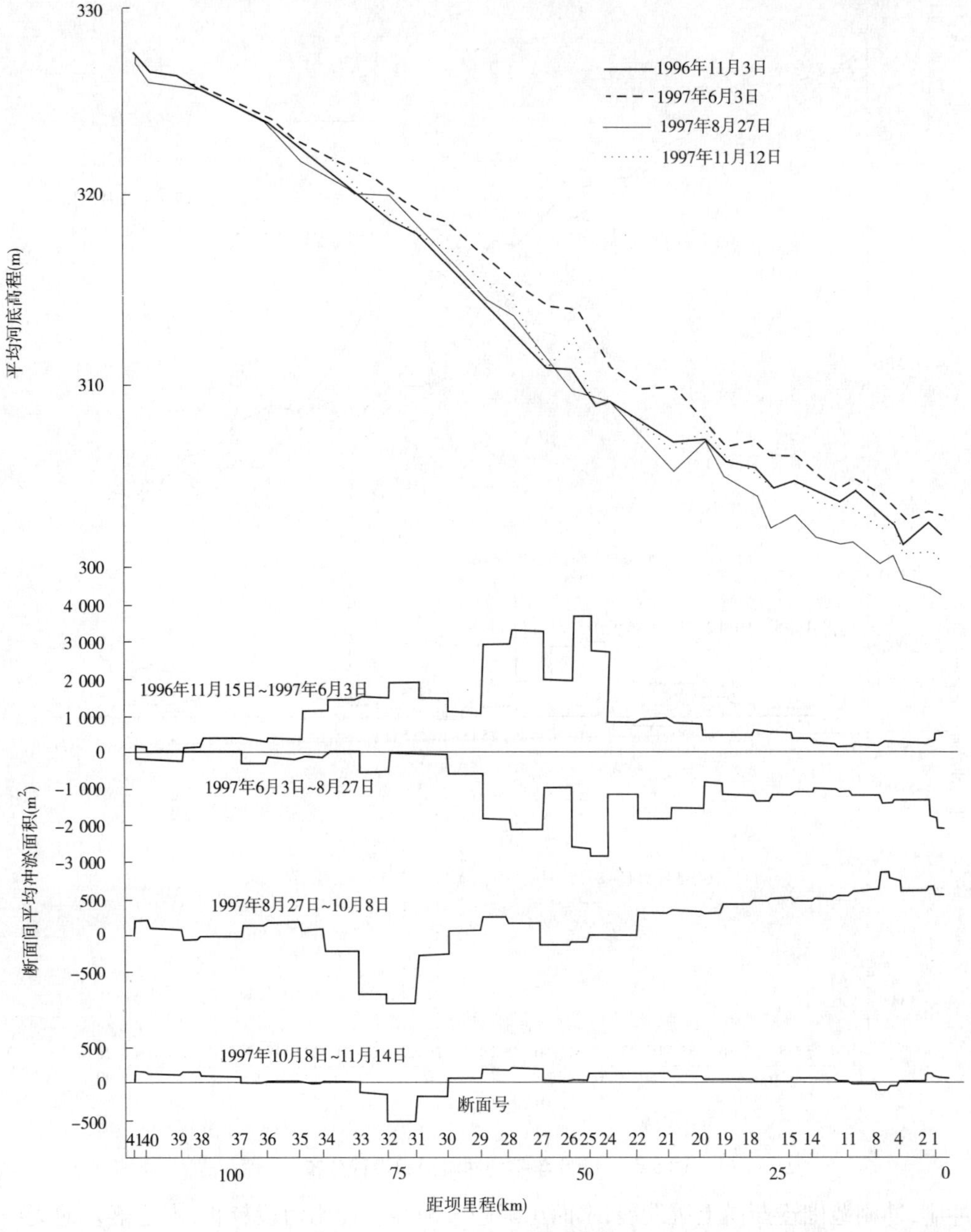

图 5-7　1997 年平均冲淤面积沿程分布

壅水段泥沙分选落淤，而北村以上河道在比降调整过程中河床冲刷继续发展，但由于流量日趋减小，冲刷强度逐渐减弱，甚至消失，冲刷量也不大。

(二)溯源冲刷和沿程冲刷

汛初库区洪水冲刷表现为溯源冲刷和溯源冲刷与沿程冲刷相互衔接。坫埼至坝前库段以溯源冲刷为主，兼有沿程冲刷；潼关至坫埼段则主要受来水来沙条件的作用，属沿程冲淤性质。这一特点以潼关河床发生强烈冲刷的历次洪水尤为突出，此类洪水冲刷可自潼关至坝前贯通全程。但潼关至坫埼段受河床边界各条件变化的影响,特别是陡涨陡落、洪峰和洪量不大的高含沙量洪水,冲刷强度沿程减弱;坫埼以下河床由于沿程冲刷与溯源冲刷相互衔接,冲刷强度沿程增大。例如,1996 年 7 月底发生的一次来自渭河的高含沙量洪水,这次洪水,渭河华县站洪峰流量 3 450 m^3/s,最大含沙量 565 kg/m^3,到潼关后,洪峰流量仅 2 290 m^3/s,最大含沙量 490 kg/m^3,潼关河床发生强烈冲刷,冲刷强度至坫埼沿程减弱,此时正值泄洪排沙期,坝前水位降至 298 m 左右,自坝前向上发生强烈的溯源冲刷,与沿程冲刷相结合,坫埼以下冲刷强度沿程增加,此次洪水后,与汛初比较,1 000 m^3/s 流量水位潼关、坫埼、大禹渡、北村分别下降了 2.07 m、1.32 m、2.68 m、5.69 m,坫埼站的同流量水位下降值明显小于潼关站和大禹渡站。随着洪水溯源冲刷的不断发展,原淤积三角洲顶坡与前坡比降趋于一致。在此情况下,洪水冲刷逐渐由溯源冲刷转为沿程冲刷,库区各站同流量水位大致等量下降。如 1989 年 7、8 月洪水期,主要受溯源冲刷作用,河槽冲刷深度沿程增大,潼关、坫埼、大禹渡和北村站 1 000 m^3/s 流量的水位分别下降 0.07 m、0.54 m、0.64 m 和 1.12 m。此后,经 8 月底和 9 月洪水冲刷后,河床又普遍下降,至 10 月中旬各站同流量水位又分别下降 0.45 m、0.26 m、0.45 m、0.26 m,大致相近。

(三)溯源冲刷影响因素

尽管影响溯源冲刷的因素很多很复杂,但汛期水量和洪水水量无疑是一个重要因素。除上述 1996 年和 1997 年外,再如 1991 年汛期平均库水位低达 302.06 m,最高水位 305.86 m,是1974 年“蓄清排浑”运用以来最低的年份之一,但因汛期水量只有 61 亿 m^3,结果溯源冲刷距离也只达黄淤 32 断面,说明汛期库水位降低必须与洪水流量和水量结合起来才能发生强烈的冲刷作用,小流量时降低库水位的冲刷作用不大,这是“洪水排沙、平水兴利”的理论基础。

当上游来水流量小而坝前水位保持较低时,由坝前向上游发展的溯源冲刷形成明显的上凸型纵剖面,凸起段下游纵比降虽然较大,但因流量小而输沙能力不大,冲刷河段短,冲刷沙量小,冲刷向上延伸速度慢。汛期小流量时库水位降得低一些对全库区冲刷量的影响主要是,近坝段冲刷量大,愈向上游冲刷量愈小。1980 年汛期的情况是个很好的例子,该年 7 月底至 8 月底整整一个月进行敞泄排沙,8 月平均坝前水位只有 295.76 m,最低水位 289.51 m,因这期间来水流量小(平均 1 160 m^3/s),因而只是在坝前(黄淤 20 断面以下,距坝约 33 km)范围内发生强烈冲刷,向上冲刷量就很少(见图 5-8)。为了分析水库在溯源冲刷期间的输沙关系,收集了 1989 年以来水库降低水位排沙的资料,统计出排沙时的平均流量、坝前平均比降及出库输沙率,点绘水库溯源冲刷时的输沙能力与平均流量和比降的关系,如图 5-9 所示。由图看出,溯源冲刷时输沙能力与流量和比降呈正相关,随着流量增加,输沙能力以 1.8 次方指数增加,也就是说流量越大,水库平衡比降就越小,水库溯源冲刷向上发展越快,溯源冲刷范围就越大;反之,流量减小时,要求平衡比降就会大,水库溯源冲刷向上发展速度慢,溯源冲刷范围就越短。

三、水库汛期排沙特性

(一)排沙主要依靠洪水

表 5-8 统计了 1994 ~ 1999 年汛期、泄洪排沙期和洪水期排沙的比较情况。由于汛期

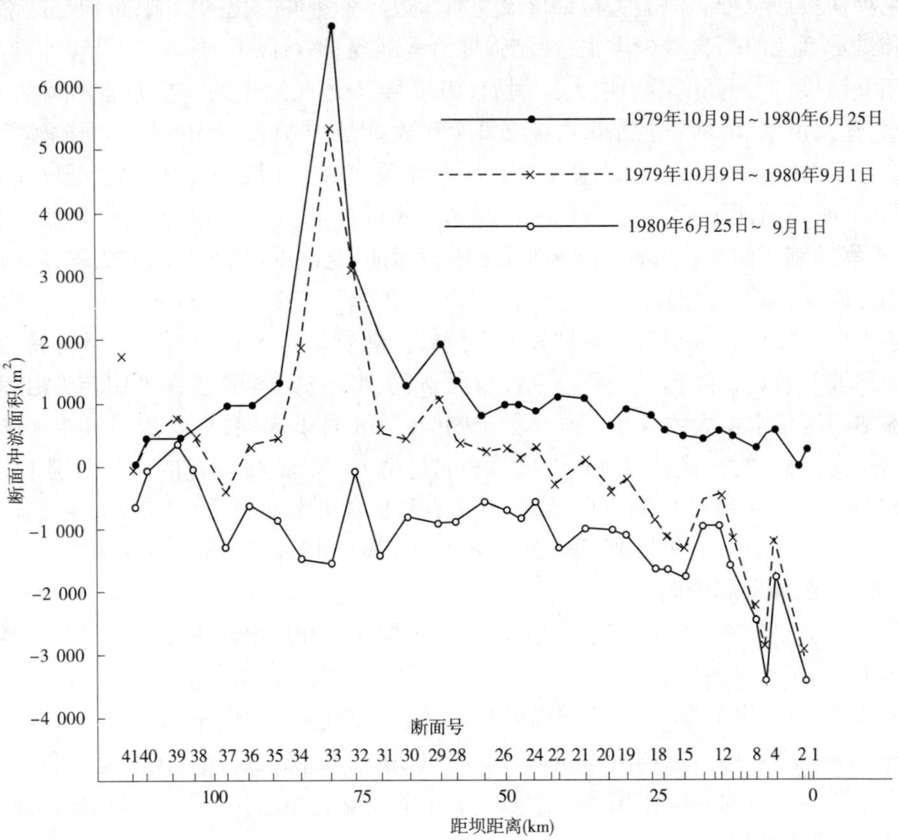

图 5-8　1980 年冲淤面积沿程分布

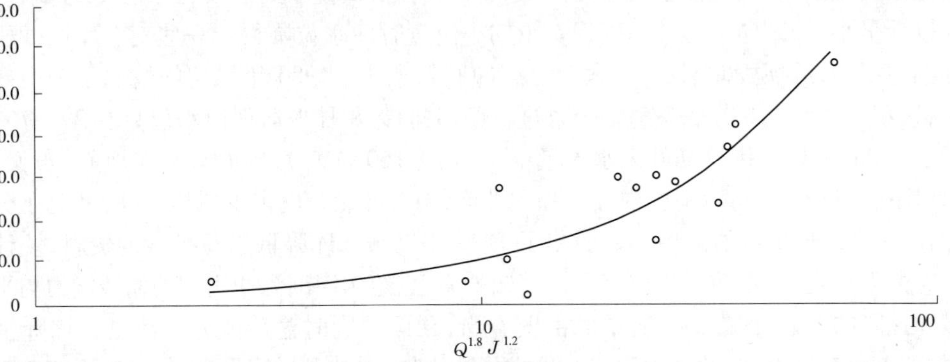

图 5-9　三门峡水库溯源冲刷时的输沙关系

发电原型试验期间采用“洪水排沙、平水兴利”的运用方式，汛期排沙主要发生在泄洪排沙期，平水发电期间还有少部分泥沙淤积在坝前段（洪水排沙期间冲刷出的坝前漏斗），因而泄洪排沙期冲刷的泥沙还大于整个汛期排沙的 20% 以上（除 1999 年泄洪排沙期前有一次流量小于 2 500 m^3/s 的洪水未计入泄洪排沙期，致使该年泄洪排沙期的排沙小于汛期的排沙量外）。

表 5-8　1994～1999 年汛期、泄洪排沙期和洪水期排沙统计

年份	汛期冲淤量（亿 t）	泄洪排沙期		洪水期						
		天数（天）	冲淤量（亿 t）	次数	天数（天）	平均水位（m）	洪水水量（亿 m^3）	平均洪峰流量（m^3/s）	冲淤量（亿 t）	占泄洪排沙期（%）
1994	-1.57	26		5	36	304.80	64.0	4 510	-2.11	
1995	-0.86	35	-1.19	4	23	300.17	36.7	3 730	-1.01	84.9
1996	-0.94	34	-1.69	5	28	298.75	47.1	3 710	-1.58	93.5
1997	0.28	23	-0.36	1	9		10.2	4 700	-0.30	83.3
1998	-0.91	50	-1.21	3	25		38.8	3 900	-1.02	84.3
1999	-0.60	26	-0.45	2*	19	302.00	25.6	2 590	-0.92	204

注：* 其中包括一场泄洪排沙期前发生的流量小于 2 500 m^3/s 的洪水（潼关洪峰流量 2 220 m^3/s），潼关—三门峡段冲刷 0.51 亿 t。

由表 5-8 可以看出，泄洪排沙期的排沙量的 80%～90% 以上集中在每年的几场洪水中，而每次洪水时的冲刷又集中在洪峰前后的三四天（见表 3-6、表 3-7），即使之后继续延长冲刷历时，或者下降库水位，所冲刷的数量也是很小的，冲刷强度随着洪峰流量的减小和比降的调整而急剧下降。因此，只要充分利用洪水排沙，就能在比较短的时间内收到好的效果。

据历年汛期各次洪峰排沙的综合情况分析，影响库区冲刷的主要因素有前期淤积数量、分布部位，排沙时平均库水位及来水来沙条件等。在非汛期淤积部位和洪水排沙期水库运用条件大致相同的情况下，洪水冲刷量主要与水量有关。自 1993 年非汛期降低运用水位以来，淤积物主要分布在黄淤 31 断面以下，淤积重心位于北村附近，洪水期平均库水位 300 m 左右。在此条件下，库区冲刷量与洪水总量之间大略呈线性变化（见图 5-10）。由图可见，当洪量 70 亿～100 亿 m^3 时，库区冲刷 2 亿～3 亿 t；当洪量 35 亿～70 亿 m^3 时，库区冲刷 1 亿～2 亿 t。根据这一关系及一般年份非汛期入库沙量 1.5 亿～2.0 亿 t 对比分析表明，在目前运用条件下，考虑枯水年份汛期洪水冲刷及平水期略有回淤的变化特点，实现年内冲淤平衡的洪水总量需 50 亿～70 亿 m^3。从图 5-9 还可以看出，由于以前非汛期淤积部位偏上，加之各年淤积分布河段和洪水排沙水位差别较大，洪水水量与冲刷量之间的关系散乱，冲刷量较小。但少数年份非汛期淤积部位偏下，汛期洪水排沙水位较低的年份，亦符合 1993 年以来的洪水排沙规律。

（二）汛期不同流量级输沙强度

表 5-9 为三门峡水库 1974 年以来不同运用期各级流量的年均水、沙及输沙强度。可以看出，当流量小于 1 500 m^3/s 时，库区冲刷和冲刷强度均很小，对库区的排沙作用很小，特别是汛期发电原型试验期间，因该流量一般进行 305 m 水位发电，还发生淤积，冲刷强度大的都发生在 2 500 m^3/s 以上的流量级（4 000 m^3/s 以上的流量，水库有不同程度的壅水，冲刷强度和冲刷量反而减少，甚至发生壅水淤积，但峰后产生强烈冲刷）。1986 年以来流量大于 2 500 m^3/s 的天数减少很多，由 1974～1985 年平均每年 42 天减到 1986～1993 年的 13.1 天，而试验期间平均每年只有 3 天，因而从冲刷量来说，流量在 2 500～

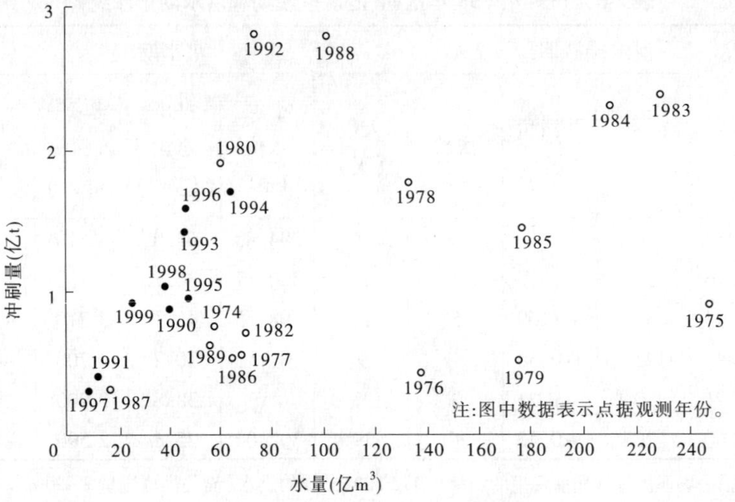

图 5-10　洪峰水量与库区冲刷量关系

2 000 m³/s和2 000 ~ 1 500 m³/s 范围内的冲刷量最多。因此,除充分利用大流量排沙外,应适当降低水库的排沙流量,否则,很可能会使水库在汛期失去排沙机会。

表 5-9　三门峡水库汛期各个时段不同流量级水沙及冲淤强度统计

时段	流量级 (m³/s)	天数 (天)	水量 (亿 m³)	出库沙量 (亿 t)	进库沙量 (亿 t)	冲刷量 (亿 t)	冲刷强度 (亿 t/天)
1974 ~ 1985 年	<500	2.3	0.7	0.010	0.009	-0.001	-0.000 3
	500 ~ 1 000	16.7	10.9	0.303	0.248	-0.055	-0.003 3
	1 000 ~ 1 500	22.8	24.5	0.896	0.650	-0.247	-0.010 8
	1 500 ~ 2 000	20.9	31.4	1.446	0.980	-0.466	0.223 0
	2 000 ~ 2 500	18.4	35.5	1.708	1.352	-0.356	-0.019 3
	2 500 ~ 3 000	11.4	26.8	1.747	1.164	-0.583	-0.051 0
	3 000 ~ 3 500	9.5	26.5	1.174	0.848	-0.326	-0.034 3
	3 500 ~ 4 000	8.8	28.3	1.098	0.896	-0.202	-0.023 0
	4 000 ~ 4 500	6.4	23.4	0.945	0.739	-0.206	-0.032 1
	>4 500	5.9	28.1	1.500	2.000	0.493	0.083 3
1986 ~ 1993 年	<500	17.5	5.1	0.119	0.051	-0.068	-0.003 9
	500 ~ 1 000	41.0	25.9	0.458	0.453	-0.004	-0.000 1
	1 000 ~ 1 500	27.9	29.2	0.987	0.784	-0.204	-0.007 3
	1 500 ~ 2 000	15.9	23.5	1.125	0.918	-0.207	-0.013 1
	2 000 ~ 2 500	7.8	14.8	0.957	0.720	-0.238	-0.030 7
	2 500 ~ 3 000	7.0	16.7	1.362	0.976	-0.386	-0.055 2
	3 000 ~ 3 500	3.5	9.7	0.533	0.435	-0.098	-0.028 1
	3 500 ~ 4 000	1.0	3.2	0.546	0.269	-0.278	-0.277 6
	4 000 ~ 4 500	0.8	2.7	0.416	0.341	-0.075	-0.099 9
	>4 500	0.8	3.4	0.300	0.400	0.095	0.126 4

续表 5-9

时段	流量级 (m^3/s)	天数 (天)	水量 (亿 m^3)	出库沙量 (亿 t)	进库沙量 (亿 t)	冲刷量 (亿 t)	冲刷强度 (亿 t/天)
1994 ~ 1999 年	<500	31.8	8.5	0.101	0.110	0.008	0.000 3
	500 ~ 1 000	41.8	25.0	0.613	0.586	-0.027	-0.000 7
	1 000 ~ 1 500	27.3	28.6	1.297	1.304	0.008	0.000 3
	1 500 ~ 2 000	13.3	20.0	1.919	1.506	-0.413	-0.031 0
	2 000 ~ 2 500	5.7	10.8	1.697	1.114	-0.583	-0.102 8
	2 500 ~ 3 000	0.8	2.0	0.477	0.376	-0.101	-0.121 0
	3 000 ~ 3 500	1.3	3.7	0.939	0.751	-0.188	-0.141 0
	3 500 ~ 4 000	0.2	0.5	0.206	0.199	-0.007	-0.043 2
	4 000 ~ 4 500	0.2	0.6	0.067	0.126	0.059	0.355 1
	>4 500	0.5	2.3	0.300	0.400	0.143	0.286 3

(三)坝前冲刷漏斗与库水位关系

对于“洪水排沙、平水兴利”运用方式来说,洪水时的坝前冲刷漏斗作为平水发电时的调沙库容,对改善发电工况有较大的作用。

坝前冲刷漏斗由洪水降低库水位冲刷形成,漏斗库容随着降低库水位的幅度增大而增大。漏斗库容的大小不但与排沙水位有关,而且在一定程度上取决于冲刷历时的长短。自三门峡枢纽泄流建筑物改建工程全部投入运用后,1970 ~ 1973 年汛期平均库水位低于 300 m,溯源冲刷不断向上延伸。1971 年汛期在 7 ~ 9 月平均水位 297.76 m 的运用条件下,10 月 3 日实测 305 m 高程以下库容 0.45 亿 m^3。又经 1972 年、1973 年汛期泄洪排沙运用,至 1973 年 9 月底在平均排沙水位 296.37 m 的条件下,实测 305 m 高程的库容 1.03 亿 m^3。控制运用以来,汛初近坝库段堆积大量非汛期淤积物,305 m 高程以下库容仅 0.1 亿 m^3 左右,分布在黄淤 8 或黄淤 12 断面以下,经洪水期排沙运用之后,305 m 高程以下库容与平均排沙水位之间存在如图 5-11 所示的关系。从图 5-11 中可以看出,控制水位 303 ~ 304 m 排沙时,305 m 高程库容 0.3 亿 m^3 左右;排沙水位降至 300 ~ 298 m 时,库容可增至 0.5 亿 m^3。

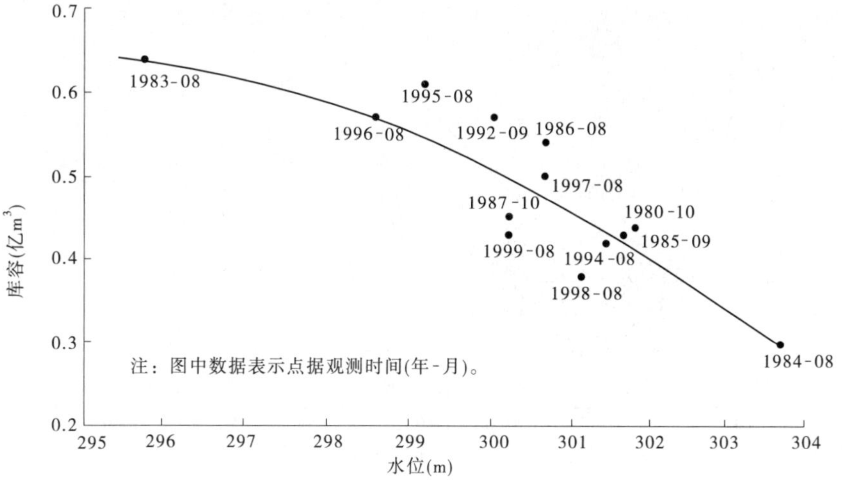

图 5-11　305 m 高程以下库容与排沙水位关系

四、"洪水排沙、平水兴利"运用对库区冲淤调整的作用

(一)北村高程的冲淤变化

北村高程是三门峡站流量 1 000 m^3/s 时北村站的相应水位。它是汛期发电原型试验期间拟定的减轻水库淤积的控制指标。实践表明:洪水排沙时,北村水位迅速下降,图3-3 是 1995 年 4 次洪水过程中北村水位下降的过程,图 5-12 为 1997 年一次洪水中北村水位下降的过程,可以看出:洪水过程中,北村水位下降幅度大,很快就能达到 309 m 以下,满足洪水后发电的要求,洪水之后发电运用,至 10 月中下旬,虽然北村高程均有一定的回淤,但回淤数量不大,均未达到 310 m 的限制高程。为此将汛期水库运用情况和库区冲淤情况列于表 5-10。可以看出:库区泥沙一般都在洪水排沙期排出,发电运用期库区还发生少量淤积,淤积部位主要是在回水段,可减少过机含沙量,改善机组运行工况。北村高程一般都能降到 309 m 以下,最低达到 307. 62 m,冲刷历时一般为 10 ~ 30 天,试验期间 1994 年汛期冲刷时间最长,将近 90 天,这是因为汛期施工,虽然洪水期降低库水位排沙,

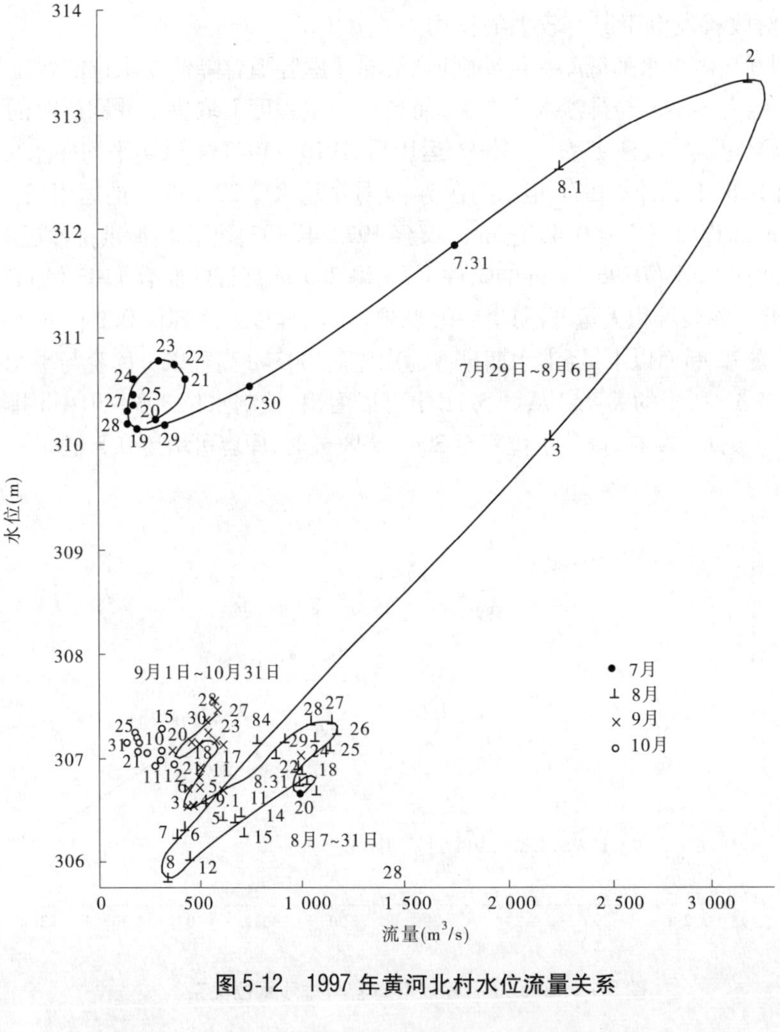

图 5-12　1997 年黄河北村水位流量关系

表 5-10　汛期和洪水期库区冲淤情况

时段（年-月-日）	水库运用情况	坝前水位（m）			潼关洪峰流量（m^3/s）	潼关—三门峡段冲淤量（亿 t）	北村水位（m）	
		平均	最高	最低			开始	末了
1994-07-01～10-31		306.63	318.29	297.63		-1.57	312.95	308.61
07-09～13	泄洪排沙	304.40	308.41	302.21	5 000	-0.778	312.95	312.31
08-05～09	泄洪排沙	302.63	307.55	297.61	7 380	-0.449	311.90	
08-10～20	泄洪排沙	300.53	304.79	297.73	4 240	-0.509		309.39
09-01～06	泄洪排沙	302.88	306.47	299.28	3 660	-0.599	309.39	308.49
泄洪排沙期合计						-2.335	312.95	308.49
发电运用期合计	除去泄洪排沙					0.765		
1995-07-01～10-31		303.75	311.56	295.53		-0.87	313.52	308.91
07-17～20	泄洪排沙	300.13	304.58	295.73	3 200	-0.227	313.52	312.56
07-30～08-04	泄洪排沙	299.19	303.43	297.10	4 180	-0.212		311.50
08-06～10	泄洪排沙	298.49	302.73	295.50	4 000	-0.220		308.90
09-03～06	泄洪排沙	299.25	305.36	294.40	3 550	-0.410		308.90
泄洪排沙期合计						-1.069	313.52	308.90
发电运用期合计	8 月 21 日发电运用					0.680		
1996-07-01～10-31		303.37	306.88	295.10		-0.938	313.79	307.62
07-16～21	泄洪排沙	298.47	305.85	295.10	2 720	-0.900	313.79	313.44
07-22～26	泄洪排沙	297.30	299.17		1 800	-0.280		309.13
07-28～08-01	泄洪排沙	297.88	299.45		2 290	-0.170		308.10
08-10～08-16	泄洪排沙	300.17	306.72	298.00	7 500	0.100		307.62
泄洪排沙期合计						-1.250	313.79	307.62
发电运用期合计	8 月 20 日发电运用					0.752		
1997-07-01～10-31		303.56	306.86	299.27		0.282	310.86	307.29
07-29～08-06	泄洪排沙	300.63	304.87	299.27	4 700	-0.300	310.86	307.54
发电运用期合计	8 月 24 日发电运用					0.624		
1998-07-01～10-31		303.60	308.67	299.20		-0.920	310.55	307.83
07-07～12	泄洪排沙				2 300	-0.320	310.55	
07-13～22	泄洪排沙				6 300	-0.840		309.10
08-22～27	泄洪排沙				3 100	0.140	307.83	
泄洪排沙期合计						-1.020	310.55	307.83
发电运用期合计	8 月 28 日发电运用					0.299		
1999-07-01～10-31		306.04	318.22	297.61		-0.600	314.33	308.65
07-19～30	泄洪排沙	300.44	305.60	297.61	2 950	-0.410	312.08	308.65
发电运用期合计	8 月 16 日发电运用					-0.150		

但是每次洪水的排沙时间不长,冲刷还没有充分发展到北村,又关闭泄流设施,壅水还比较高,即使这样情况,到9月初北村高程也降到309 m以下,达到了预期的要求。同时,据1994～1999年统计,汛期库区冲刷量为4.616亿t,其中泄洪排沙期冲刷6.384亿t,为汛期冲刷量的1.38倍。这就表明:充分利用洪水期降低库水位排沙,库区冲刷能力大,北村高程可以很快达到相对稳定。洪水后,库水位升高到305 m发电,到汛末还没有发现由于坝前壅水淤积向上延伸使北村高程超过310 m的现象。

(二)库区泥沙的冲淤分布及水库调节的影响

汛期发电原型试验期间库区泥沙冲淤分布见表5-7,在洪水排沙时期库区发生强烈冲刷,冲刷强度自下而上逐渐减弱,有的年份大禹渡(黄淤31断面)以上还发生淤积,如前所述,大禹渡以下以溯源冲刷为主,大禹渡至坫埼是溯源冲刷与沿程冲淤相结合,当沿程淤积大于溯源冲刷量时,则该库段还是发生淤积。洪水排沙后,抬高库水位到305 m进行发电,在发电运用时期,由于壅水引起坝前段淤积,从表5-7可以看出:北村(黄淤22断面)以下均发生淤积,北村以上各河段均出现有冲刷现象;有的年份北村至大禹渡(黄淤22—31断面)河段发生淤积,而大禹渡以上有的河段出现冲刷,这是因为汛后断面测验的时间太晚,已经进入非汛期运用,库水位较高,回水影响到北村以上。综合以上分析结果,可以认为汛期发电原型试验引起淤积范围在北村以下,北村以上各库段的冲淤变化不受当时发电水位的影响,而是在前期河床情况下,随着来水来沙条件的变化自动进行调整。这样,在定性上达到了试验的预期目的。

6年内潼关至大坝段共淤积0.354亿m^3,其中潼关至坫埼(黄淤41—36断面)河段的淤积量占总淤积量的41.5%,坫埼至大禹渡(黄淤36—31断面)还略有冲刷,大禹渡以下各河段均有不同程度的淤积,如果像前面所叙述的那样,1999年10月为配合小浪底水库初期蓄水,三门峡水库进行预蓄水,使黄淤31断面以下多淤0.25亿m^3,则黄淤31断面以下基本是冲淤平衡。不过,在试验过程中总感觉到,通过水库调度对北村以下河段的冲淤变化是非常敏感的,但向上游逐渐减弱。那么黄淤22—31断面河段淤积0.108亿m^3,是需要进一步研究的问题。

为此,我们又统计了1980～1999年汛末潼关以下各水位站相应1 000 m^3/s流量时的水位,统计结果见表5-11,表中同时列出史家滩汛期平均水位和汛期入库水量。从表5-11可以看出:从1980～1988年汛期基本不发电,汛期水库运用水位为302～304 m之间,北村(二)的平均水位为310.22 m;1989～1993年为浑水发电试验期,水库运用方式根据黄河水沙特点,"七下八上"时黄河洪水多,含沙量高,降低库水位排沙,到8月中下旬开始发电,所以这个时段,史家滩汛期平均水位略有降低,北村水位也有一定的降低,由于汛期来水量小,大禹渡以上的水位均有不同程度的升高;1994～1999年汛期发电原型试验时期,水库运用方式采用"洪水排沙、平水兴利",延长发电时间,史家滩汛期平均水位较浑水发电时期的水位升高1.70 m,间接地可以反映发电能力的增加,北村(二)的水位在原来下降的基础上又降低了0.85 m,下降幅度较前者大,这主要是由于洪水时降低坝前水位排沙所致,由于入库水量继续减少,汛期平均水量只有102亿m^3,大禹渡以上的水位均有不同程度升高,并且其上升值与浑水发电时相比,从潼关至大禹渡各站是沿程减少的,这可以表明在此时段潼关高程的升高不是由于水库运用引起的。

表 5-11　历年各站相应 1 000 m^3/s 流量时的水位及有关特征值

时段(年-月-日)	各站水位(m)					史家滩汛期平均水位(m)	汛期潼关水量(亿 m^3)
	潼关	坫垮	大禹渡	北村(二)	史家滩		
1980-11-01	327.37	323.31	316.30	310.26	303.55	301.87	134.0
1981-11-08	326.95	322.42	316.35	310.75	304.12	304.85	338.8
1982-11-12	327.14	322.63	316.72	310.75	305.05	303.39	183.7
1983-12-26	326.65	322.45	316.58	310.97	306.17	304.64	313.6
1984-11-02	326.79	323.05	317.15	310.40	305.29	304.16	281.9
1985-11-24	326.51	322.58	316.80	310.08	305.46	304.08	233.1
1986-10-11	327.06	323.07	317.30	309.93	305.33	302.44	134.3
1987-11-27	327.22	323.43	317.65	310.17	301.39	303.13	75.43
1988-10-26	327.00	323.13	316.42	308.69	305.64	302.30	186.6
1980～1988 年平均	326.97	322.90	316.81	310.22	304.67	303.43	209.0
1989-11-23	327.46	323.22	316.80	309.80	303.18	304.21	205.0
1990-11-26	327.55	323.80	317.42	309.39	305.71	301.60	139.6
1991-09-20	327.90	323.80	318.10	310.19	304.60	302.06	61.1
1992-10-02	327.37	323.40	317.30	308.55	304.95	302.73	131.0
1993-10-18	327.78	323.51	316.60	309.15	304.51	303.37	139.6
1989～1993 年平均	327.61	323.55	317.24	309.42	304.59	302.79	135.3
1994-10-19	327.69	323.61	316.96	308.61	305.12	306.63	133.4
1995-09-25	328.17	323.80	317.58	308.91	305.34	303.75	113.8
1996-11-02	328.07	323.74	316.91	308.33	306.40	303.37	126.5
1997 年汛末	328.02	324.16	317.54	308.15	306.77	303.56	55.50
1998-10-10	328.12	323.93	317.40	308.50	305.20	303.60	85.90
1999-09-29	328.20	324.00	318.00	308.85	305.31	306.04	95.20
1994～1999 年平均	328.05	323.87	317.40	308.56	305.69	304.49	101.7

综上所述,汛期发电原型试验引起库区的淤积限于北村以下,并对北村河床的下降取得明显的效果,大禹渡以上由于汛期来水量少,同流量水位的升高值沿程自下而上增加,也可以说明;汛期发电原型试验使北村水位下降,其下降的作用沿程自下而上不断减弱,以致消失,具体消失在何处尚难说清楚。必须说明:本次试验是在 10 个底孔条件下,考虑了"四省会议"精神,严格执行 305 m 水位发电的规定进行试验,洪水排沙时降低的库水位有限,因为考虑下游减淤的要求,仅比"四省会议"规定的最低水位(300 m)低 2 m。2000 年汛期 11 号、12 号底孔又打开投入运用,又可能进一步降低坝前水位进行泄洪排沙,加大水库的泄洪排沙能力,改善库区的冲淤变化,应继续进行试验研究。

第四节　汛期发电原型试验对下游河道冲淤影响分析

黄河下游河道冲淤变化的影响因素很多，涉及面广，并且小浪底水库投入运用后，三门峡水库不再直接承担调水调沙对下游河道减淤的任务，故本试验中没有这方面的研究内容。但是在制定汛期发电原型试验的水库运用方式时，小浪底水库尚未投入运用，故考虑对下游河道冲淤的影响。试验之后，根据下游河道实测资料进行初步分析，分析结果表明，对下游河道冲淤变化是有一定影响的，这是初步分析的结果，供今后研究参考。

图5-13为三门峡水库不同运用方式对下游河道冲淤量影响的关系，图中纵坐标为冲淤比，即下游河道年冲淤量与相应年来沙量之比，横坐标为年来沙系数（S/Q），即年平均含沙量与流量之比。由图5-13可以看出：在相同来沙系数情况下，三门峡水库滞洪运用时，下游河道的淤积量较建库前大，在“蓄清排浑”运用的1974～1985年期间下游河道的淤积量较建库前小，即前者使下游河道增淤，后者有减淤作用，与过去分析结果概念一致。1986～1993年水库运用方式还是与1974～1985年相同，但是汛期由于来水量少，洪峰流量和洪水量大幅度降低，点群基本落在滞洪运用的范围内，即三门峡水库在这种水沙条件下，原来的“蓄清排浑”运用方式对下游河道的减淤作用已经失去。汛期发电原型试验时期，三门峡水库的运用方式，从全年来说还是“蓄清排浑”运用，但是汛期运用时改为“洪水排沙、平水兴利”运用，这样使三门峡水库入库泥沙更集中于洪水期排出，汛期的平水期排沙量更小，这样，适应下游河道大流量时输沙能力大的特点，由此1994～1997年的点群落在全部点群的下边，表明对下游河道具有一定的减淤作用。不过，据调查，三门峡水库在洪水排沙期使河南河道淤积加重。这些问题值得今后进一步研究。

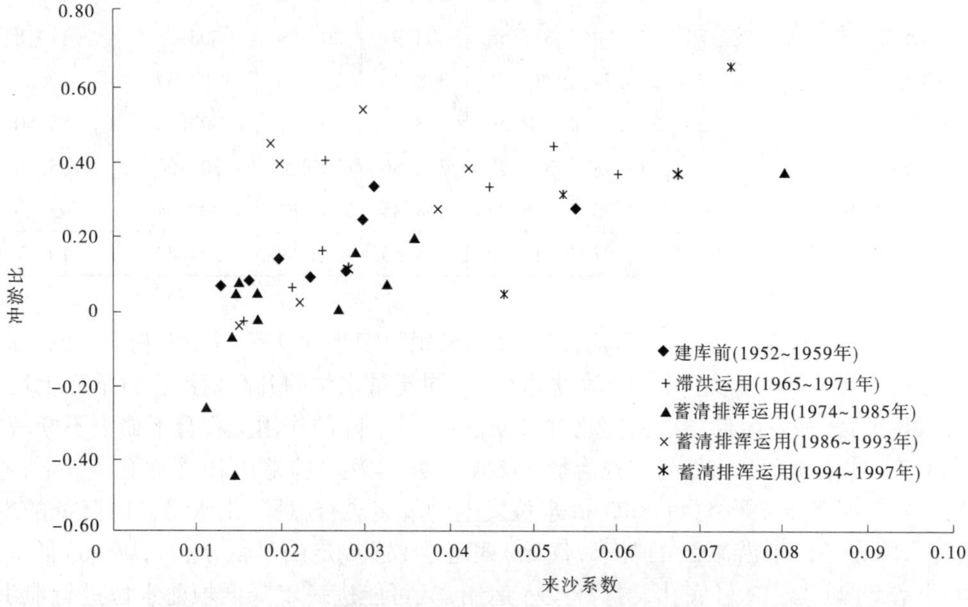

图5-13　三门峡水库不同运用方式对下游河道冲淤量的影响

第五节　小　结

（1）汛期发电原型试验期间三门峡水库还是采用“蓄清排浑”运用方式。不过，由于近期来水少，潼关高程居高不下，非汛期运用水位比以往低，最高库水位为 323.8 m，这是由于下游河口段挖沙要求水库限制泄流引起的，如果不考虑这次特殊情况蓄水，则非汛期最高水位为 322.8 m，比以前低 2～3 m，库水位超过 320 m 平均每年只有 47 天，比 1985 年以前减少一半。汛期运用则采用“洪水排沙、平水兴利”的方式，即当汛期入库洪峰流量 Q_m≥2 500 m^3/s 时，停止发电，降低库水位到 300～298 m 泄流排沙，洪水过后，直至三门峡站流量 1 000 m^3/s 时，北村水位站的水位降至 309 m 以下后，才能重新控制 305 m 水位进行发电。并规定在发电过程中，入库洪峰流量≥2 500 m^3/s 时停止发电，进行泄洪排沙，还规定当北村水位超过 310 m 后，不论入库流量大小，应降低库水位强迫排沙，使北村水位降到 309 m 后才能进行发电，保证汛期发电原型试验引起的库区冲淤变化限于坝前段，并有一定的改善。

（2）通过非汛期实测资料分析表明：每年汛后各级库水位的回水影响范围（或各站回水影响的临界水位）为：北村站的临界库水位为 307～308 m，大禹渡站为 315 m 左右，坫埼站为 320 m 左右，潼关站为 323.5～324.5 m。

（3）汛期发电原型试验期间，由于非汛期运用水位较低，高水位运用时间较短，淤积三角洲顶点一般在北村或北村以下，只有 1997～1998 年度因 320～322 m 水位历时较长，顶点在老灵宝（距坝约 51 km）附近，淤积影响范围达坫埼附近，对潼关高程没有影响，对潼关至坫埼河段的淤积基本没有影响，也就是说，潼关至坫埼段基本上与天然河道冲淤变化一样。

（4）汛期采用“洪水排沙、平水兴利”运用方式，泥沙更集中在洪水排出，排沙方式主要是溯源冲刷，众所周知：形成溯源冲刷的条件是入库流量和坝前水位，在坝前水位一定的情况下，入库流量大小对溯源冲刷范围影响很大，1996 年汛期水量 127 亿 m^3，洪峰流量大于 2 500 m^3/s 的有 3 次，溯源冲刷范围达黄淤 37 断面，而 1997 年汛期水量只有 55 亿 m^3，只有一次洪水，溯源冲刷范围在黄淤 30 断面，前者汛期冲刷量比当年非汛期淤积量大了将近 1 亿 t，而后者仅冲走当年非汛期淤积量的 60%。

水库“洪水排沙、平水兴利”运用，排沙主要依靠洪水，高含沙洪水时降低库水位，库区也能发生溯源冲刷，并且其冲刷强度比低含沙量小流量时还大。在目前情况下，非汛期水库淤积 1.5 亿～2.0 亿 m^3，最高库水位较低，历时短，汛期需要洪水量 50 亿～70 亿 m^3 才能实现年内冲淤平衡。洪水量多，冲刷也多；洪水量少，冲刷也少，年内就达不到冲淤平衡。平水发电时，在壅水范围（北村以下）发生淤积，可减少过机含沙量，改善机组运行工况。回水范围（北村）以上河道冲淤不受水库运用的影响。平水发电时的调沙作用取决于坝前漏斗库容的大小，一般当洪水排沙时库水位控制 298 m，坝前漏斗库容可达 0.5 亿 m^3，对调节过机含沙量具有显著效果。

汛期发电原型试验 6 年来，北村 1 000 m^3/s 流量水位降到 308.56 m，比浑水发电试验时期还下降了 0.85 m，比 1980～1988 年汛期不发电时期下降 1.66 m，取得了显著效果。但由于试验期入库流量小，库区淤积改善范围达大禹渡附近，大禹渡以上还是继续抬高，潼关高程仍居高不下。

(5)本次试验是按照“四省会议”精神，在10个底孔条件下得到的试验结果。至2000年，11号、12号底孔也已打开，泄洪排沙能力增大，预计会改善库区的冲淤情况，增加发电的效果可能更大，对此应继续进行试验研究。

第六章　汛期发电原型试验期间潼关高程变化分析

第一节　潼关高程变化基本情况

一、潼关地理位置

潼关位于黄河小北干流(禹门口至潼关河段,下同)、渭河和北洛河3河交汇区的下游出口。黄河小北干流河道宽阔,至潼关处河道折转90°,水流由北向南流折转为由西向东流,在潼关处河道突然缩窄为850 m,形成天然"卡口"。由于潼关的"卡口"作用,潼关河床高程的变化,对黄河小北干流部分河段和渭河下游起局部侵蚀基面的作用。河床纵比降黄河小北干流为6‰～2.3‰,渭河下游仅为1.5‰左右,两者相差较大。当黄河与渭河洪水遭遇或黄河流量大、渭河流量小时,常发生黄河顶托或倒灌渭河的现象。由于潼关为天然"卡口",当来水流量超过一定数量时,也会发生卡水作用,致使汇流区出现自然滞洪现象。

二、建库前潼关高程演变概况

潼关高程是指流量为1 000 m^3/s时的潼关(六)断面水位。

潼关水文站自1929年开始观测,以后有些年份停测,到1959年共有19年观测资料,据每年汛前和汛后潼关河床高程的变化统计分析,三门峡水库建库前非汛期潼关河床上升的幅度每年为0.0～0.99 m,汛期多数年份冲刷下降,下降幅度每年为0.1～1.51 m,个别年份如1930年、1957年和1959年的汛期是上升的,上升幅度每年为0.12～0.33 m。在天然状态下,潼关高程变化与时段来水来沙条件有关,如有连续资料的1950～1959年,10年非汛期年平均上升0.290 m,汛期年平均下降0.247 m,全年平均上升0.043 m,从1929～1959年的19年水位差平均结果看,非汛期年平均上升0.35 m,汛期年平均下降0.28 m,全年平均抬升0.07 m。

建库前潼关以下设有杨家湾(一)水位站(黄淤31断面以上1 500 m处),1959年10月开始观测,1960年5月该站下移至黄淤31断面,改为杨家湾(二)站。从1959年汛后至1960年汛前潼关和杨家湾(一)站同流量水位变化来看(见表6-1),非汛期潼关上升0.41 m,杨家湾(一)上升0.24 m。1960年汛期,潼关和杨家湾(二)同流量水位(因资料所限,采用1 700 m^3/s)相比,分别下降0.24 m和0.04 m。也说明在天然状态下,潼关至大禹渡河段在非汛期是淤积抬升的,而汛期是冲刷下降的,但需要说明的是,潼关与杨家湾的水位升降值并不是相等的。

表 6-1 建库前潼关、杨家湾同流量水位

日 期		潼关流量 (m^3/s)	潼关水位 (m)	杨家湾(一)水位(m)	杨家湾(二)水位(m)
非汛期	1959 年 10 月 30 日	1 020	323.07	312.08	
	1960 年 4 月 30 日	1 020	323.48	312.32	
汛期	1960 年 7 月 6 日	1 720	323.92		311.81
	1960 年 9 月 11 日	1 710	323.68		311.71

三、建库后水库“蓄清排浑”运用以来潼关高程演变概况

1960 年 9 月 ~ 1973 年 10 年,三门峡水库采用“蓄水拦沙”和“滞洪排沙”运用方式期间,由于水库淤积,潼关高程发生了显著的抬高。

三门峡水利枢纽泄水建筑物实施增建、改建后,1973 年底水库开始采用“蓄清排浑”运用方式,潼关高程的变化,除受上游来水来沙变化作用外,随着水库运用方式的改变也发生了相应变化。根据水库运用和来水来沙情况,可分为如下几个时段。

(一)1973 年 11 月至 1979 年 10 月

根据三门峡水库运用的特点,将上年 11 月至当年 10 月称为水库的运用年。

在这 6 个运用年中,水库运用和潼关高程变化情况见表 6-2、表 6-3 和图 6-1,从表 6-2、表 6-3 和图 6-1 可以看出,时段内潼关高程呈上升趋势。

时段内各年非汛期运用最高蓄水位为 323.99(1975 年) ~ 325.99 m(1979 年),库水位超过 320 m 的天数为 72 ~ 132 天。防凌前最高蓄水位为 311.06 ~ 321.08 m,防凌和春灌最高蓄水位分别为 320.81 ~ 325.99 m 和 323.43 ~ 325.33 m,桃汛期的运用水位也较高,尤其后 3 年的起调水位达到 322.32 ~ 323.40 m。各年汛期平均水位为 303.58 ~ 306.74 m,滞洪最高水位为 317.18 m(1977 年 7 月 8 日)。

该时段全汛期发电,平均每年汛期有 61 天库水位超过 305 m。

从表 6-4 知,时段年平均水量和沙量分别为 385.45 亿 m^3 和 12.85 亿 t;汛期平均水、沙量分别为 225.07 亿 m^3 和 11.19 亿 t。从时段内各年来看,1975 年和 1976 年为丰水枯沙年,汛期水量分别为 302.3 亿 m^3 和 319.2 亿 m^3,均在 300 亿 m^3 以上,汛期沙量分别为 10.3 亿 t 和 8.45 亿 t,流量大于 3 000 m^3/s 的天数较多,分别达 55 天和 48 天,潼关河床冲刷下降。1977 ~ 1979 年非汛期水库运用水位偏高,特别是 1977 年非汛期高水位持续时间长,水位高于 324 m 的时间达 77 天,再加上 1977 年和 1978 年汛期来水来沙条件不利,1977 年为枯水丰沙年,1978 年为平水丰沙年,其汛期水量分别为 167.0 亿 m^3 和 223.1 亿 m^3,而汛期沙量达 20.9 亿 t 和 12.4 亿 t,是“蓄清排浑”运用以来汛期来沙量的最大值,造成潼关高程在此期间连续抬升。1979 年汛后与 1973 年汛后相比潼关高程上升了 0.98 m,年均上升 0.16 m,其中非汛期年均升高 0.697 m,汛期年均下降 0.533 m。

表 6-2　三门峡水库非汛期水库运用特征值

非汛期时段（年-月）	运用水位		各级水位时间（天）			防凌前最高水位（m）	防凌运用最高水位（m）	春灌运用最高水位（m）	挑峰起调水位（m）	冲淤量（亿 m^3）	
	最高（m）	平均（m）	320～322 m	322～324 m	>324 m					黄淤41—36	黄淤36—31
1973-11～1974-06	324.81	314.33	44	63	14	311.06	324.81	323.43	320.41	0.151	0.492
1974-11～1975-06	323.99	316.12	11	61		320.07	312.98	324.03	319.44	0.141	0.372
1975-11～1976-06	324.53	316.84	42	15	17	317.98	315.03	324.53	320.61	0.038	0.445
1976-11～1977-06	325.99	318.32	10	31	77	317.24	325.99	325.33	323.40	0.389	0.345
1977-11～1978-06	324.26	317.72	42	47	12	320.09	320.81	324.26	322.30	0.150	0.368
1978-11～1979-06	324.56	318.50	27	61	44	321.08	322.98	324.56	322.32	0.134	0.733
1979-11～1980-06	323.94	316.51	49	51		317.19	321.25	323.94	319.41	0.125	0.766
1980-11～1981-06	323.59	315.66	39	55		316.13	322.56	323.59	319.15	0.020	0.254
1981-11～1982-06	323.99	317.57	25	76		315.65	322.91	323.99	317.96	0.127	0.353
1982-11～1983-06	323.73	316.32	19	61		312.46	320.42	323.73	316.80	0.089	0.445
1983-11～1984-06	324.58	316.46	31	47	15	313.60	324.58	323.36	317.24	0.095	0.279
1984-11～1985-06	324.94	316.73	11	26	12	318.14	324.94	319.92	315.71	-0.070	0.223
1985-11～1986-06	322.62	315.16	17	8		314.49	322.62	319.99	315.96	-0.017 5	0.238
1986-11～1987-06	323.73	316.76	26	40		316.12	316.28	323.73	316.22	0.063	0.245
1987-11～1988-06	324.09	316.53	43	32	2	314.46	319.88	324.09	319.61	0.060	0.226
1988-11～1989-06	324.11	315.59	13	51	2	316.06	316.11	324.11	315.87	0.063	0.298
1989-11～1990-06	323.99	316.47	31	50		315.68	321.25	323.99	316.30	0.093	0.366
1990-11～1991-06	323.84	314.88	13	34		315.41	318.95	323.84	316.38	0.074	0.059
1991-11～1992-06	323.91	316.36	36	54		317.18	323.04	323.91	321.48	0.130	0.325
1992-11～1993-06	321.61	314.47	34			315.81	318.25	321.61	314.88	0.014 5	0.202
1993-11～1994-06	322.66	315.13	34	9		315.08	319.54	322.66	315.46	0.045	0.241
1994-11～1995-06	321.80	315.12	23			318.51	316.28	321.80	311.37	-0.009 4	0.172
1995-11～1996-06	321.31	316.54	63			315.08	321.44	321.71	315.90	0.027	0.272
1996-11～1997-06	321.81	314.70	61			312.81	321.39	321.81	317.15	0.037	0.290
1997-11～1998-06	322.18	316.70	54	17		315.22	320.88	322.18	316.66	0.010	0.470
1998-11～1999-06	320.78	315.79	20			318.43	319.87	320.78	318.36	0.058	0.308
1973-11～1979-06	325.99	316.97	29.3	46.4	27.3	321.08	325.99	325.33	323.40	0.167	0.459
1979-11～1985-06	324.94	316.54	29.0	52.7	4.5	318.14	324.94	323.99	319.41	0.064 4	0.387
1985-11～1992-06	324.11	315.96	26.6	33.6	0.5	317.18	323.04	324.09	321.48	0.060	0.245
1992-11～1999-06	322.66	315.78	42.5	4.3	0	318.51	320.88	322.66	318.36	0.027 9	0.292

表6-3 三门峡水库"蓄清排浑"运用以来潼关高程

年份	潼关高程		高程变化			
	汛前	汛后	非汛期	汛期	运用年	累计
1973		326.64				
1974	327.19	326.70	0.55	-0.49	0.06	0.06
1975	327.23	326.04	0.53	-1.19	-0.66	-0.60
1976	326.71	326.12	0.67	-0.59	0.08	-0.52
1977	327.37	326.79	1.25	-0.58	0.67	0.15
1978	327.30	327.09	0.51	-0.21	0.30	0.45
1979	327.76	327.62	0.67	-0.14	0.53	0.98
1980	327.82	327.38	0.20	-0.44	-0.24	0.74
1981	327.95	326.94	0.57	-1.01	-0.44	0.30
1982	327.44	327.06	0.50	-0.38	0.12	0.42
1983	327.39	326.57	0.33	-0.82	-0.49	-0.07
1984	327.18	326.75	0.61	-0.43	0.18	0.11
1985	326.96	326.64	0.21	-0.32	-0.11	0.00
1986	327.08	327.18	0.44	0.10	0.54	0.54
1987	327.30	327.16	0.12	-0.14	-0.02	0.52
1988	327.37	327.08	0.21	-0.29	-0.08	0.44
1989	327.62	327.36	0.54	-0.26	0.28	0.72
1990	327.75	327.60	0.39	-0.15	0.24	0.96
1991	328.02	327.90	0.42	-0.12	0.30	1.26
1992	328.40	327.30	0.50	-1.10	-0.60	0.66
1993	327.78	327.78	0.48	0.00	0.48	1.14
1994	327.95	327.69	0.17	-0.26	-0.09	1.05
1995	328.12	328.28	0.43	0.16	0.59	1.64
1996	328.42	328.07	0.14	-0.35	-0.21	1.43
1997	328.40	328.05	0.33	-0.35	-0.02	1.41
1998	328.40	328.28	0.35	-0.12	0.23	1.64
1999	328.43	328.12	0.15	-0.31	-0.16	1.48

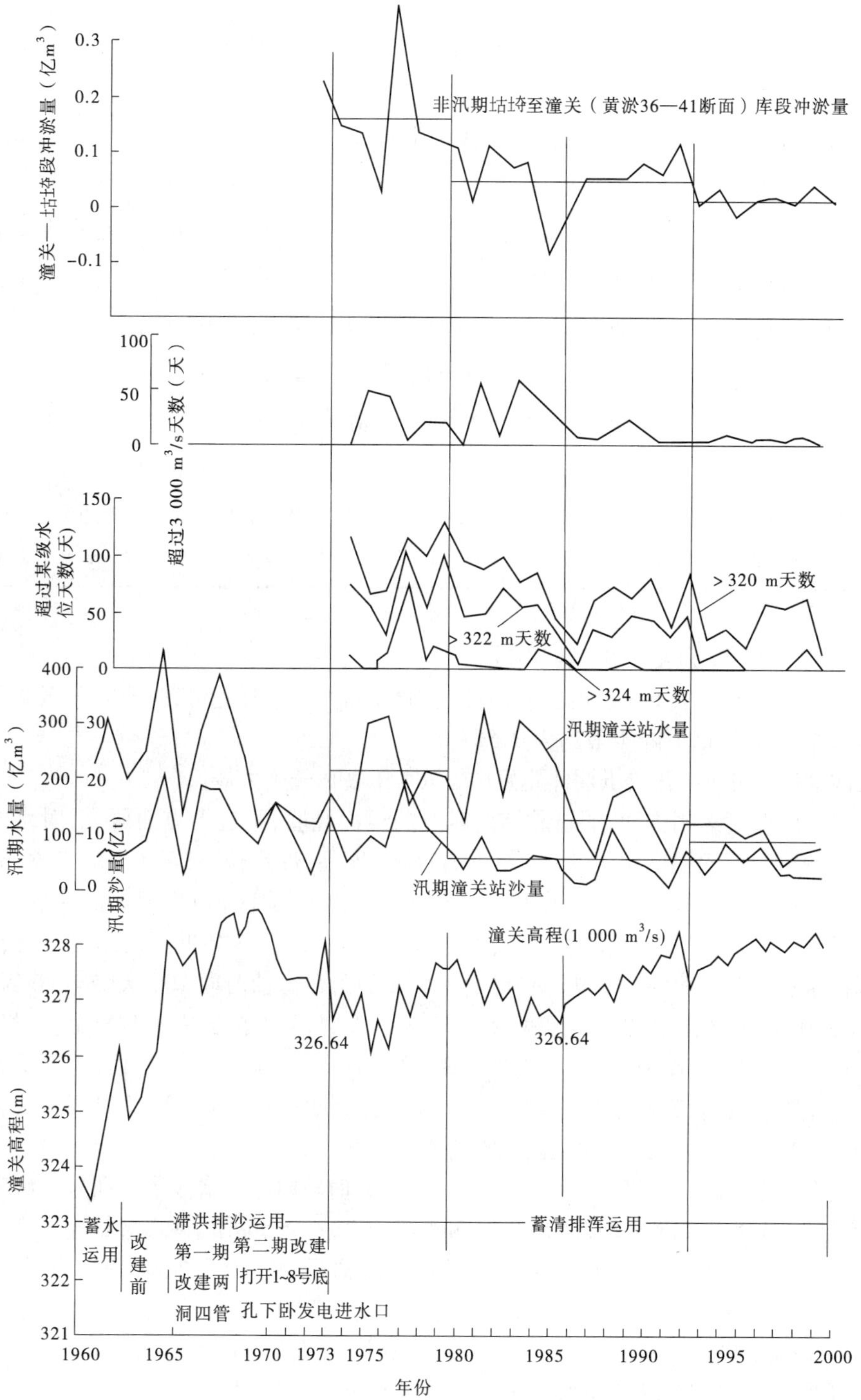

图 6-1　潼关高程、汛期水量、库水位及冲淤变化综合过程线

表 6-4　汛期潼关水、沙特征值及潼关高程变化

时段(运用年)(年-月)	年平均		汛期平均		汛期洪峰水量(亿 m^3)	>3 000 m^3/s		汛期潼关高程升降值(m)
	水量(亿 m^3)	沙量(亿 t)	水量(亿 m^3)	沙量(亿 t)		水量(亿 m^3)	天数(天)	
1973-11 ~ 1979-10	385.45	12.85	225.07	11.19	135.70	93.80	26.3	-0.533
1979-10 ~ 1985-10	416.50	8.05	247.52	6.56	173.80	118.80	34.8	-0.567
1985-11 ~ 1993-10	277.50	7.41	134.08	5.36	53.49	19.01	6.0	-0.245
1993-11 ~ 1999-10	226.75	8.45	102.56	6.61	34.40	7.12	2.3	-0.205
1993-11 ~ 1994-10	297.00	12.40	133.40	10.30	37.10	19.70	6.0	-0.260
1994-11 ~ 1995-10	239.70	8.52	116.40	7.03	47.70	5.30	2.0	0.160
1995-11 ~ 1996-10	252.60	11.91	126.50	9.87	47.20	10.60	3.0	-0.350
1996-11 ~ 1997-10	160.70	5.85	55.53	4.37	10.20	3.10	1.0	-0.350
1997-11 ~ 1998-10	193.00	6.64	85.90	4.37	38.80	4.00	2.0	-0.120
1998-11 ~ 1999-10	217.50	5.36	97.00	3.70	25.60	0	0	-0.310

(二)1979 年 11 月至 1985 年 10 月

从图 6-1、表 6-2、表 6-3 还可看出,时段内潼关高程呈下降趋势,时段内非汛期上升年平均为 0.403 m,汛期下降年平均为 0.567 m。

在此期间,1980 年开始汛期停止发电,1984 年底孔开始大修。

在水库的调度运用方面,通过总结前时段的运用经验,经过多方面研究,对水库运用水位做了调整。春灌期库水位低于 324 m,桃峰入库前,库水位下降到 317 ~ 318 m,使潼关以下库段保持畅流状态。为充分发挥桃汛洪水对潼关河床和以下河段的冲刷作用,使非汛期淤积的泥沙及以往淤积的泥沙尽可能多的排出库外,应降低运用水位。各年非汛期最高蓄水位为 323.59 ~ 324.94 m,高于 320 m 的天数由前时段 103 天降至 86 天,大于 324 m 水位的时间由上段的 164 天减少为 27 天,非汛期高水位运用历时较上一时段明显减少。汛期坝前控制水位较前时段有所降低,除 1980 年为降低潼关高程,汛期除曾于一段时间内敞泄运用外,7、8 月控制 300 m,9、10 月控制 305 m。汛期潼关以下库区普遍发生冲刷,但是,由于来水偏少,潼关高程没有发生明显变化。

从表 6-4 可以看出,1979 年 11 月 ~ 1985 年 10 月时段内年均水沙量分别为 416.5 亿 m^3 和 8.05 亿 t,汛期水沙量为 247.52 亿 m^3 和 6.56 亿 t。全年和汛期的水量接近多年平均值,而沙量均比多年平均值为少,属于水偏丰、沙枯。时段内汛期除 1980 年水沙量为 134.0 亿 m^3 和 4.66 亿 t,1982 年为 183.7 亿 m^3 和 4.34 亿 t 外,其余年份汛期水量均在 230 亿 m^3 以上,1981 年和 1983 年汛期水量为最多,分别为 338.8 亿 m^3 和 315.6 亿 m^3,依次排列为 1985 年 233.1 亿 m^3、1984 年 281.9 亿 m^3。流量大于 3 000 m^3/s 洪水的水量年均为 118.8 亿 m^3,年均天数为 34.8 天,均比上个时段有所增加。由于汛期来水量增加和来沙量减少是潼关河床发生冲刷的有利水沙条件,再加上水库运用水位有所降低,在此

时段内潼关以下库区,不但将非汛期淤积在库内的泥沙全部冲完,而且还冲刷了前时段淤积在库区内的泥沙,潼关以下库区呈现冲刷状态,时段内潼关高程累计下降 0.98 m,年均下降 0.16 m,恢复到"蓄清排浑"运用开始时的水平。在此时段内潼关高程非汛期年均升高 0.403 m,汛期年均下降 0.567 m。

(三)1985 年 11 月至 1993 年 10 月

时段内水库运用方式作了进一步改善,凌汛期根据下游河道凌汛情况尽量少蓄水,同时尽量降低春灌最高蓄水位及高水位运用历时(见表 6-2),非汛期超过 320 m 水位的天数,由前时段平均 86 天减少为约 61 天,平均比前时段减少了 25 天,而大于 324 m 水位的天数只有 4 天。春灌蓄水考虑下游用水需要及潼关高程的冲淤变化,春灌最高蓄水位不超过 324 m,同时为了充分发挥桃汛洪水对库区的冲刷作用,吸取前时段的经验,桃峰入库前,库水位下降到 317 ~318 m,为冲刷潼关河床和下移非汛期淤积的泥沙创造了有利条件。

1985 年 11 月 ~1993 年 10 月时段内来水来沙属枯水枯沙年,8 年中只有 1989 年水量接近多年平均值。如前所述,在此期间由于 1986 年汛后多年调节的龙羊峡水库投入运用,径流受水库调节,改变了下游径流的年内分配比例,再加上水资源用量增加和水土保持减水减沙作用,使三门峡水库入库水、沙量大幅度削减,年均水量由前期的 416.5 亿 m^3,减为 277.5 亿 m^3,减少 139.0 亿 m^3;汛期水量由 247.52 亿 m^3,减为 134.08 亿 m^3,减少 113.44 亿 m^3(见表 6-4)。时段内除 1989 年汛期水量为 205.0 亿 m^3 外,其余各年均在 200 亿 m^3 以下,而 1987 年和 1991 年汛期水量只有 75.43 亿 m^3 和 61.13 亿 m^3。时段平均汛期流量大于 3 000 m^3/s 的水量只有 19.01 亿 m^3,年均天数仅为 6 天(见表 6-4)。由于来水来沙量的减小,特别是大流量出现的机遇减少。尽管非汛期水库高水位运用历时缩短,水位降低,库区淤积仍很严重,潼关高程仍不断上升,至 1992 年汛前上升到 328.40 m,经"92·8"高含沙洪水冲刷后,潼关高程虽一度降到 326.64 m,但洪水之后又迅速回淤,1992 年汛后潼关高程为 327.30 m(见表 6-3)。在此时段内潼关高程累计升高 1.14 m,年平均升高 0.14 m,其中非汛期年均升高 0.388 m,汛期年均下降 0.245 m。

四、汛期发电原型试验期间(1993 年 11 月至 1999 年 10 月)潼关高程变化概况

在此时段内来水来沙仍属枯水枯沙时段,从表 6-4 可以看出,汛期来水量不断减少,其水量均在 135 亿 m^3 以下,汛期水量最大的 1994 年为 133.4 亿 m^3,而 1997 年、1998 年和 1999 年 3 年更为特殊,在这连续的 3 年中汛期来水量分别为 55.53 亿 m^3、85.9 亿 m^3 和 97.0 亿 m^3,这种连续 3 年出现汛期水量不超过百亿立方米的枯水时段在历史上也不多见,3 年的汛期水量为历史最小值,在历史上只有 1928 年陕县站汛期水量为 97.8 亿 m^3。汛期流量大于 3 000 m^3/s 的水量及天数也明显减小,1999 年汛期的最大洪峰流量只有 2 950 m^3/s(1999 年 7 月 25 日)。资料分析表明,潼关河床的冲刷主要靠大于3 000 m^3/s 流量的洪水,而大于 3 000 m^3/s 洪水减少,就意味着冲刷潼关河床的机遇减少,致使潼关河床不断上升。

从表 6-2 可知,该时段非汛期水库运用水位进一步降低,最高运用水位在 322.66 ~

320.78 m之间变化，在6年中只有1993年和1997年水位超过322 m，其天数分别为9天和17天，非汛期的大部分时间，库水位在320.78～321.81 m之间变化，这表明坫埼以上库段不受水库蓄水淤积的影响，潼关至坫埼河段属于畅流的天然状态，河段及潼关河床的冲淤主要受来水来沙条件影响。

在此时段，自1994年汛期以来进行汛期发电原型试验。汛期水库运用的特点是汛初洪水到来之前及汛期平水期，水库控制305 m水位运用并进行发电试验，汛期洪峰期间降低水位排沙，其排沙期库水位由前期的303～300 m降至300～298 m。在此时期潼关高程升高0.34 m，年均升高0.06 m，其中非汛期年均升高0.262 m，汛期年均下降0.205 m。

第二节　潼关高程变化特点及基本规律

一、年内冲淤变化特点

潼关河床年内的变化有汛期冲刷、非汛期淤积的特点。据建库前资料统计，19个汛期中发生冲刷的有16个，占84%。17个非汛期中除1年不冲不淤外，其余16个非汛期是淤积的。建库后，"蓄清排浑"运用以来的统计资料表明，26个汛期中发生冲刷的为23个，占88.5%，26个非汛期全部都是淤积的。潼关河床这种在年内汛期冲刷、非汛期回淤的规律，建库前与建库后是完全一致的。

二、非汛期潼关高程冲淤特性及基本规律

(一)三门峡水库运用情况

影响潼关高程的升降原因比较复杂，但主要是来水来沙条件和水库运用的影响。据非汛期水库蓄水运用资料分析，当坝前水位320～321 m时，回水将影响坫埼(黄淤36断面)；当坝前水位323.5～324.5 m时，回水将影响潼关。三门峡水库"蓄清排浑"运用以来，各时段非汛期各级坝前水位的天数及非汛期潼关高程的变化情况见表6-5。由表6-5可以看出：

表6-5　非汛期运用超过某值天数与潼关高程(年平均)升降值

时段(年-月)	最高库水位(m)	各级坝前水位天数(天)			非汛期潼关高程升降(m)	分段冲淤量(亿 m^3)		
		320～322 m	322～324 m	>324 m		黄淤22—31	黄淤31—36	黄淤36—41
1973-11～1979-10	325.99	29.3	46.3	27.3	0.697	0.402	0.459	0.167 0
1979-11～1985-10	324.88	29.0	52.7	4.5	0.403	0.426	0.387	0.064 4
1985-11～1993-10	324.11	26.6	33.6	0.5	0.388	0.562	0.245	0.060 0
1993-11～1999-10	322.66	42.5	4.3	0	0.262	0.854	0.292	0.027 9

第一个时段(1973年11月～1979年10月)：坝前水位322～324 m的年均天数和超过324 m的年均天数分别为46.3天和27.3天，均比其他时段多；潼关高程非汛期年均上

升0.697 m,比建库前非汛期年均升高0.35 m还高0.347 m,为建库前非汛期年均升高值的2倍,表明这一时段水库非汛期运用对潼关高程有明显的影响。

第二个时段(1979年11月~1985年10月)和第三个时段(1985年11月~1993年10月):坝前水位322~324 m的年均天数分别为52.7天和33.6天,大于324 m的年均天数分别为4.5天和0.5天。水库高水位运用的天数逐步减少,水库非汛期运用方式不断地调整和改进。这2个时段非汛期潼关高程的升高值,随着水库运用方式的调整逐步降低,2个时段非汛期年均上升值分别为0.403 m和0.388 m,逐渐接近建库前非汛期的年均升高值。

第四个时段(1993年11月~1999年10月):在此6个运用年中,水库非汛期运用进一步调整,除1994年和1998年非汛期坝前最高水位分别为322.66 m和322.18 m外,其余各年均未超过322 m(见表6-2),由于超过322 m的时段较短,表明坫埼(黄淤36断面)以上库段基本不受水库回水的影响,在非汛期该库段处于畅流的天然状态,在此期间潼关高程非汛期年均上升0.262 m,比建库前非汛期年平均升高0.35 m还减少0.088 m。

(二)1993年11月以来非汛期水库运用特点

三门峡水库非汛期运用方式,自1979年11月以来,不断地进行调整和改进,致使潼关高程非汛期的变化也随着不断的调整和改善。特别是自1993年11月份以来,非汛期水库运用具有如下一些特点:

(1)凌汛前蓄水位不断调整降低,凌汛期根据黄河下游河道凌汛情况,尽量降低蓄水位。

(2)在桃汛洪水到来之前,将坝前水位降至315 m以下,以便充分利用桃汛洪水冲刷河床降低潼关高程,并将防凌运用时期淤积的泥沙搬到大禹渡(黄淤31断面)以下。

(3)在桃汛结束时,再将坝前水位蓄到321 m左右,4月蓄到322 m左右,从而缩短高水位运用的时间,减少潼关(黄淤41断面)至坫埼(黄淤36断面)库段的泥沙淤积,或使该库段尽量不受和少受水库回水影响,使春灌蓄水泥沙淤积部位尽可能在坫埼以下。

(三)非汛期水库淤积和淤积部位的变化特点

众所周知,多泥沙河流上的水库,当挟沙水流进入回水区以后,由于过水面积骤然扩大,流速减小,其挟带的泥沙便落淤下来。在水库运用水位相对稳定的情况下,将形成三角洲淤积,随着蓄水时间的增加,淤积量加大,淤积三角洲将向坝前推移和向上游延伸。所以,水库蓄水期泥沙淤积部位与水库运用水位有关。三门峡水库运用的实践表明,由于非汛期蓄水运用不是一次逐步抬高,而是根据防凌前、防凌和春灌等各运用阶段库水位持续时间长短不同,使水库淤积重心位置(即淤积量比例大的库段)也不相同(见表6-6)。由表6-2和表6-6可知,水库非汛期防凌前、防凌期和春灌3次蓄水过程的运用水位高低、历时长短及来沙的组合的不同,其水库库区淤积分布亦各不相同。如若凌前蓄水位较高,且高水位历时长,水库回水超过坫埼,则淤积三角洲将在坫埼(黄淤36断面)上、下,这时在水库降低水位向下游补水时并不能冲走这部分淤积物,在防凌期和春灌蓄水的淤积就会叠加在前期的淤积物上,使潼关至坫埼区间增加淤积,这不仅影响非汛期库区淤积分布,使其淤积重心部位偏上,而且也将使潼关河床淤积上升。例如,从1974年、1977年和1979年3个运用年的非汛期来看,库水位超过320 m的时间分别为121天、118天和132

天,历时相差不多,但最高蓄水位和高水位的运用历时 3 个运用年各不相同,超过 324 m 的历时 1974 年为 14 天,1979 年为 44 天,而 1977 年最长达 77 天,蓄水位最高达 325.99 m,而且高于 325 m 的历时达 30 余天。从 3 年的库区淤积分布和淤积重心来看,1974 年、1979 年在黄淤 31—36 断面,而 1977 年由于回水影响潼关,淤积重心在黄淤 36—41 断面,该库段淤积泥沙 0.389 亿 m^3,为历年最大值。反映在潼关高程变化上,1974 年上升 0.55 m,1979 年为 0.67 m,而 1977 年上升 1.25 m。

1979 年以后,水库非汛期防凌和春灌蓄水运用水位进行了调整和改进,这里不再赘述。需要补充的是,关于防凌前蓄水,为避免出现前述由于防凌前蓄水位高,造成库区泥沙淤积部位偏上,防凌和春灌蓄水库区淤积的叠加现象。凌前蓄水一般在 315 m 左右(见表 6-2),回水不超过太安(黄淤 31—32 断面),把凌前蓄水的泥沙淤积基本上限制在太安以下。

表 6-6　水库各库段冲淤分布

时段(年-月)	项目	黄淤 1—12	黄淤 12—22	黄淤 22—31	黄淤 31—36	黄淤 36—41	小计(黄淤 1—41)
1973-11 ~ 1979-10	时段冲淤量(亿 m^3)	0.493 5	0.765 8	0.235 8	-0.415 4	0.236 7	1.316 4
	非汛期冲淤量(亿 m^3)	0.748 7	1.618 3	2.409 8	2.775 0	1.002 6	8.554 4
	汛期冲淤量(亿 m^3)	-0.255 2	-0.852 5	-2.174 0	-3.190 4	-0.765 9	-7.238
	非汛期各段占全段(%)	8.8	19.0	28.2	32.3	11.7	100
	汛期冲占非汛期(%)	34.1	52.7	90.2	115.0	76.4	84.6
1979-11 ~ 1985-10	时段冲淤量(亿 m^3)	-0.271 7	-0.170 5	0.200 6	0.172 8	-0.382 4	-0.852 4
	非汛期冲淤量(亿 m^3)	0.578 5	1.345 4	2.555 6	2.320 7	0.386 4	7.186 6
	汛期冲淤量(亿 m^3)	-0.850 2	-1.515 9	-2.756 2	-2.147 9	-0.768 8	-8.039 0
	非汛期各段占全段(%)	8.0	18.7	35.6	32.3	5.4	100
	汛期冲占非汛期(%)	146.9	112.7	107.8	92.6	198.9	111.9
1985-11 ~ 1993-10	时段冲淤量(亿 m^3)	0.316 2	0.006 3	0.315 8	0.452 0	0.266 2	1.356 5
	非汛期冲淤量(亿 m^3)	0.301 4	2.675 0	4.449 4	1.958 5	0.480 3	9.864 6
	汛期冲淤量(亿 m^3)	0.014 8	-2.668 7	-4.133 6	-1.506 5	-0.214 1	-8.508 1
	非汛期各段占全段(%)	3.0	27.1	45.1	19.9	4.9	100
	汛期冲占非汛期(%)	4.9	99.8	92.9	76.9	44.6	86.2
1993-11 ~ 1999-10	时段冲淤量(亿 m^3)	-0.074 0	0.075 4	0.093 9	-0.010 8	0.142 4	0.374 9
	非汛期冲淤量(亿 m^3)	0.328 3	1.838 1	5.123 0	1.753 6	0.167 6	9.210 6
	汛期冲淤量(亿 m^3)	-0.254 3	-1.762 7	-5.029 1	-1.764 4	-0.025 2	-8.835 7
	非汛期各段占全段(%)	3.6	20.0	55.6	19.0	1.8	100
	汛期冲占非汛期(%)	77.5	95.9	98.2	100.6	15.0	95.9

非汛期水库运用水位变化和库区淤积部位变化的特点表明，非汛期蓄水位高，且高水位运用历时长时，使库区泥沙淤积部位偏上，将给潼关高程带来不利影响。我们应用1974年“蓄清排浑”以来潼关至坫埼库段非汛期冲淤量和相应潼关高程升降的资料，点绘了两者之间的关系（见图6-2）。从图6-2可以看出，两者之间的关系较好，表明非汛期潼关高程上升随潼关至坫埼段的淤积量大小而变化，即随潼关至坫埼段淤积增加，潼关高程上升的趋势比较明显。图中少数点较分散的原因是由于潼关的特殊地理位置造成的，其影响因素复杂，可能与前期河床条件。断面上下河段的河势变化、上段的河床调整和水库直接回水影响等因素有关。

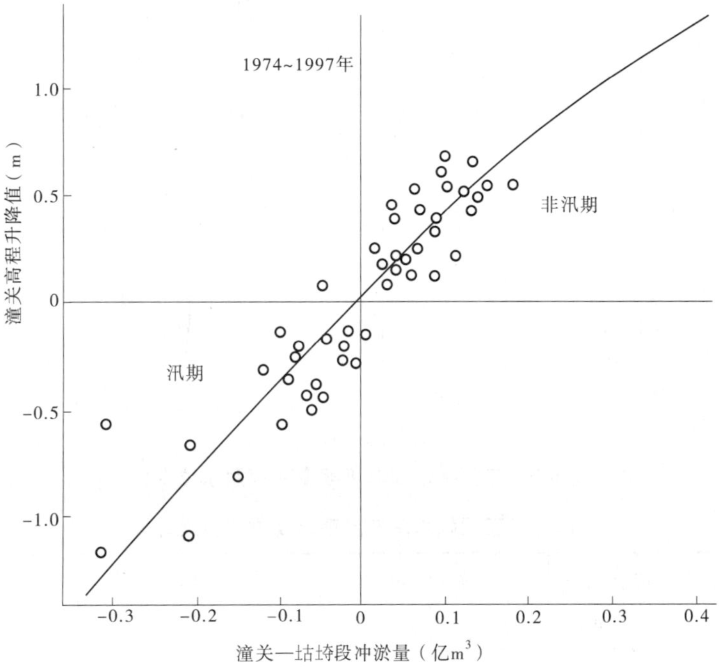

图6-2　潼关高程升降与潼关至坫埼段冲淤量关系

（四）非汛期最高运用水位变化

从图6-3及表6-7可以看出，自水库“蓄清排浑”运用以来，水库非汛期蓄水运用的最高水位呈逐渐下降趋势，而且为了发挥桃汛洪水冲刷潼关的作用，桃汛起调水位也在不断下降（见表6-2）。表6-7所列数据表明，在1973年11月~1979年6月的第一时段，水库非汛期运用水位最高，而且超过320 m、322 m和324 m的时间，时段平均分别为103天、73.7天和27.3天，若以该时段各级水位的天数为基数，与其他3个时段相比，可以看出各级水位运用的历时逐渐减少，特别是1993年11月以来，水库运用根据来水来沙的变化和库区冲淤状况又进行了不断的调整，水库最高蓄水位降低（见表6-2），其运用历时不断减少，非汛期最高蓄水位为322.66 m，时段运用平均水位为315.66 m，超过320 m和322 m的运用天数分别减少54.5%和94.1%。由此表明，由于非汛期最高蓄水位的降低和高水位运用时间的逐渐减少，使水库的淤积和淤积分布（表6-6）有所改善，库区淤积重心部位下移。同时，由于水库回水不超过坫埼，从而坫埼至潼关河段不受水库回水淤积影响,该河段处于天然的自由畅流状态。

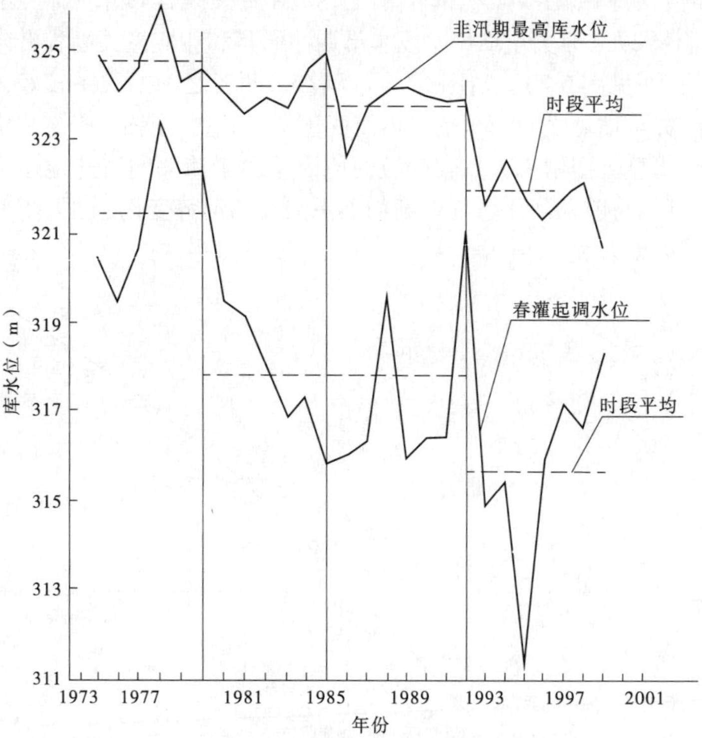

图 6-3　三门峡水库非汛期最高运用水位变化

表 6-7　三门峡水库非汛期最高蓄水位统计表

时　段 (年-月)	最高蓄 水位(m)	>320 m		>322 m		>324 m	
		天数	减少(%)	天数	减少(%)	天数	减少(%)
1973-11 ~ 1979-06	325.99	103	0	73.7	0	27.3	0
1979-11 ~ 1985-06	324.94	86.2	16.3	57.2	22.4	4.5	83.5
1985-11 ~ 1993-06	324.11	60.7	41.1	34.1	53.7	0.5	98.2
1993-11 ~ 1999-06	322.66	46.8	54.5	4.3	94.1	0	100

另外,需要指出的是,由于每年 11 月一般是非汛期来沙较多的时期,其月沙量占整个非汛期沙量的将近 20%,潼关河床每年 11 ~ 12 月还有自然回升的现象。据统计,其回淤的数值每年各不相同,一般变化在 0.02 ~ 0.75 m 之间,平均为 0.26 m 左右。从潼关河床非汛期上升的数值来看,其所占的比重还是较大的。

综上所述,三门峡水库非汛期运用最高水位宜控制在 320 m 以下,特别是桃汛后高水位运用时间不宜过长,使由于水库运用引起库区淤积影响的范围控制在坫埼以下,对潼关至坫埼河段的冲淤影响不大。非汛期淤积部位尽量控制偏下,同时在桃汛入库前降低起调水位，可以增加利用桃峰冲刷非汛期淤积泥沙的效果，或使这部位淤积物搬到近坝段，以利于在汛期洪峰时排出库外。

三、汛期潼关高程冲淤特性及基本规律

(一)汛期水库运用及库区冲淤特性

水库“蓄清排浑”运用以来，前一段时间汛期不分洪水和平水时段，水库汛期运用水位一般控制在305 m左右，汛期水库运用方式比较单一，其排沙一般都在发电控制水位下进行。1980年以后，除个别年份的汛期曾有一段时间内敞泄运用外，一般是7、8月控制300 m(第一场大于3 000 m^3/s洪水之前)和9、10月控制305 m。1985年以后，汛期运用水位虽然仍为300～305 m，但实际运用水位有所降低。自1994年汛期水库进行汛期发电原型试验以来，汛期水库运用的特点如前所述，汛期洪水期降低坝前水位至300～298 m进行排沙，汛期平水期控制305 m进行发电试验。洪水排沙时期的坝前基面降低，为洪水排沙提供了较为有利的条件。

关于库区汛期冲淤变化的基本特性，前面有关章节中已有详细分析，在此仅简要的概述库区汛期的冲淤特性。洪水冲刷主要表现为溯源冲刷、溯源冲刷与沿程冲刷的相互衔接。一般坫垮至坝前库段以溯源冲刷为主，兼有沿程冲刷；潼关至坫垮库段则主要受来水来沙条件影响，表现为沿程冲刷性质；而在汛期其他时期，如平水、小洪水期(包括高含沙小洪水)，根据各库段的河床条件变化，表现为有冲有淤或洪水后的回淤。汛期潼关高程的冲刷下降，主要依赖洪水的冲刷，其次为洪水期尽量降低坝前水位发生自下而上的溯源冲刷，在溯源冲刷和沿程冲刷结合的情况下，库区各河段冲刷作用较大，回淤较慢。

(二)汛期洪水对潼关河床的冲刷作用

实测资料表明，汛期潼关河床冲刷，主要发生在洪水期。其原因为：①黄河来水来沙主要集中在汛期，而汛期来水来沙主要集中在几场洪水。②由于在洪峰涨水期洪水波造成的附加比降的作用，使涨水期的水面比降大于落水期的水面比降，加强了河槽的冲刷。③黄河洪峰与沙峰的出现时间，一般都有沙峰落后于洪峰的现象，这就使涨水期的含沙量小于落水期，这也加剧了涨水阶段的河槽冲刷和落水阶段的淤积。④在洪水期，由于流量大，河床趋于平整，糙率减小，相对增加了汛期的挟沙能力。

据1974～1999年84次洪水资料统计，其中潼关发生冲刷的洪水有58次，占洪水总次数的69%。在潼关河床发生冲刷的58次中，大于3 000 m^3/s的洪水冲刷占72.4%，小于3 000 m^3/s的洪水冲刷仅占27.6%。只有在大洪峰条件下才会出现潼关河床下降达1 m以上。需要说明的是，这种情况并不是绝对的。据资料统计，在潼关站出现高含沙洪水时(高含沙小洪水除外)，由于高含沙洪水本身的特性，潼关河床也会发生强烈冲刷(见表6-8)。

洪水期在一次洪峰过程中，潼关断面基本符合“涨冲落淤”的规律，冲刷强度最大是在洪峰时段，如图6-4～图6-8所示，对照图中洪峰过程线的涨落和河底平均高程过程线的升降变化可以看出，两者的变化过程呈现出相反的变化，即在最大洪峰期间，平均河底高程下降，之后河床有所回淤，反映出洪峰对潼关河床的冲刷作用。

表 6-8　高含沙洪水潼关河床强烈冲刷与 1 000 m^3/s 水位变化

站名		洪水特征值	1970-08	1973-09	1977-07	1992-08	1996-07	1997-08	1999-07
水沙条件	龙门	最大流量(m^3/s)	13 800 (2 日)	6 210 (1 日)	14 500 (6 日)	7 720 (9 日)	1 180 (27 日)	5 550 (1 日)	1 370 (13 日)
		最大含沙量(kg/m^3)	826	334	690	381	221	351	137
		3 日最大洪量(亿 m^3)	8.05	5.66	9.19	5.69	2.09	4.73	1.81
	华县	最大流量(m^3/s)	1 590 (3 日)	5 010 (1 日)	4 470 (7 日)	3 950 (14 日)	3 450 (29 日)	1 100 (1 日)	1 360 (15 日)
		最大含沙量(kg/m^3)	702	527	795	528	565	749	636
		3 日最大洪量(亿 m^3)	2.54	7.16	5.82	6.29	3.84	1.48	2.19
	潼关	最大流量(m^3/s)	8 420 (3 日)	5 080 (1 日)	13 600 (7 日)	4 040 (15 日)	2 290 (31 日)	4 700 (2 日)	2 220 (16 日)
		最大含沙量(kg/m^3)	631	527	616	297	495	504	442
		3 日最大洪量(亿 m^3)	8.74	10.46	11.9	9.27	4.42	6.48	3.68
同流量水位	潼关(六)	ΔH(m)	-2.04	-1.68	-2.61	-1.45	-1.91	-1.80	-1.01
		汛末(m)	327.67	326.64	326.79	327.30	328.07	328.02	328.12
	坫埼	ΔH(m)	-1.0	-0.72	-2.53	-1.33	-1.09	-1.05	-0.77
	上源头	ΔH(m)	-0.27	0.27	0.55	0.40	-0.07	0.12	0.07

注:"77 · 7"、"92 · 8"洪水潼关洪量由渭河汇入潼关后资料统计。

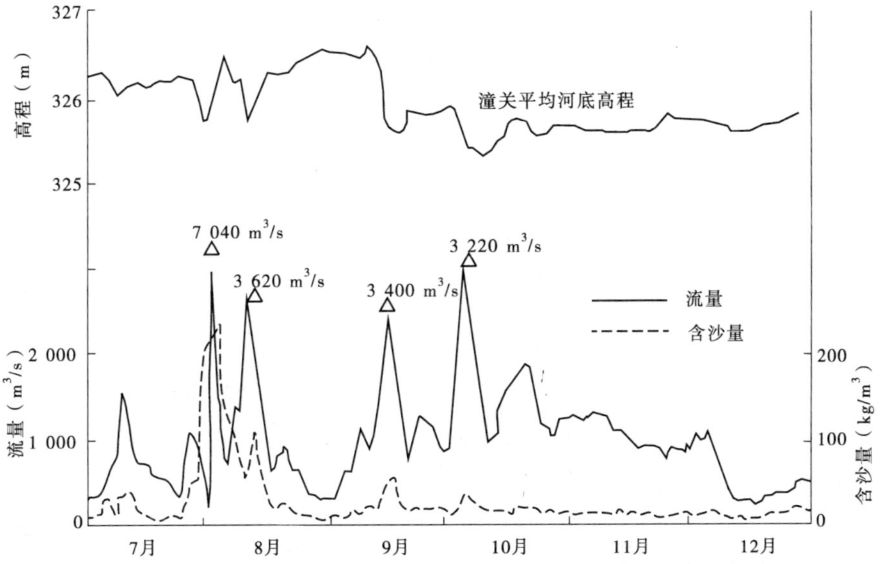

注：图中流量为日平均流量，△上所注数字为洪峰瞬时流量。

图 6-4　1974 年汛期潼关河床高程与水沙过程线

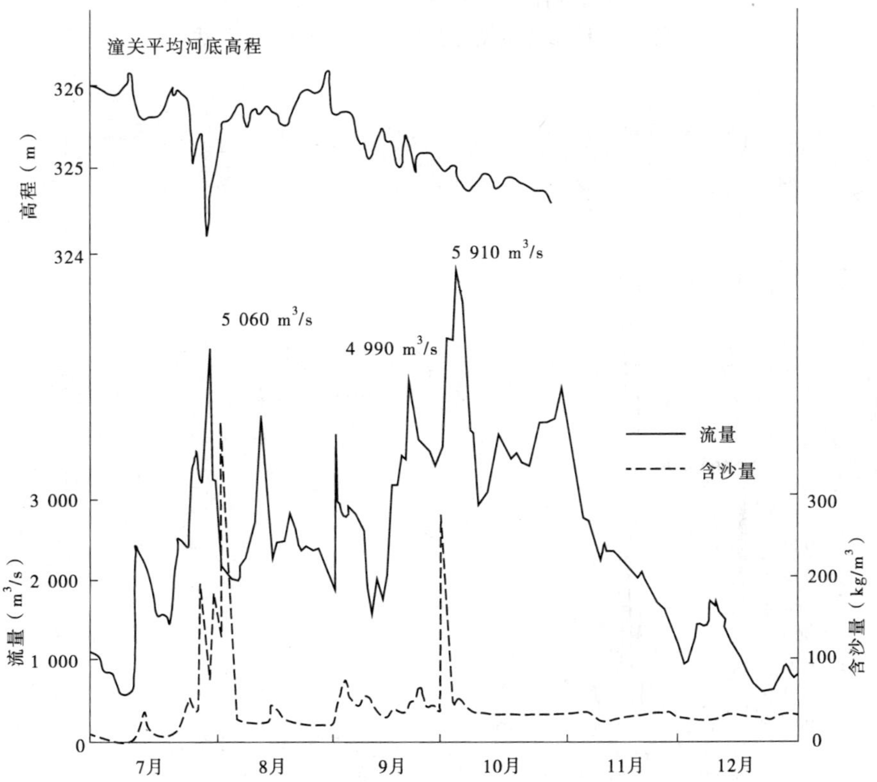

注：图中流量为日平均流量，5 060 m³/s、4 990 m³/s、5 910 m³/s 为洪峰瞬时流量。

图 6-5　1975 年汛期潼关河床高程与水沙过程线

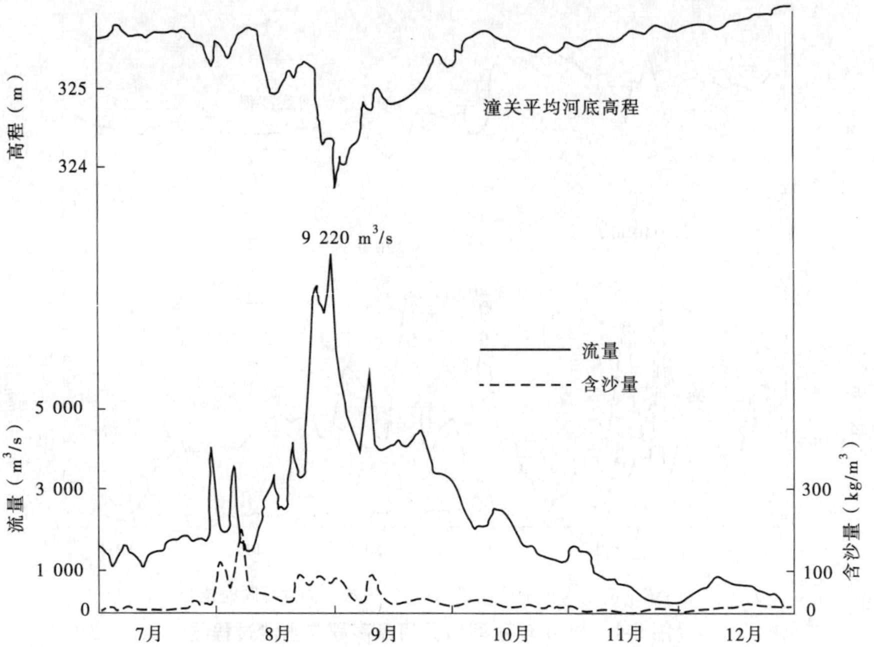

注：图中流量为日平均流量，9 220 m³/s 为洪峰瞬时流量。

图 6-6 1976 年汛期潼关河床高程与水沙过程线

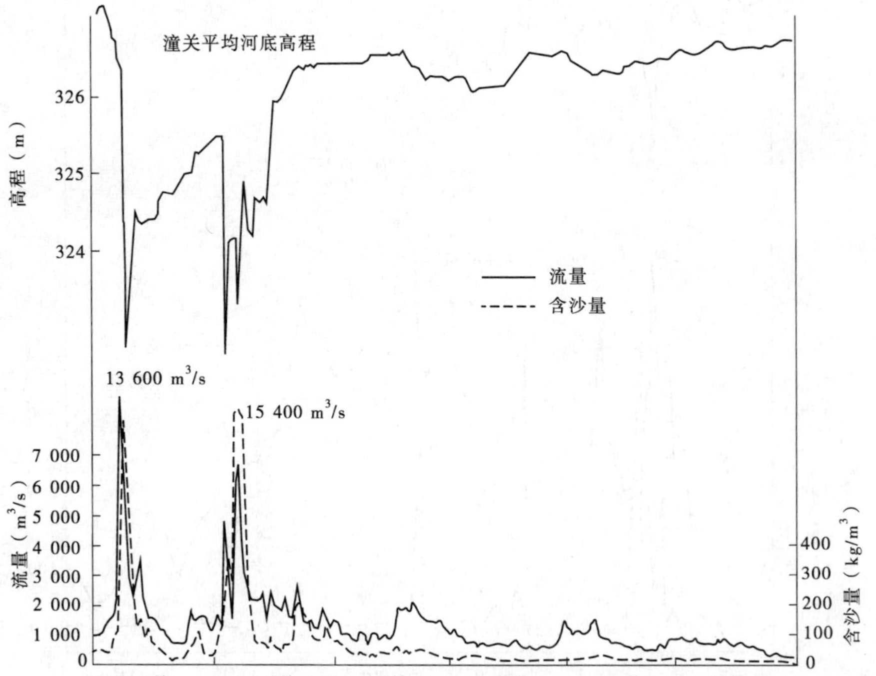

注：图中流量为日平均流量，13 600 m³/s、15 400 m³/s 为洪峰瞬时流量。

图 6-7 1977 年汛期潼关河床高程与水沙过程线

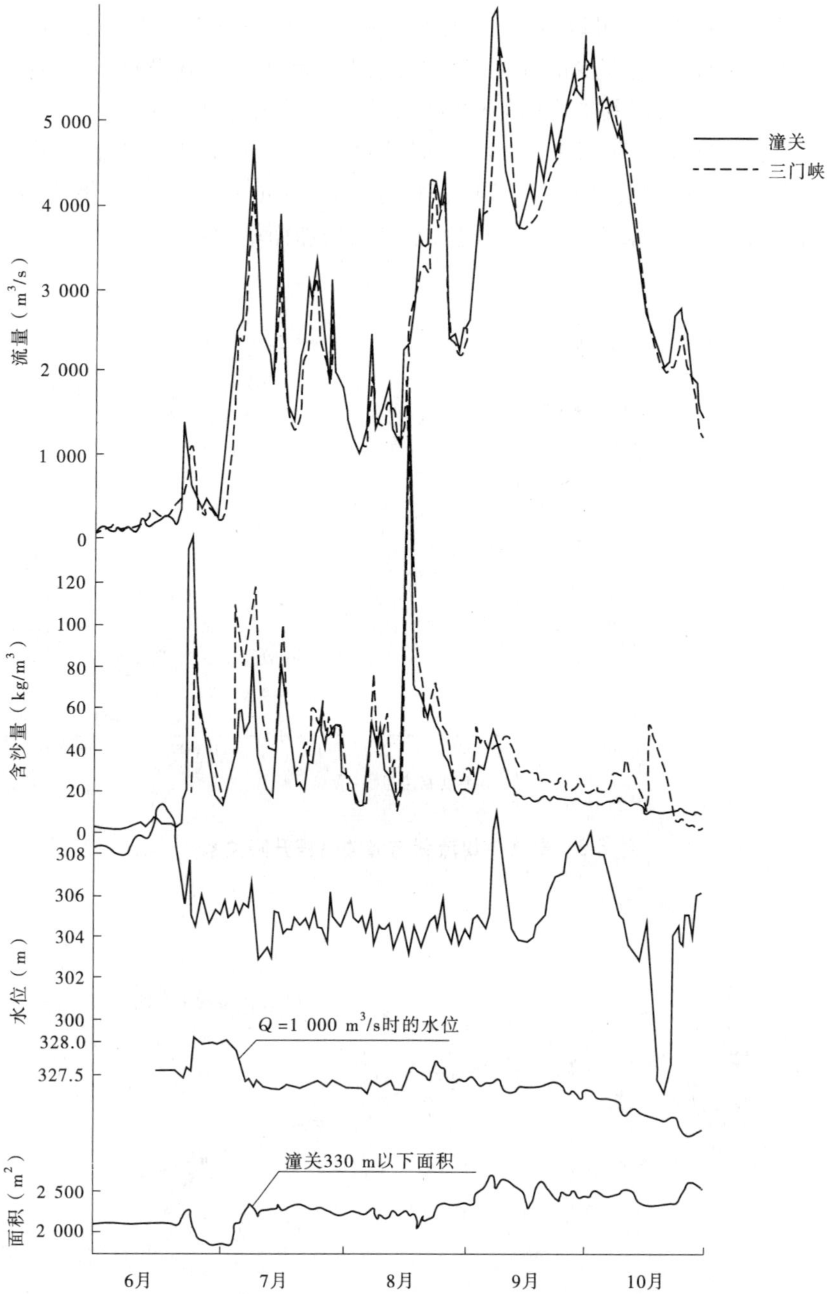

图 6-8　1981 年 6 ~ 10 月潼关至大坝段综合过程线

从上述几年的过程线还可以看出：①汛期出现的洪峰次数少，特别是大洪峰出现次数少时，在洪峰期潼关河床也会出现冲刷下降，但洪峰过后河床将迅速回淤，如 1976 年和 1977 年就是如此。②汛期连续出现几次洪水，特别是大于 3 000 m^3/s 洪水的次数较多，潼关河床在连续洪水作用下，持续稳定下降，洪水后或汛期可能有回淤，但较汛期仅有1 ~ 2 次洪水的回淤速度慢。

从洪峰对潼关河床的冲刷作用来看，潼关河床的冲刷下降，主要与汛期洪水水量、洪峰流量大小有关。从图6-9可以看出，最大洪峰流量在5 000 ~ 10 000 m^3/s 时，潼关河床大部分是冲刷下降的，但也有少部分是淤积的，当洪峰流量大于10 000 m^3/s 时，潼关河床基本上都是冲刷下降的，但其下降的幅度各不相同，这可能与洪水来源及其组合变化、洪峰的胖瘦以及前期河床条件等因素有关。而从图6-10示出的日平均流量大于3 000 m^3/s 洪水的水量与潼关高程的关系看，在汛期来水大于3 000 m^3/s 洪水的水量为50亿 m^3 和超过50亿 m^3 时，潼关河床的冲刷下降随来水量的增加而增加。

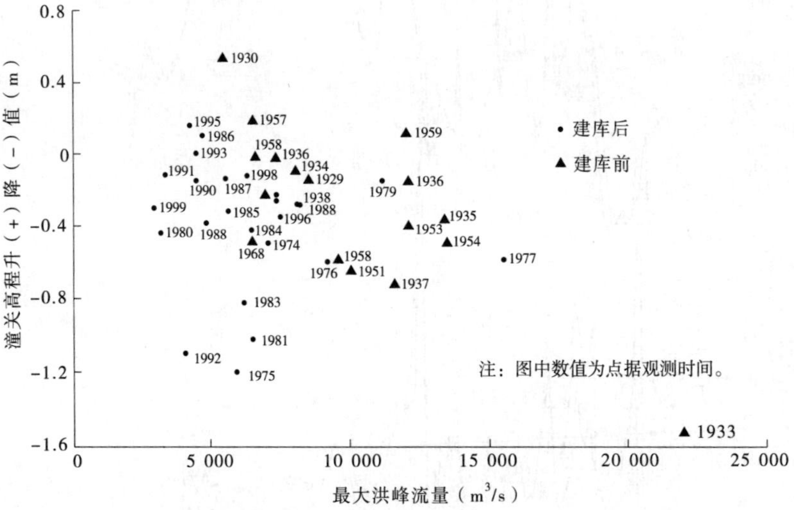

图6-9　最大洪峰流量与潼关高程升降关系

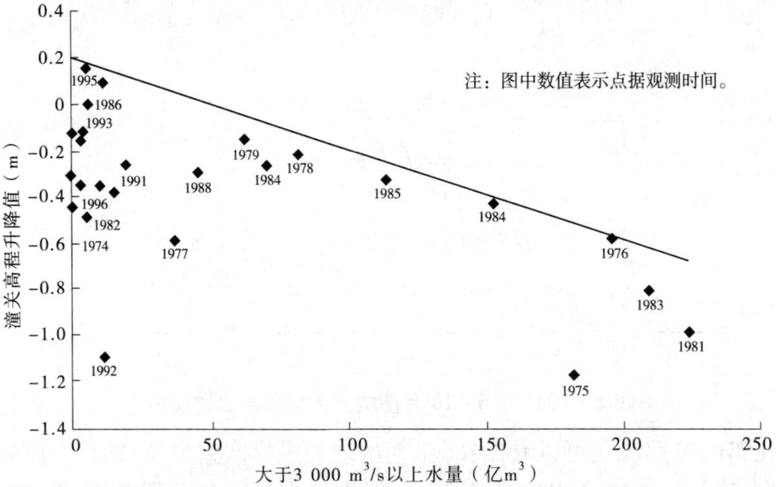

图6-10　大于3 000 m^3/s 的水量与潼关高程升降关系

（三）搞好管理，充分发挥泄流建筑物作用

汛期三门峡水库调度运用实践表明，多泥沙河流上采取调水调沙运用方式的水库，汛

期泄流建筑物闸门的启闭应保持灵活，才能充分利用已有的泄流能力，在洪水到来时期及时根据洪水涨率，适时开启泄水孔、洞泄流，使一般洪水不发生滞洪或少滞洪，充分发挥洪水的排沙作用，最大限度地将非汛期淤积在库内的泥沙排至库外，并尽量加大洪水对潼关河床的冲刷力度。

三门峡水库“蓄清排浑”运用初期，因闸门启闭设施不灵活，影响泄流建筑物的泄流能力，出现洪水期水库发生滞洪现象，并使库水位相应抬升从而影响水库洪水期排沙效果。如 1971 年进入潼关站最大洪峰流量为 15 400 m^3/s，滞洪后出库流量削减为 8 900 m^3/s；1977 年 7 月 4～15 日的一场洪水，入库洪峰流量 13 600 m^3/s，洪峰尖瘦，时段平均流量仅为 3 140 m^3/s，由于闸门启闭设施不灵活，开启时间较长，再加上根据洪水涨落进行调度的经验不足，造成滞洪削峰较大，库水位壅高，坝前最高水位达 317.18 m，最高日平均水位为 316.76 m，时段平均水位 307.38 m，出库最大流量削减为 7 900 m^3/s。洪峰期间，虽然进库段水流集中，使潼关以下自由段有较大冲刷，但因坝前水位较高，上段冲刷的淤积物不能有效排出库外，水库仅冲刷 0.065 亿 t。若能及时开门，按现有的泄流规模，坝前最高水位可降到 309.4 m，时段平均水位可降在 305 m 以下，水库将可能冲刷近 1 亿 t。另外，据“1981 年汛期库区冲淤情况初步分析”，1981 年汛期洪水进入潼关站后，水库的泄流建筑物因工程原因未能全部打开（即有 5 个深孔，1 个底孔没有启开），对于 1981 年汛期水库库区的冲刷与排沙有一定的影响。1981 年汛期使用的泄流能力与全部实有大泄流能力（不包括发电泄流）见表 6-9。根据使用的泄流能力，按照 1981 年汛期入库洪水情况和发电控制运用水位进行敞泄的运用计算表明，在下泄流量 $Q_{出}>4\ 000\ m^3/s$ 时，泄流能力便受到影响。1981 年汛期入库流量大于和等于某流量级的天数见表 6-10，由表 6-10可以看出，影响泄流能力长达 42 天。然后用“全部泄流能力敞泄运用与实测比较的方法”、“汛期或洪峰排沙经验关系方法”进行计算，估算未全部开启泄流建筑物对库区冲刷的影响，结果为影响冲刷 0.27 亿～0.32 亿 t，即可以认为 1981 年汛期少数孔和底孔（因工程原因）未开启，泄流对库区排沙的影响为少冲 0.3 亿 t 左右，约占汛期冲刷量的 9%，估计对潼关高程的影响一般为 0.1～0.3 m。由此给我们启示，在多泥沙河流上的水库调度运用中，为了汛期多排沙，不但要求应有一定的泄流规模，重要的是泄流设施调度灵活，在洪峰期充分利用已有的泄流能力，抓住时机加大泄量，降低滞洪水位，调整比降，发挥水流的冲刷（溯源冲刷和沿程冲刷）作用，加大排出库外的泥沙数量，以利排泄非汛期淤积在库内的泥沙，便于潼关河床冲刷下降。

表 6-9　1981 年使用泄流能力与全部泄流能力对比

坝前水位(m)	295.0	297.5	300.0	302.5	305.0	307.5	310.0	312.5	315.0
全部泄量 $Q_{全}(m^3/s)$	2 046	2 548	2 885	3 900	4 980	6 070	7 230	8 170	9 180
使用泄量 $Q_{用}(m^3/s)$	1 821	2 286	2 754	3 360	4 067	5 225	6 049	6 840	7 489
$\Delta Q=Q_{用}-Q_{全}$	-225	-262	-131	-540	-913	-845	-1 181	-1 330	-1 691
$\Delta Q/Q_{全}\times100\%$	-11.0	-10.3	-4.5	-13.8	-18.3	-13.9	-16.3	-16.3	-18.4

表 6-10 1981 年汛期流量级统计

流量级(m^3/s)	>3000	3 000 ~ 4 000	4 000 ~ 5 000	5 000 ~ 6 000	>6 000
等于或大于该流量级天数(天)	53	11	26	14	2

第三节 潼关高程变化成因分析

影响潼关高程变化的因素比较复杂,建库前有来水来沙条件、潼关断面上游和下游河段冲淤变化、河段上下的河势变化、河床边界条件和河道的纵向调整等。三门峡水库建成运用后,还受水库直接回水影响和库区冲淤的影响等。这些复杂的影响因素,加上潼关地理位置的特殊,就带来了潼关断面河床演变的复杂性和多种因素相互制约的特殊性。但概括起来主要是来水来沙条件和三门峡水库运用两个方面。

众所周知,多泥沙河流的河床演变特性,在很大程度上取决于:①来自流域的水量、泥沙量及其过程。②河床的边界条件。概括来说,河床演变是水流与河床相互影响、相互制约的产物。来水来沙条件是重要的、基本的因素。同样,对水库的蓄水运用、库区的冲淤变化来讲来水来沙条件也是重要的。总之,没有来水来沙就谈不上河床演变、也谈不上水库的蓄水运用和冲淤变化。对潼关河段的演变来讲,也是同样如此。当然水库蓄水运用改变了河床边界条件和水流状态,对一般修建在多泥沙河流上的水库来讲,是研究如何能够长期保持有效库容问题。但是,由于三门峡水库存在潼关高程问题,除要研究上述问题外,还需要研究水库蓄水运用对潼关河床的影响问题,即研究非汛期水库蓄水位及各级水位历时、库区淤积分布及部位,汛期水库排沙及如何清除非汛期淤积对潼关河床的影响等问题。

关于潼关高程的变化原因,根据前述有关库区冲淤资料,概要分析如下。

一、1973 年 11 月至 1985 年 10 月

如前所述,1979 年 11 月以前,水库非汛期运用水位高,高水位运用历时长,而潼关断面还直接受回水的影响。由于闸门起闭不灵,汛期水库运用中洪水期滞洪作用较大,没有能够充分利用洪水期输沙能力大的特点。从该时期的来水来沙条件看(见表 6-4),时段汛期年均水沙量都在多年均值上下,且较为接近。由于 1977 年至 1979 年连续 3 年年水量及汛期水量偏枯,来沙分别属平沙和丰沙,再加上水库蓄水位高且高水位历时长,造成潼关高程连续抬升。概括起来说,1979 年以前,潼关高程的升高,主要是水库运用(包括非汛期和汛期)的影响,其次为来水来沙的影响。

1979 年以后,非汛期水库运用最高蓄水位有所降低,而且高水位运用历时在缩短;时段内大于 3 000 m^3/s 洪水的水量达 118.8 亿 m^3/年,大于 3 000 m^3/s 洪水出现的天数达 34.8 天/年,这两个有利条件为水库"蓄清排浑"运用以来的时段最大值(见表 6-4),这是遇到了有利的来水来沙条件。在此时期,库区不但冲走了时段内非汛期淤积的泥沙,而且还冲刷了前时段库区淤积的泥沙。潼关至大坝库段(黄淤 1—41 断面)汛期冲刷率为 111.9%,而坊埼至潼关(黄淤 36—41 断面)库段为 198.9%(见表 6-6)。所以,潼关高程冲刷下降,至 1985 年汛后下降至 326.64 m,恢复到"蓄清排浑"开始运用时的 326.64 m

(1973 年 11 月)。

以上表明,时段内非汛期水库高水位运用历时减少,但最高蓄水位仍超过坫埼,潼关高程仍能冲刷下降,该时段库区达到冲淤平衡,这主要是有利的水沙条件造成的。但从时段内汛期水库运用的情况看,洪水期水库出现滞洪,致使坝前水位抬升,影响了水库的排沙效果。造成水库洪水期滞洪的原因有两种情况:一是泄流建筑物本身泄流能力不足,洪水超过其最大泄流能力时出现滞洪现象;二是由于调度运用或闸门启闭设备问题引起的水库滞洪。前一种情况是工程设施的规模问题;后一种情况是水库调度问题,1990 年前后泄流设施规模基本一致,但 1990 年以前闸门起闭时间长,无法充分利用泄流建筑物泄洪,如 1981 年出现的情况就是如此(前边已有分析,这里不再赘述)。1990 年后闸门起闭时间短,可以较好地利用洪水排沙出库。

总之,在 1979 年 11 月 ~1985 年 6 月的运用时段,潼关高程冲刷下降的原因,主要是有利的水沙条件,但汛期水库在洪水期排沙调度方面也有值得改进的地方(如闸门启闭等)。

二、1985 年 11 月至 1999 年 10 月

在该时段内,1994 年汛期开始进行汛期发电原型试验。

(一)水沙条件及河床调整

该时段的来水来沙条件,自 1985 年以来有很大变化,来水来沙不断减少(见表 6-4)。特别是上游龙羊峡水库投入运用以后,改变了水沙过程和来水来沙年内汛期和非汛期的分配比例。汛期大流量级流量的出现天数和水量在不断减小(见表 6-11),而汛期含沙量在不断增加(见表 6-12)。

表 6-11　不同时段潼关站汛期各级流量天数统计　(单位:天)

年　份	潼关各级流量(m^3/s)		
	$Q<1\ 500$	$Q\geq1\ 500$	$Q\geq3\ 000$
1974 ~ 1985	41.7	81.3	30.6
1986 ~ 1999	91.1	31.9	4.7
1996	82	41	3
1997	119	4	1
1998	107	16	2
1999	112	11	0

非汛期水库运用水位降低,水库淤积的泥沙已基本控制在坫埼以下,但库区淤积年内达不到冲淤平衡(见表 6-6),潼关高程在时段内仍呈上升趋势,其主要原因是不利的水沙条件,特别是大于 3 000 m^3/s 洪水出现的时间和大于 3 000 m^3/s 洪水的水量大幅度减小。而潼关以下河段主流游荡,河床展宽坦化,局部河段比降调整引起淤积上延等,对潼关高程上升也有影响。

表 6-12　不同时段潼关站汛期各级流量水量、沙量、含沙量统计

年份	潼关各级流量(m^3/s)											
	总量			$Q<1\,500$			$Q\geq1\,500$			$Q\geq3\,000$		
	水量(亿 m^3)	沙量(亿 t)	含沙量(kg/m^3)	水量(亿 m^3)	沙量(亿 t)	含沙量(kg/m^3)	水量(亿 m^3)	沙量(亿 t)	含沙量(kg/m^3)	水量(亿 m^3)	沙量(亿 t)	含沙量(kg/m^3)
1974～1985	236.1	8.85	37.5	36.1	0.91	25.2	200.0	7.94	39.7	106.4	4.44	41.7
1986～1998	120.5	5.80	48.3	61.0	1.59	26.1	59.5	4.25	71.4	15.0	1.58	105
1996	128.0	9.62	75.2	55.5	2.25	40.5	72.5	7.37	102	10.6	2.14	202
1997	55.5	4.11	74.1	47.5	1.70	35.8	8.0	2.41	301	3.1	1.19	384
1998	85.9	4.37	50.9	56.0	1.43	25.5	29.9	2.94	98.3	4.0	0.70	175
1999	97.0	3.70	38.1	78.4	1.67	21.3	18.6	2.05	110.2	0	0	0

潼关—坫埼区间黄淤 39—37 断面间河床宽浅，主流游荡，泥沙易淤难冲，虽在“92 · 8”洪水期间发生冲刷下切，但与上下窄深河段相比，变化幅度较小，纵向河床形态和水面曲线均呈上凸形。经 1994 年汛期淤积之后，水面线隆起情况更加突出(见图 6-11)，使黄淤 41—39 断面间的纵比降只有 $1.6\times10^{-4}\sim1.8\times10^{-4}$，黄淤 39 断面水位高出潼关—坫埼段平均水面线 0.5 m 左右。表 6-13 中列出了 1994 年各断面常流量水位下的冲淤面积和断面实测水位，二者的变化趋势是基本一致的。而黄淤 35、41 断面有所冲刷，黄淤 36—40 断面均产生不同程度的淤积，以黄淤 37—39 断面淤积数量较多。从各个断面水位的变化情况看，1994 年汛末较 1993 年汛末流量减少约 200 m^3/s，黄淤 38、39 断面水位却升高了 0.22 m、0.14 m，黄淤 35、36 断面变幅较小，分别升高了 0.05 m、0.09 m，黄淤 40、41 断面则下降了 0.14 m、0.30 m。

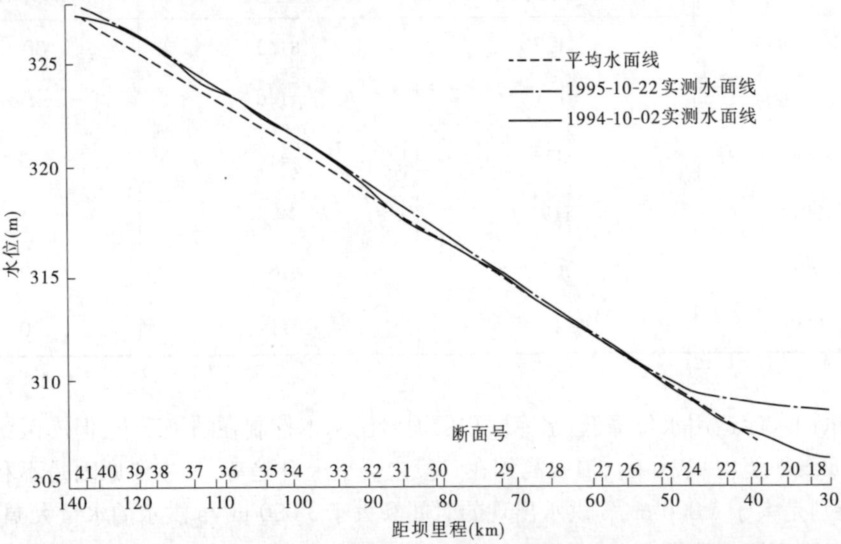

图 6-11　1994 年 10 月 2 日水面曲线

1995 年潼关及其以下河道主流摆动频繁,最大摆幅近 2 km。从图 6-12 看出,黄淤 34 断面河槽横向摆动近 800 m,原河槽淤积堵塞,左岸塌滩 600 余 m。从图 6-13 看出,黄淤 38 断面河槽向两岸扩宽,左岸塌滩 300 余 m,右岸塌滩近 500 m,主槽向右位移 1 400 m。从图 6-14 看出,潼关(七)断面因河势趋于顺直,右岸深槽淤积萎缩,左岸坍塌后退近 300 m,河宽由 330 m 增至 627 m,常流量水位下过流面积减少 219 m^2,$\sqrt{B}/H$ 值则从 8 增大为 25,受上述河势变化、汛期洪峰流量小、含沙量高等因素的影响,潼关—坫埼库段非汛期虽冲刷 0.01 亿 m^3,况且这部分泥沙全部淤在河槽以内。从表 6-13 可以看出,由于个别断面在主流摆动后与河道走向夹角变化较大, 断面面积变化反映冲淤规律的代表性较

表 6-13　潼关—坫埼段断面冲淤面积及实测水位

冲淤面积(m^2)							
时段(年-月-日)	黄淤 35	黄淤 36	黄淤 37	黄淤 38	黄淤 39	黄淤 40	黄淤 41
1993-10-03 ~ 1994-10-01	-170	155	111	367	128	73	-97
1994-10-01 ~ 1995-10-22	144	44	960	144	734	197	580
合计	-26	199	1 071	511	862	270	483

实测水位(m)								
日期(年-月-日)	流量(m^3/s)	黄淤 35	黄淤 36	黄淤 37	黄淤 38	黄淤 39	黄淤 40	黄淤 41
1993-10-03	829 ~ 867	322.21	323.40	324.52	325.48	326.20	327.25	327.71
1994-10-01	620 ~ 700	322.26	323.49	324.19	325.70	326.34	327.11	327.41
1995-10-20	660	322.47	323.77	324.80	325.69	326.31	327.45	327.93

注:1994 年黄淤 37 断面主流在左岸,实测水位偏低,1995 年返回右岸后,淤积面积偏大。

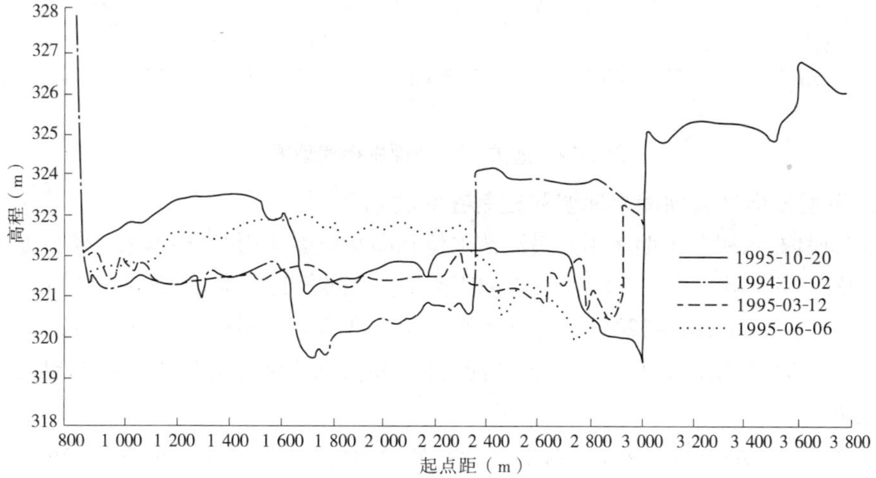

图 6-12　黄淤 34 断面主槽摆动图

差。而断面水位的变化却显示了新的水流条件下,由河床纵向和横向形态调整而引起的冲淤变化。与1994年汛末同流量水位相比(600～700 m^3/s),黄淤38、39断面水位略有下降;黄淤35、36断面受下段宽浅河床的影响上升0.2～0.3 m;黄淤40、41断面则因淤积上延调整,枯水流量时水位升高0.34 m、0.52 m。经过比降调整后,黄淤41—39断面间水位差由1994年10月1日的1.07 m增大为1995年10月20日的1.62 m,比降达2.3×10^{-4},与潼关—坫埼库段平均比降基本一致。上述比降调整过程是1995年潼关高程上升的重要原因之一,这一变化趋势在汛后枯水期仍在发展。

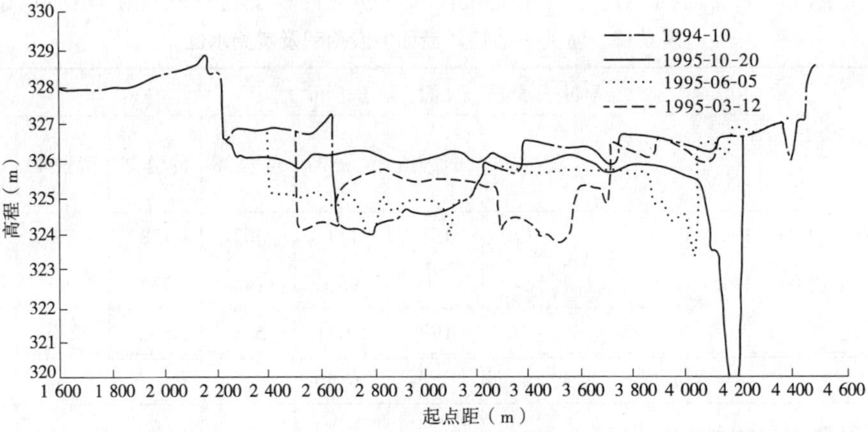

图6-13　黄淤38断面主槽摆动图

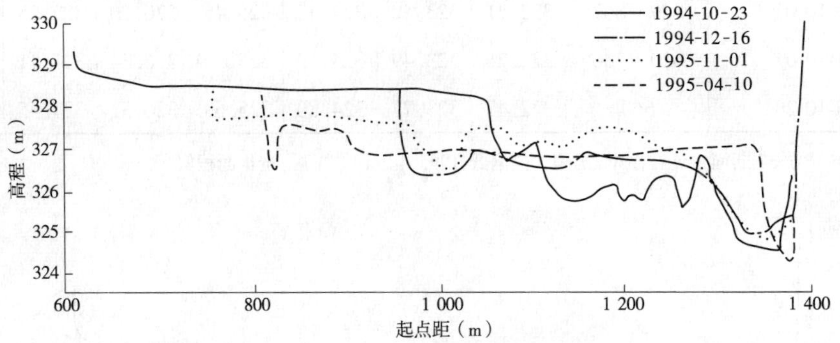

图6-14　潼关(七)断面主槽摆动图

(二)汛期发电试验期间水库淤积控制在北村以下

在本时段内,水库非汛期运用的最高蓄水位和高水位运用历时,根据来水条件变化不断的进行调整。1993年11月以后,水库非汛期蓄水位大部分时间都在320～322 m区间运用(见表6-2、表6-5),而322～324 m的运用时间只有4.3天/年,最高蓄水位为322.66 m。

关于汛期运用,在注意利用洪水排沙能力的同时,水库泄流建筑物闸门的启闭设施也有很大改进。

自1994年汛期发电原型试验以来,按照“洪水排沙、平水兴利”的原则,汛期的水库调度的运用方式为:汛初含沙量较小,流量较平稳的时期,控制305 m水位进行发电;在汛期出现洪峰流量大于 2 500 m^3/s 洪水时，停止发电，充分利用洪水进行排沙，排沙时库水位由 305 m 降至 300～298 m，洪水过后且北村站 1 000 m^3/s 流量相应水位下降至 309 m 以下时再进行发电；再来洪水时，停止发电，降低水位排沙；汛末如没有大于 2 500 m^3/s 以上的洪峰入库，则继续发电，并逐步抬高水位向非汛期水库运用水位过渡。若入汛后，至 7 月 20 日一直不来洪水时，也要停止发电，降低水位排沙。汛期发电原型试验期间 北村水位下降幅度较大，洪水后平水发电时，北村 1 000 m^3/s 流量相应水位均未达到 310 m 的限制高程，这表明水库淤积没有向上游延伸。

（三）水库冲淤与潼关高程

如前所述，1985 年以来水沙条件发生了明显的变化，特别是 1990 年以后，持续出现枯水系列，1993～1999 年尤为明显。这一时段内，高含沙小洪水不断出现，来水来沙的搭配更为不利，使黄河小北干流和渭河下游均出现严重的沿程淤积，主河槽萎缩（见图 6-15、图 6-16），平滩流量大幅度减少。图 6-17 为三门峡水库库区累计冲淤量过程与潼关高程变化的关系图❶。由图 6-17 看出，自 1985 年以来，特别是 1990 年以来，黄河小北干流及

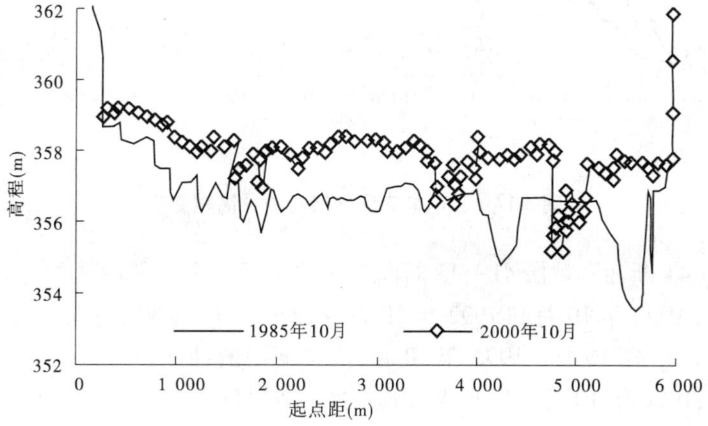

图 6-15　黄淤 60 断面变化

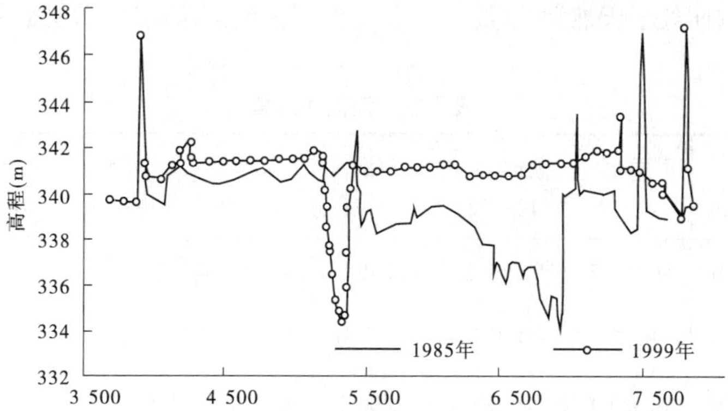

图 6-16　渭淤 10 断面变化

❶　龙毓骞. 三门峡水库冲淤演变、潼关高程及水库运用。

渭、洛河的累计淤积量逐年增大,且与时段内潼关高程升高是同步上升的,而潼关以下库段的冲淤变化的幅度不大,基本上保持较为平稳。表明自1986年以后潼关以上(包括潼关)干、支流河段均已脱离水库回水的影响,其冲淤变化应该遵循天然河流的调整规律,即主要受来水来沙及其过程的影响。由于来水来沙变化和洪峰流量减小,没有能力冲刷潼关河床,受上游河段淤积延伸影响,致使潼关高程自1990年以来不断地抬升。

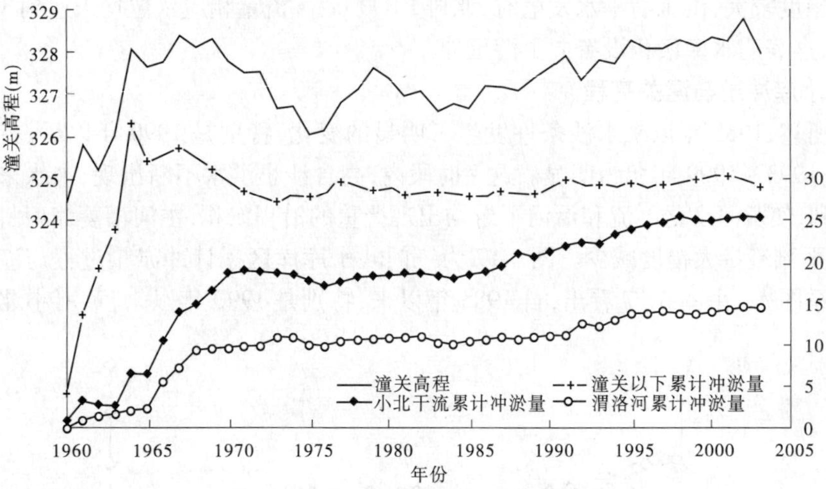

图6-17　三门峡库区冲淤与潼关高程变化

黄淤36—41断面和黄淤41—45断面为潼关上下两个相邻的河段。表6-14给出了1985年10月~1992年10月和1992年10月~1999年10月两个水库运用时段内各个库段的冲淤量。1985年10月~1992年10月,两个河段的冲淤量分别为0.323 4亿m^3和0.337 0亿m^3;1992年10月~1999年10月两个河段的冲淤量分别为0.085 2亿m^3和0.152 1亿m^3。这些数据反映黄河小北干流河道沿程呈向下游淤积延伸的特征。这种河流调整现象符合冲积河流自动调整的基本原理。潼关处于其上干、支流的末端,在潼关脱离水库回水影响而处于天然河流状态下,其以上河段的河床调整,势必对潼关及其以下河段产生影响。

表6-14　河段冲淤量　　(单位:亿m^3)

时段	黄淤1—12	黄淤12—22	黄淤22—31	黄淤31—36	黄淤36—41	黄淤41—45	黄淤45—50
1973-10~1979-10	0.493 5	0.768 5	0.235 8	-0.435 4	0.236 7	0.464 8	-0.016 4
1979-10~1985-10	-0.271 7	-0.170 5	0.200 6	0.172 8	-0.382 4	-0.439 1	-0.420 3
1985-10~1992-10	0.084 1	-0.157 0	0.306 1	0.520 8	0.323 4	0.337 0	0.647 0
1992-10~1999-10	0.306 1	0.238 7	0.103 6	-0.079 6	0.085 2	0.152 1	0.458 2

第四节　小　结

(1)三门峡水库“蓄清排浑”运用以来,潼关河床的冲淤变化不仅受来水来沙条件的影响,还受到水库运用影响。

(2)研究成果表明,非汛期坝前运用水位达到323.5～324.5 m时,水库直接回水就影响到潼关河床的冲淤变化,低于这个水位时影响程度明显减弱。当库水位降到322 m上下时,回水直接影响坫垮,虽然对河床冲淤有影响,但对潼关至坫垮库段的冲淤影响不大。

(3)三门峡水库运用实践表明,非汛期潼关高程的变化与非汛期水库防凌前、防凌期和春灌3次蓄水过程的运用水位高低、历时及来水来沙组合有关。同时,应限制非汛期蓄水回水不直接影响坫垮。

非汛期各时期的蓄水位,应按照水库前期淤积情况和水沙条件,并结合兴利要求,综合分析,确定运用水位。

(4)近期,潼关河床汛期冲刷、非汛期回淤、洪水期冲刷、枯水期回淤的规律与建库前完全一致。近期潼关河床高程居高不下的原因,主要是来水来沙及上游河段淤积延伸造成的。另外,潼关以下库区出现的畸形弯道和宽浅河床,对潼关河床高程也有一定影响。如东垆弯道,1973年河道比较顺直,从黄淤27断面至黄淤30断面间的河道长度仅13.7 km,1977年汛后河势改变,形成弯道,上述两断面间距1978年发展到16.8 km,1992年则长达27.1 km,两断面的水位差由3 m左右增加到5 m左右,增加近2 m。潼关至大禹渡河段,河道宽浅、游荡,过洪能力减小,淤积加重。应采取疏浚和河道整治措施进行治理。

参 考 文 献

[1] 杨庆安,龙毓骞,缪凤举.黄河三门峡水利枢纽运用与研究[M].郑州:河南人民出版社,1995.

[2] 程龙渊,等.三门峡库区水文泥沙实验研究[M].郑州:黄河水利出版社,1999.

[3] 胡一三,缪凤举,孙绵惠.三门峡水库蓄清排浑运用以来潼关高程变化分析(2001)[C]//中国水利学会.黄河三门峡工程泥沙问题.1版.北京:中国水利水电出版社,2006.

[4] 焦恩泽,张翠萍.潼关河床高程演变规律的研究[R].郑州:黄河水利科学研究院,1994.

第七章　汛期发电原型试验期间发电效益分析

对于采用“蓄清排浑”运用方式的多沙河流来说，汛期除了承担防洪外，主要任务是排沙，以长期保持有效库容，在此前提下进行发电，而泥沙又是建在多沙河流上的电站发电的主要障碍。因此，采取何种运用方式，合理处理排沙与发电关系，既满足排沙要求，又延长发电时间，并使发电时尽量减少过机泥沙，改善机组运行工况显得十分重要，也是提高汛期发电效益的关键。现根据1994年以来的汛期发电原型试验，来分析改善三门峡水库调度运用方式，增加发电效益的问题。

第一节　汛期发电原型试验期间发电情况

试验期间汛期发电采用“洪水排沙、平水兴利”的运用原则和方式，大致分成两个时段：在第一场 $Q_m \geqslant 2\ 500\ m^3/s$ 洪水前和泄洪排沙期后的平水时段，表7-1汇集了每年这两个时段发电时的情况，从表中可以看出，发电时的平均水位除1994年因2号隧洞出口施工原因和1999年汛期后期为小浪底预蓄水水位较高外，都在305 m左右。发电时出库含沙量经坝前壅水调蓄后，一般都小于30 kg/m^3。第一场洪水排沙前的发电时段虽然没有

表7-1　1994～1999年汛期发电情况

年份	发电时间（月-日）	坝前平均水位（m）	平均含沙量（kg/m^3）		发电量（亿kWh）
			潼　关	三门峡	
1994	07-01～27	311.11			0.208
	08-23～10-31	306.51			1.754
1995	07-01～16	305.38	28.6	11.4	0.088
	08-21～10-31	305.61	36.4	27.3	1.740
1996	07-01～16	305.30	58.7	45.5	0.186
	08-20～10-31	305.04	20.1	11.3	1.934
1997	07-01～31	303.93	82.7	31.7	0.225
	08-24～10-31	304.36	13.0	4.65	1.047
1998	07-01～08	304.47	69.2	27.1	0.111
	08-28～10-31	305.02	26.5	17.2	0.843
1999	07-01～20	304.87	113	147	0.379
	08-16～10-31	308.31	13.4	7.66	1.964

什么调沙库容，但由于来水流量小，坝前仍发生少量淤积。1999 年汛初含沙量高，因有一场洪峰流量为2 200 m^3/s的高含沙量小洪水，虽当时水位在305 m 左右，仍冲刷0.51 亿 t，出库含沙量高达147 kg/m^3，对发电十分不利。今后如遇高含沙量小洪水，可提前降低水位排沙。汛期投入的机组数量主要视来水流量的大小，如来水流量较大，1 ~ 5 号 5 台机组全部投入，个别年份如水位高于310 m（如1994 年、1999 年），6 号、7 号机组也可投入运用（见表 7-2）。

表 7-2　机组投入运用情况

年份	发电时段（月-日）	投入运行机组	
		台	序号
1994	07-01 ~ 08	2	2、4
	07-14 ~ 08-01	1 ~ 3	1、2、3、6
	08-23 ~ 09-01	2	1、3
	09-06 ~ 10-10	1 ~ 3	1、2、3、5
	10-11 ~ 31	1 ~ 4	1、3、4、5、6
1995	07-01 ~ 16	1	4、5
	08-21 ~ 09-03	1 ~ 3	1、2、5
	09-07 ~ 10-10	2 ~ 4	1、2、3、4、5
1996	07-01 ~ 16	1 ~ 2	3、4
	08-20 ~ 10-10	2 ~ 5	1、2、3、4、5
	10-11 ~ 31	2 ~ 5	1、2、3、4、5
1997	07-06 ~ 30	1 ~ 4	1、3、4、5
	08-24 ~ 10-10	1 ~ 5	1、2、3、4、5
	10-11 ~ 31	1 ~ 3	2、3、4
1998	07-01 ~ 09	2 ~ 4	1、2、4、5
	08-28 ~ 10-10	1 ~ 4	2、3、4、5
	10-11 ~ 31	2 ~ 4	2、3、4、5

1994 ~ 1999 年每年汛期发电量为0.954 亿 ~ 2.343 亿 kWh，平均每年发电量1.747 亿 kWh。1997 年、1998 年，因受水量小、电力市场疲软等影响，发电量较少，仅1 亿 kWh 左右。发电量主要集中在泄洪排沙期后的平水期，发电量平均占整个汛期的87.5%。

第二节　合理处理排沙与发电关系是提高汛期发电效益的关键

三门峡水电站汛期发电的主要矛盾是含沙量大，特别是采用“蓄清排浑”运用方式，汛期还需排出非汛期蓄水时淤积的比较粗的泥沙，这对水轮机来说更是致命的问题。

1969 年“四省会议”制定的汛期控制水位 305 m，必要时降到 300 m，主要针对排沙要求，并不能满足发电需要。自 1973 年底开始发电后，就因水轮机机组磨损严重，被迫于 1980 年起汛期停止发电，机组做无水调相。这样，每年少发 2 亿 kWh 的电量，水资源不能充分利用。为解决汛期发电问题，1989 年起进行水轮机过流部件的抗磨防护材料的浑水发电试验。在试验期间，发电运用方式方面只是简单地避开大沙时间，即在洪水多沙的 7、8 月降低水位排沙，在洪水、泥沙较少的 9、10 月控制 305 m 水位发电。这种运用方式，泄流排沙时间长，没有很好考虑来水来沙条件及库区冲淤情况合理运用水库，调节水沙，未能充分发挥洪水对水库的冲刷排沙作用和平水时的发电效益。因此，需要采用更积极的运用方式，合理处理排沙与发电的关系，在满足排沙要求的前提下，尽可能地提高发电效益。

通过前面的分析，我们知道，黄河的泥沙主要来自洪水，而且洪水的输沙能力强，利用洪水排沙，能够短时间内取得较好的排沙效果，有利于库区冲淤平衡，同时也有利于下游河道减少淤积；而平水期含沙量相对较小，又有洪水时降低水位排沙所形成的坝前调沙库容供其调节泥沙，减少出库和过机水流含沙量，为发电创造有利条件。从水沙条件看，1986 年龙羊峡水库投入运用以来，汛期入库的洪水次数和洪水量较前大幅度减少，平水期明显增长，沙量虽也有较大削减，但更集中于洪水期（见表 4-3）。1986 年前，平均每年汛期有 50 余天洪水期，沙量占汛期 74%，1986 年后，洪水期每年只有 25 天，不到 1986 年前的一半，沙量却占 77%。根据水沙变化情况和前些年研究成果，在 1994 年以来三门峡水电站汛期发电原型试验中采用了“洪水排沙、平水兴利”的运用原则，并据此制定了具体的运用方式和利用北村站 1 000 m^3/s 流量之水位作为控制排沙和发电的指标。经过几年的运用实践，“洪水排沙、平水兴利”的运用原则和方式，较好地解决了排沙与发电的关系，虽然在来水来沙条件十分不利的情况下，仍基本上完成了排沙任务，而且在减少过机含沙量、改善机组工况、增加发电时间、提高水量利用率等方面取得较好效果，增加了发电效益，每年汛期的发电量也有较大幅度的提高。

第三节　减少过机泥沙，减轻水轮机磨损破坏

一、泥沙对水轮机的磨损作用

对水轮机的磨损程度，随着过机水流的含沙量和泥沙粒径的增大而加重，第十一工程局设计研究院曾对 30# 铸钢的磨损与含沙量等因素之间的关系进行试验，其结果如下

$$P_A = \varepsilon W^3 S^{0.65} T \tag{7-1}$$

式中　P_A——磨损强度，cm/h；

W——相对速度，m/s；

S——含沙量，kg/m^3；

T——磨损时间，h；

ε——包含硬矿物含量和泥沙粒径等综合因素的系数，在当时试验情况下为 0.558×10^{-9}。

由式（7-1）可见，在水轮机运行条件相同的情况下，磨损强度与含沙量的 0.65 次方成

正比。泥沙粒径与磨损强度的关系，该院又在整理三门峡和国内外资料的基础上，以 $d=0.35$ mm 泥沙的磨损强度作为 100%，建立相对磨损率与泥沙粒径的关系，如图 7-1 所示。由图 7-1 看出，粒径小于 0.05 mm 泥沙的磨损程度只及粒径为 0.35 mm 泥沙的 5% ~ 10%，当粒径大于 0.05 mm，相对磨损率迅速提高。以上说明汛期发电时调水调沙减少过机含沙量，尤其要减少粒径大于 0.05 mm 粗泥沙的含量对减轻水轮机的磨损是显著的。

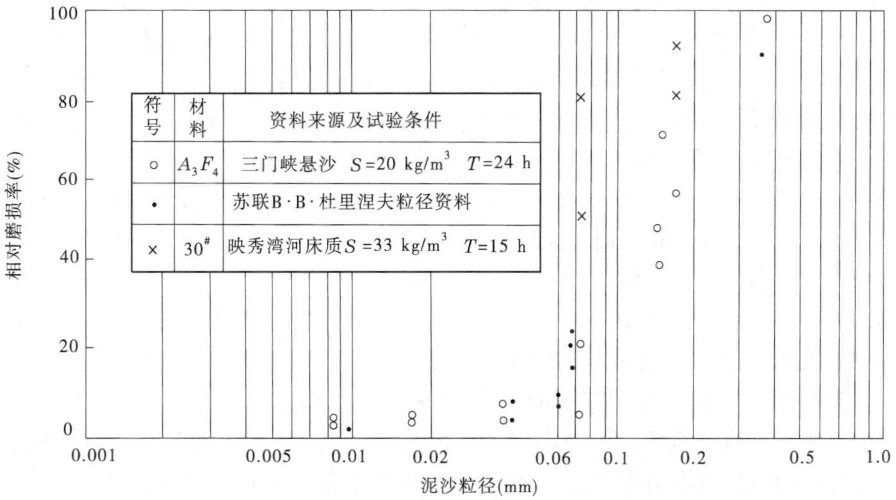

图 7-1　水轮机相对磨损率与泥沙粒径关系

泥沙对水轮机过流量部件的磨损机理，目前还不十分清楚。一般认为，既有泥沙对水轮机过流部件的磨损作用，也有气蚀的破坏作用，而且二者是相互联系的，并有相互促进的趋势。对此，可能存在两种情况，一是本来的气蚀区，如无磨损作用，气蚀发展不会很快，其破坏程度也就相应要轻些，但在磨损存在的条件下，气蚀区随附面层波动的泥沙，就像刀具一样磨切金属，增加流道的波动，从而加重气蚀，观察 4 号机 1989 年浑水发电试验结束后的中环破坏情况，可以明显看出，在叶片中心线以上 250 mm 到叶片中心线以下球部 350 mm 之间的破坏面表面呈条形磨坑，叶片背面缘是一条宽约 350 mm 的破环带，损坏十分严重；二是由于叶片表面磨损形成的创面上，易于发生脱流而产生气蚀，当气蚀严重发展时，针孔连成一片，形成蜂窝状，流道表面不光滑，又进一步加剧磨损发展。1989 年 4 号机的浑水发电试验资料表明，叶片背面头部脱流区呈蜂窝状严重破坏就属这种情况，该区域破坏面积达 0.6 ~ 0.8 m^2。因此，汛期浑水发电期间，如何减少过机泥沙，对于延长水轮机大修时间，提高浑水发电的经济效益，是十分重要的。

二、汛期水库调度运用对减少过机含沙量的作用

汛期入库沙量大，又要排走非汛期淤积在库内的泥沙，基本保持潼关以下库区年内泥沙冲淤平衡，这就需要根据来沙情况采取合理的水沙调节方式，既满足排沙要求，又使发电时尽量减少过机泥沙。

水库运用对减少过机泥沙的作用，主要通过调沙库容来实现，要减小过机泥沙，在汛期泄洪排沙后通过水库的排沙运用使有一定的调沙库容，其后适当抬高水位进行发电时，

通过泥沙的暂时淤积使出库泥沙减少,特别是粗颗粒泥沙的减少,从而达到减少过机泥沙的目的。当调沙库容损失到相当部分或发生淤积上延后,再利用洪水或在适当时机降低水位进行排沙,及时恢复调沙库容。

1989 年汛期发电(7 月 18 日开始)前,由于水库没有形成供发电时泥沙淤积的调沙库容,加上没有充分利用 7、8、9 月先后 6 次流量大于3 000 m^3/s的洪峰的排沙作用,水库一直处于冲淤不平衡状态,既未能减少多少过机泥沙(过机泥沙含沙量相对入库含沙量仅减小 5.4%),又未能把非汛期淤积的泥沙冲走。吸取 1989 年的经验教训,1990 年入汛后,利用 7 月 8 日和 7 月 27 日两场洪峰大于3 000 m^3/s的洪水冲刷排沙,发电前,河床处于微冲状态,高程 305 m 以下库容约有 0.5 亿~0.6 亿 m^3,9 月 1 日起库水位由 302 m 升到 305 m 进行发电,河床转冲为淤,至 10 月 3 日共淤积 0.276 亿 t,有效地减少了过机泥沙,较进库含沙量减小了 45.8%。9 月 14 日前为淤积发展阶段,累计淤积 0.208 亿 t,其平均出库含沙量 30.3 kg/m^3,比同期入库含沙量减少 9.4 kg/m^3;泥沙分选现象亦十分明显,中值粒径 d_{50}减小 30% ~50%,粒径 d 大于 0.05 mm 含沙量由入库的 4.0 kg/m^3 减小为 1.6 kg/m^3。14 日以后,来水来沙条件与淤积后的河床输沙能力逐渐相适应,出现微淤的相对平衡状态,进出库含沙量仅相差 0.7 kg/m^3,d_{50}变化亦很小,标志着该级水位下的调沙库容已淤去相当部分,相对于此时的水沙条件的调沙能力已大大下降。9 月 23 日 ~10 月 3 日有两次小洪峰入库,最大流量仅2 630 m^3/s,含沙量 210 kg/m^3,又重新恢复淤积过程。10 月 4 ~8 日是调沙库容的恢复过程,5 天冲刷量 0.401 亿 t,其中粒径大于 0.05 mm 粗沙占 0.184 亿 t,发电期间的淤积物不仅全部排出,还多冲刷泥沙 0.126 亿 t,为以后的发电创造了有利条件。1991 ~1993 年的冲淤资料表明,汛期发电期间也有类似的变化规律,既在前期排沙获得一个调沙库容的基础上,发电开始后 20 天左右为淤积发展阶段,以后处于微淤的相对平衡阶段。

1994 年由于 2 号洞出口塌方,进行抢险处理,7 月先后两次将水位蓄到 310 m 以上,最高超过 318 m。但该年由于及时利用流量大于3 000 m^3/s的洪峰冲刷库区,8 月 24 日后的发电期间,水库也一直处于淤积状态,出库含沙量相对进库含沙量减少 33.7%,过机含沙量相对进库减小 51.7%,对发电十分有利。

从上述分析,可以得到两点认识:第一,调沙库容对减少过机泥沙具有十分重要的作用,应当充分利用洪水冲刷非汛期淤积的泥沙,以达到基本保持潼关以下库区年内冲淤平衡和获得供汛期发电的调沙库容;第二,泄洪排沙期,冲刷得到的调沙库容,一般在开始 20 天左右,水库处于淤积发展阶段,减少过机泥沙作用显著,之后水库处于微淤阶段,减少过机泥沙的作用相对降低,为有利于以后的发电,可采取利用洪水或降低水位排沙以恢复一部分调沙库容,或到来沙少的 10 月适当抬高水位,逐步过渡到非汛期运用水位,扩大调沙库容,以减少过机含沙量,特别是减少过机的粗颗粒泥沙。

1994 年采用"洪水排沙、平水兴利"的汛期运用方式以来,根据前几年的经验,通过水库的调度运用,在发电时均保持有一定的调沙库容,以减少过机泥沙,为发电创造良好的条件。

三、合理调度泄水建筑物减少过机泥沙

三门峡水库汛期发电属低水头径流发电,按照机组与泄流建筑物的布置特点,开启不

同的泄流建筑物进行分水分沙，对减小过机泥沙的作用有明显的差别。三门峡的泄流坝段布置在靠弯道的凹岸侧和主流区，并且进口高程相对较低，底孔位于河道主流区，进口底部高程为 280 m；隧洞位于凹岸，进口底部高程为 290 m；深孔位于底孔上方，进口底板高程为 300 m。1～5 号机组引水口底板高程为 287 m，位于凸岸；6 号机组、7 号机组、8 号钢管进水口高程为 300 m。这种泄流建筑物的平面布置形式不尽合理，但泄流建筑的高程较低是有利于排沙的，从而减少过机泥沙。底孔进口高程最低，分沙效果显著，凡是有底孔泄流时，过机泥沙含沙量就明显减少，表 7-3 根据 1994 年和 1995 年观测资料统计，在有底孔参加泄流情况下，过机含沙量比出库减少约 23%，而无底孔参加泄流时，两者相接近。

表 7-3　有无底孔泄流时过机与出库含沙量比较

年份	泄流孔运用	平均过机含沙量（kg/m^3）	出库平均含沙量（kg/m^3）	过机与出库含沙量比值
1994	有底孔泄流（36 天）	16.94	22.08	0.76
	无底孔泄流（19 天）	15.44	15.69	0.98
1995	有底孔泄流（28 天）	28.2	36.4	0.77
	无底孔泄流（13 天）	6.22	6.10	1.02

另外，从 1989～1994 年实测资料统计也表明，汛期发电期间启用底孔时间长短，与过机泥沙平均含沙量减少程度有一定关系，如表 7-4 所示。从表中可以看出，汛期发电期间多开底孔，对减少过机泥沙明显有利，特别是粒径 d 大于 0.05 mm 的粗沙，最高可减少 60% 以上。

表 7-4　泄流建筑物的运用时间对减少过机泥沙的作用

年份	底孔启用率（%）	隧洞启用率（%）	全沙过机泥沙含沙量减少率（%）	粒径大于 0.05 mm 过机泥沙含沙量减少率（%）
1980	89	85.5	27.8	61.0
1990	91.4	85.7	42.8	47.5
1991	34.6	98.1	27.4	18.9
1992	65.0	73.6	35.0	43.6
1993	33.3	89.5	12.1	29.8
1994	56.5	59.4	27.0	31.3

注：1. 底孔启用率 = $\frac{\text{底孔运用天数}}{\text{发电总天数}}$（%），隧洞启用率同。

2. 过机泥沙含沙量减少率为 $\frac{S_{出} - S_{机}}{S_{出}}$（%）。

运用底孔泄流，对坝前冲刷漏斗的形成十分有利。由于底孔位置低，当水库水流行近到坝区,由明渠渐变流转为有压底孔入流,发生流动形式的转变,采取较陡的纵坡和横坡过渡,形成坝区漏斗状的河床边界形态。由于水库淤积前坡段和冲刷漏斗段形成一个急变流水域,流速和垂向分布朝底速增大表速减小的方向调整,同时也改变了泄水建筑物前含沙量垂向分布形态,这与坝前河床形态、纵向、横向围堰一起共同起到分流、分沙作用,使高浓度、粗颗粒泥沙通过底孔排出,有利于减少过机泥沙。这种分流、分沙作用已被模型试验和实测资料所证实。

四、减磨作用分析

根据上节分析,近几年水库经过洪水排沙运用后,在库水位 305 m 高程下约有 0.5 亿 m^3 左右的库容可供汛期平水期发电时调节泥沙之用,同时视来水情况尽量开启底孔、隧洞等进口高程低的泄流建筑物进行分流分沙,这对减少过机含沙量作用显著。这种减沙对减轻水轮机的磨损作用可用式(7-1)表达。

式(7-1)表明,在其他条件相同的前提下,磨损量与含沙量的 0.65 次方成正比。因此,减少过机含沙量而相对减少对水轮机的磨损程度(以下简称“减磨”)可以写成下式:

$$\frac{P-P_i}{P}=\frac{S^{0.65}-S_i^{0.65}}{S^{0.65}} \tag{7-2}$$

式中　S——原来的含沙量;

S_i——经过调沙减少后的含沙量;

P——原来的磨损强度;

P_i——含沙量减少为 S_i 后的磨损强度。

式(7-2)的意义为表示因含沙量减少而磨损强度相对减少的百分比。应用式(7-2),则可分为:

(1)水库调沙的减磨作用

$$\frac{P-P_1}{P}=\frac{S^{0.65}-S_1^{0.65}}{S^{0.65}} \tag{7-3}$$

(2)泄流建筑物分沙的减磨作用

$$\frac{P_1-P_2}{P_1}=\frac{S_1^{0.65}-S_2^{0.65}}{S_1^{0.65}} \tag{7-4}$$

(3)水库调沙和泄流建筑物分沙的综合减磨作用

$$\frac{P-P_2}{P}=\frac{S^{0.65}-S_2^{0.65}}{S^{0.65}} \tag{7-5}$$

式中　S、S_1、S_2——进库、出库、过机含沙量;

P、P_1、P_2——相应的磨损强度。

利用式(7-3)、式(7-4)、式(7-5)可以对 1989 年至 1998 年汛期发电时水库调沙和泄流建筑物分沙以及综合减磨作用进行估算,其减磨效果如表 7-5 所示。

从表 7-5 中可以看出,水库调沙和泄流建筑物分沙作用的综合减磨效果一般为 20% ~ 60%。水库调沙作用的减磨效果,一般来说比泄水建筑物分沙的减磨效果更好,但视水沙条件不同会有所差别。值得指出的是,1994 年以后,水库运用逐步采用了根据“洪水排沙、平水兴利”原则制定的运用方式后，水库调沙和泄流建筑物分沙均发挥了很大作用，综合减磨效果明显提高，由原来的20%左右提高到40% ~60% 。

表7-5　1989 ~ 1998 年减轻水轮机泥沙磨损效果估算

项目	年份									
	1989	1990	1991	1992	1993	1994	1995	1996	1997	1998
平均进库含沙量（kg/m^3）	20.3	41.9	24.8	20.2	14.1	32.3	41.0	21.9	14.8	29.5
平均出库含沙量（kg/m^3）	27.9	36.4	19.7	11.1	11.2	19.0	31.4	12.6	5.39	18.4
平均过机含沙量（kg/m^3）	23.9	28.8	17.1	9.29	9.97	15.6	21.3	9.92	3.66	12.9
水库调沙减磨作用（%）	-23.0	8.80	13.9	32.2	13.7	29.2	16.0	30.2	48.1	26.4
泄流建筑物分沙减磨作用（%）	9.7	14.1	8.80	11.0	7.50	12.0	22.3	14.4	22.2	20.6
综合减磨效果（%）	-11.1	21.6	21.5	39.6	20.2	37.7	34.7	40.2	59.6	41.6

对机组磨损严重的粗颗粒（$d \geqslant 0.05$ mm）泥沙，水库调沙的削减作用更为明显，从表7-6可以看出，经过水库调沙作用后，平均和中值粒径及粗沙含量占全沙的百分比均有大幅度下降。

这种减磨作用对延长水轮机叶片的寿命无疑是很重要的，它可以减少汛期发电的成本投入，也是提高汛期发电效益的重要措施。

这里有必要说明的是1989年刚开始浑水发电试验的情况，当时利用即将报废的4号机叶片进行泥沙磨蚀观察试验，不考虑水沙条件，在任何水沙情况下机组一直运行，以观察其泥沙磨损和气蚀破坏的部位和强度。而且，当时对水库采用什么样的运用方式还没有深刻认识，对水库调沙库容的调沙作用也缺乏深入的经验总结。因此，在表7-5中反映出该年水库调沙作用的减磨效果为 -23%，与泄流建筑物分沙作用相抵后，综合减磨效果仍为 -11%。这充分说明了水库采用不合适的运用方式，不但不能减轻泥沙对水轮机的磨蚀，相反的还加剧了它的磨蚀强度，由此可见，水库运用方式对多沙河流上的水电站汛期发电的效益是多么重要！

表 7-6　1994～1998 年过机及进、出库粗、细沙情况

取样地点	年份	平均含沙量（kg/m³）	d≥0.05 mm 含沙量（kg/m³）	粗沙占全沙（%）	平均粒径（mm）	中值粒径（mm）
进库（潼关站）	1994	32.3	5.00	15.5	0.026	0.023
	1995	41.0	6.52	15.9	0.026	0.020
	1996	21.9	5.64	25.8	0.029	0.025
	1997	14.8	4.06	27.4	0.034	0.030
	1998	29.5	6.9	23.4	0.030	0.030
出库（三门峡）	1994	19.0	0.93	4.9	0.014	0.007
	1995	31.4	2.73	8.7	0.019	0.012
	1996	12.6	1.93	15.3	0.019	0.010
	1997	5.39	0.81	15.0	0.016	
	1998	18.4	2.40	13.0	0.019	0.014
试验机组	1994	15.6	0.80	5.1	0.012	0.007
	1995	21.3	0.77	3.6	0.016	0.010
	1996	9.92	1.43	14.4	0.018	0.009
	1997	3.66	0.60	16.4	0.019	0.005
	1998	12.9	1.30	10.0	0.022	0.015

第四节　增加发电时间和提高水量利用率

一、汛期发电运行时间增加

根据“洪水排沙、平水兴利”的汛期发电运用原则，制定了具体的运用方式，即入汛后第一场洪水（Q_m≥2 500 m³/s或高含沙量小洪水）前控制 305 m 水位发电；第一场洪水开始降低水位（300～298 m）排沙；等北村站1 000 m³/s流量之水位降至 309 m（±0.5 m）以下并趋于稳定时，开始控制 305 m 水位发电，之后如 Q_m≥2 500 m³/s洪水（或高含沙量小洪水），或北村1 000 m³/s流量之水位≥310 m（表示泥沙淤积有上延趋势）仍降低水位排沙，以恢复部分调沙库容；进入 10 月，逐步抬高水位至非汛期控制水位进行发电。

按上述运用方式，合理地处理了排沙与发电的关系，坝前调沙库容使过机泥沙减少，既满足了排沙要求，又为发电创造了较好的运行条件，同时争取了发电时间，提高了时间利用率。汛期发电可利用时间大体上为平水期时间，平水期时间从 1974～1999 年多年平均约占全汛期时间的 70%（但近 10 年因洪水次数减少，平水期占 80% 左右）。表 7-7 列

出了 1989～1999 年各年的发电时间占可利用时间的百分比(简称时间利用率),它从一个侧面反映出汛期发电效益。

表 7-7　1989～1999 年发电时间利用率

年份	1989	1990	1991	1992	1993	1994	1995	1996	1997	1998	1999
洪水期天数(天)	27	37	30	49	29	37	31	28	9	25	19
平水期天数(天)	96	86	93	74	94	86	92	95	114	98	104
发电天数(天)	93	49	56	50	65	90*	82	88	94	74	96
时间利用率(%)	96.9	57.0	60.2	67.6	69.1	105	89.1	92.6	82.5	75.5	92.3

注:*第二场洪水因施工未进行排沙,仍进行发电,故发电天数大于平水期天数。

由表 7-7 可以看出,除 1989 年外(1989 年汛期浑水发电试验中,为了观察水轮机叶片泥沙磨损和气蚀破坏情况,高含沙洪水情况下也在进行浑水发电试验,该年的汛期发电时间不是建立在可利用时间概念上的,不能与其他年份进行类比分析,故应剔除),1994 年后的发电时间和时间利用率明显提高。1994 年以后发电天数基本都在 80 天以上,而 1990～1993 年只有 50～65 天。1994～1999 年平均时间利用率为 89%,而以前平均时间利用率(1990～1993 年)仅为 63%。按照"洪水排沙、平水兴利"运用方式,从 1994 年开始首先改变了以前第一场洪水前不发电的运用方式,充分利用进入汛期到第一场洪水排沙以前的平水少沙时段进行发电,发电运行小时数 6 年,平均每年 363 h(见表 7-8),6 年累计增加发电量 1.197 亿 kWh;同时以北村水位(309±0.5) m 作为排沙后恢复发电的控制指标,并结合洪水预报,逐步将恢复浑水发电的时间由 1994 年以前 8 月底提前到 8 月 20 日,6 年平均发电运行小时数提高 240 h,6 年累计增加发电量 1.106 亿 kWh。可见采用"洪水排沙、平水兴利"的运用方式,发电时间和发电量有明显增长。

需要说明的是,这几年在排沙后开始发电时间还没有完全按照上述制定的运用方式进行,水库调度主要是避开"七下八上"的洪水多发时间,一般于 8 月 20 日后开始发电。而按照制定的运用方式,排沙后北村水位降至 309 m 以下并趋于稳定时,就可以开始恢复发电(来洪水除外,继续排沙),从 1994 年以来的情况看,一般 8 月上旬就可达到此要求(见表 7-8),其中 1994 年第二场洪水(7 月 23～31 日)其间因受 2 号隧洞出口加固工程施工影响,水库未进行排沙运行,反而坝前平均水位高达 312.24 m,水库发生淤积,致使第三、四场洪水后,8 月 20 日北村水位才下降到 309 m 以下并趋于稳定。这样,从近几年情况看,除 1996 年因北村水位 8 月初降至 309 m 以下后,接着来了两场洪水,需继续排沙外,其他年份均可提前发电,即可多争取半个月(360 h)左右的发电运行时间。

二、汛期发电原型试验期间提高水量利用率

由于机组抗磨试验取得了成功,水库调度又使过机含沙量减少,因此机组使用时间得以增加,使汛期发电原型试验期间较浑水发电试验期间投入机组的台数由 1 台增加到 5 台(见表 7-2),在同等来水条件下提高了水量利用率。

表 7-8　1990～1999 年汛期发电运行时段统计

年份	第一场洪水前发电时数	排沙开始日期(月-日)	北村 1 000 m^3/s 水位		排沙后恢复发电日期(月-日)
			稳定水位(m)	出现日期(月-日)	
1990	0	06-28	309.2	08-14	09-01
1991	0	06-23	310.1	08-19	08-18
1992	0		308.7	08-20	09-12
1993	0	07-22	309.0	08-20	08-28
1994	192(07-01～08)	07-09	308.9	08-20	08-23
1995	371(07-01～16)	07-17	309.0	08-13	08-21
1996	373(07-01～16)	07-17	308.1	08-01	08-20
1997	616(07-05～31)	08-01	307.5	08-06	08-24
1998	210(07-01～09)	07-09	307.6	08-03	08-28
1999	418(07-01～21)	07-22	308.6	08-02	08-16

(一)实际发电期出电效率增加

根据实际发电期来水情况,现有汛期发电限制水位 305 m 下的调节库容和 305 m 时机组发电出力情况(单机满负荷按 7 月 1 日～10 月 10 日为 4 万 kW,10 月 11～31 日为 4.75 kW),计算出最大发电量,并与实际发电量进行比较可得出电效率(见表 7-9)。

表 7-9　1990～1999 年汛期发电期出电效率

年份	投入机组台数(台)	实际发电天数(天)	可发电流量(m^3/s)	最大可发电量(亿 kWh)	实际发电量(亿 kWh)	出电效率(%)
1990	1	49	894	2.203 4	0.688 3	31.2
1991	1～3	56	548	1.504 8	0.580 0	38.5
1992	1～2	50	832	2.121 3	1.151 0	54.3
1993	1～4	65	849	2.791 8	1.116 0	40.0
1994	1～3	90	780	3.457 0	1.961 5	56.7
1995	1～5	82	643	2.619 4	1.828 0	69.8
1996	1～5	88	688	2.990 1	2.120 0	70.9
1997	1～5	94	344	1.587 0	1.272 0	80.2
1998	1～4	74	422	1.544 0	0.954 0	61.8
1999	1～7	96	794	3.658 4	2.342 5	64.0

从 1990～1999 年汛期发电的出电效率看,1994～1999 年出电效率较 1990～1993 年显著提高,虽然近几年受电力市场疲软的影响,出电效率有所降低,但总趋势仍明显增加,

即由 1990～1993 年的平均41%提高到 1994～1999 年平均的 67%，比较充分利用了水能资源，增加了发电量。发电量由 1990～1993 年的平均0.883 8 亿 kWh 提高到1994～1999 年的 1.746 3 亿 kWh，增加了 1 倍。值得提出的是，1999 年 10 月为配合小浪底水库下闸蓄水运用，三门峡水库提前蓄水运用，并在给小浪底水库补水期间投入 7 台机组运用，使 1999 年汛期（7～10 月）发电量创历史同期最高记录。

（二）平水期水量利用率提高

表 7-10 仅反映 1990～1999 年汛期平水期水量利用率情况。

表 7-10　1990～1999 年汛期平水期水量利用率

时段	平水期平均来水量（亿 m^3）	平均发电量（亿 kWh）	平均发电用水量（亿 m^3）	水量利用率（%）
1990～1993 年	66.9	0.883 8	16.09	24.1
1994～1999 年	66.2	1.746 3	30.71	46.4

从时段上看，1994～1999 年汛期平水期平均来水量与 1990～1993 年水量相当，但平均发电量增加了 1 倍，水量利用率由 24.1%提高到 46.4%。

第五节　汛期发电潜能分析

毋庸置疑，适当抬高汛期发电水位，对提高机组出力，改善运行工况及减少发电耗水率等都有好处，是提高汛期发电效益的重要因素。但能否抬高，抬高多少合适，需要在确保完成汛期水库排沙任务，不增加潼关河段淤积的前提下，结合水轮机的特性研究确定。这里就投入汛期发电的机组运转特性，根据"洪水排沙、平水兴利"制定的运用方式来分析能否进一步提高汛期发电效益的问题。

三门峡水电站投入汛期发电的机组是 1～5 号机，水轮机机型为 ZZ010－LJ－600，其运转特性曲线如图 7-2 所示，该曲线表示了水轮机的出力、效率、桨叶开度及水头和吸出高度等参数间的复杂关系。根据水轮机运转特性曲线，计算机组在不同水头下的最大出力及相应耗水率如表 7-11 所示。

从表 7-11 和水轮机运转特性曲线（见图 7-2）可以看出，库水位 305 m 时，水头 26 m（因在库水位 305 m 以下时，坝前比降较大，史家滩至大坝的落差加上拦污栅前后水位差约有 1 m，故库水位 305 m 时，水头只有 26 m），因受功率限制线制约，在正常情况下，水轮机出力无法达到额定功率 51.6 MW，最大出力为 43.5 MW，相应发电机最大出力为 42.2 MW，而且在这种情况下，机组运行工况不良，耗水率也大。三门峡水电站是河南电网目前一座大型水电站，与火电厂相比具有调峰、调频的优势，在汛期发电期间需承担调峰任务，但在汛期发电限制水位 305 m 以下调节库容只有 0.5 亿～0.2 亿 m^3（淤积后），来水过程也不稳定，因此造成一日内发电高峰期水位消落较快，机组不得不限制出力来维持发电最低水位，而发电低谷区水位很快上升到 305 m，水库不得不弃水，造成水能资源的浪费。表 7-12 是根据目前汛期发电运行情况，按最低发电水位 304 m 计算出提高水能利用

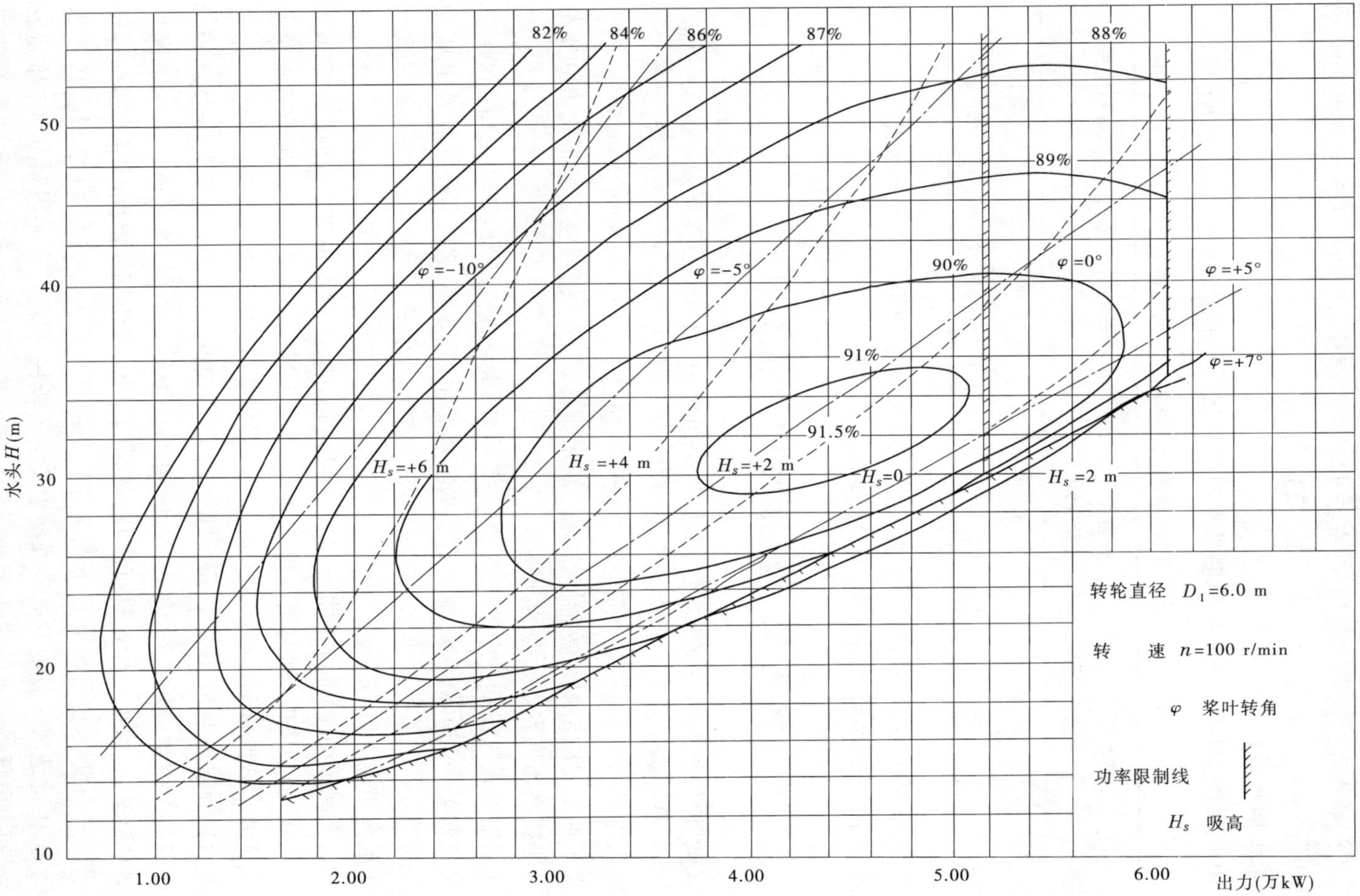

图7-2 三门峡水电站1～5号机组ZZ010－LJ－600水轮机运转特性曲线

表 7-11　三门峡 1～5 号机组在不同水头下的出力及耗水

水头(m)	25	26	27	28	29	30	35	40	45
水轮机最大效率(%)	88.5	89.0	89.0	89.0	89.0	88.7	91.0	90.2	89.1
水轮机最大出力(MW)	42.0	43.5	45.0	47.0	49.0	51.6	51.6	51.6	51.6
发电机最大出力(MW)	40.7	42.2	43.7	45.6	47.5	50.0	50.0	50.0	50.0
耗水率(m^3/kWh)	19.8	19.1	18.5	17.8	17.2	16.5	13.4	11.9	10.8

注:1. 表中由水轮机出力计算发电出力时,取发电机效率为 97%。
2. 三门峡水电站尾水位为 278 m。

率所需库容和相应的库水位。从表 7-12 中可以看出,水电站在担负峰荷(5 台机组共 22.5 万 kW)、入库流量 800 m^3/s 时,为维持最低发电水位,7 h 需补水 0.124 亿 m^3,相应水位为 306 m,若入库流量只有 400 m^3/s 时,水位就需 307.1 m。同样,在谷荷(只留一台机组 4 万 kW)时,为了不弃水,若入库流量为 800 m^3/s 时,就要蓄水 0.176 亿 m^3,相应水位 306.7 m。由表 7-11和图 7-2 及表 7-12 可以看出,水位如达 307～308 m(水头 30 m),相应水轮机出力可达 51.6 MW,发电机出力可达额定功率 50 MW,耗水率也减少为 16.5 m^3/kWh,同时还由于增加了 0.3 亿～0.4 亿 m^3 的调节库容,可以改善机组运行情况,使其处于良好状况下正常运行,保证调峰运用,弃水量也将大大减少。从现场机组工况来看,在 305 m 运行时厂房、水车室、尾水进入孔等处能感到明显的噪声和震动。发电机上导摆度大小间接反映了机组的运行工况,摆度越大机组工况越差。按照设计要求,正常情况下机组运行期间上导摆动最大不应超过 0.3 mm。根据 1999 年汛期观测资料,机组在库水位 305 m 以下运行时,上导摆度一般都超过了设计最大值 0.3 mm,如 7 月 4 日、7 月 16 日、9 月 20 日(库水位 304.5 m),2 号、4 号机带负荷 4 万 kW 时上导 X、Y 轴方向摆度均达到 0.34～0.4 mm。在库水位 308 m 运行时,噪声和震动有显著降低,如 10 月 16 日库水位 308～310 m,2 号、4 号机带负荷 5 万 kW,测得上导摆度为 0.25～0.26 mm,小于设计值,机组工况大为好转。

表 7-12　提高水能利用率所需库容和水位

峰谷负荷(kW)	入库流量级(m^3/s)	运行时间(h)	水库补(蓄)水量(亿 m^3)	相应库容(亿 m^3)	相应的水位(m)
峰荷(22.5)	800～600	7	0.124(补)	0.214	306.0
	600～500	7	0.163(补)	0.253	306.0
	500～400	7	0.188(补)	0.278	306.9
	400～300	7	0.212(补)	0.302	307.1
谷荷(4)	800～600	10	0.176(蓄)	0.256	306.7
	600～500	10	0.123(蓄)	0.203	305.9
	500～400	10	0.086(蓄)	0.166	305.5
	400～300	10	0.049(蓄)	0.129	305.1

根据汛期发电原型试验期间“洪水排沙、平水兴利”的运行方式，在汛期第一场 $Q_m \geq$ 2 500 m³/s 洪水前的平水发电时段，由于经过非汛期的淤积，坝前段已没有调沙库容。且因淤积面高，控制 305 m 水位发电，除入库流量很小的情况，库区不但不淤积，还有所冲刷，出库含沙量较入库大，且泥沙较粗，对水轮机危害大，因此需要根据不同的入库流量，适当抬高库水位，使水库保持冲淤平衡和微淤状态，这样不仅可提高水轮机出力，而且能够减少泥沙（特别是粗泥沙）对水轮机的磨损，改善机组运行工况，而所淤的泥沙数量有限且靠近坝前，洪水期降低水位排沙时能够很快排出库外。

洪水排沙后，按照控制条件——北村1 000 m³/s流量之水位降至 309 m 以下趋于稳定时，开始控制水位恢复发电，如果以后有 $Q_m \geq$ 2 500 m³/s 的洪水，或北村高程（1 000 m³/s流量相应水位）≥310 m，仍继续进行排沙，使汛期发电的冲淤变化限制在北村以下。目前的汛期发电水位仍按 1969 年“四省会议”规定的 305 m 控制。从现有资料来看，经过汛期洪水冲刷、河床降低后，北村河床平均高程在 307 m 以上，回水影响北村时的坝前水位为 307 m 左右，这就是说，汛期坝前水位低于 307 m 时，直接回水不会影响北村，北村以上在回水范围以上，属自然河道，其冲淤变化主要受来水来沙条件和河床前期条件相互作用的影响，虽由于坝前淤积会逐渐向上游延伸，也会使北村水位升高，但因有北村 310 m 水位控制（高于此水位即进行排沙），能避免淤积向上发展，使冲淤变化控制在北村以下的近坝河段内，因此按“洪水排沙、平水兴利”的运行方式，适当抬高汛期发电水位至 307 ~ 308 m 是可行的，这将大大增加汛期发电效益。考虑到 8 月水、沙相对较多，为有利于冲刷向上发展，并充分利用近坝的调沙库容，8 月平水发电水位可以低些，仍按 305 m 控制。

随着龙羊峡水库投入运用，以及上中游地区水资源用量的增加，10 月三门峡水库入库水、沙量大量减少（万家寨水库投入运用后，按其运用方式，经 8、9 月排沙后，10 月开始蓄水，三门峡 10 月入库水、沙量将更加减少），表 7-13 为潼关站 1974 年至 1985 年 9 ~ 12 月平均水、沙量以及 1986 年以来逐年 9 ~ 12 月水、沙量。由表 7-13 可看出，1986 年以来绝大多数年份的 10 月水量均在 25 亿 m³ 以下，沙量在 0. 30 亿 t 以下，平均来水只有 17. 8 亿 m³，已远低于和接近 1986 年前的 11、12 月水、沙量，而且与同时期（1986 ~ 1998 年）的 11、12 月水、沙量也相近，因此可按非汛期 310 m 水位发电。如遇渭河来水、来沙较大时，可适时降低运用水位，这种机遇很少。这样，当入库流量不大时，基本下泄清水，可以清水发电。310 m 水位，回水末端在老灵宝（黄淤 26 断面）附近，距大坝约 52 km，水位在 315 m 以上，大禹渡才会受到回水影响。因此，只要把水位控制在 315 m 以下，潼关至大禹渡河段就不会受影响。

综上分析，按照“洪水排沙、平水兴利”原则制定的汛期发电运用方式，在不影响三门峡水库汛期排沙情况下，平水期发电水位在 7、8 月仍维持 305 m，9、10 月因入库水、沙条件的变化，可以适当抬高水位发电，这样发电出力可基本达到额定功率 50 MW，充分发挥三门峡水电站汛期发电潜能，并改善机组运行情况，提高汛期发电效益。考虑到三门峡水库泥沙冲淤情况十分复杂，受制于多种因素，加上近些年来水沙条件十分不利，为稳妥计，上述适当抬高汛期发电水位的运用方案需试行 2 ~ 3 年，通过实践，总结经验，再研究改进。

表 7-13　潼关站历年 9～12 月水沙变化

年份	水量(亿 m^3)				沙量(亿 t)			
	9 月	10 月	11 月	12 月	9 月	10 月	11 月	12 月
1974～1985 年平均	68.4	60.1	28.2	17.4	1.89	0.962	0.291	0.165
1986	27.2	16.3	9.05	9.03	0.205	0.081	0.036	0.052
1987	20.3	10.7	14.5	10.7	0.280	0.059	0.111	0.100
1988	35.8	26.5	14.1	13.7	0.599	0.311	0.113	0.155
1989	80.9	34.6	27.5	25.2	1.58	0.379	0.279	0.289
1990	37.4	24.1	19.2	16.8	1.63	0.503	0.259	0.217
1991	17.6	12.1	12.2	15.9	0.438	0.130	0.192	0.354
1992	36.0	22.6	18.9	18.2	1.48	0.271	0.259	0.324
1993	34.2	22.4	17.5	17.8	0.505	0.254	0.178	0.262
1994	33.1	13.5	23.1	22.6	1.94	0.196	0.350	0.354
1995	41.9	16.1	15.4	15.4	2.39	0.210	0.280	0.289
1996	33.8	14.9	17.1	8.81	0.688	0.154	0.241	0.104
1997	13.1	8.16	5.27	10.4	0.175	0.062	0.044	0.187
1998	14.5	10.1	7.98	15.1	0.190	0.090	0.106	0.281
1986～1998 年平均	32.8	17.8	15.5	15.4	0.930	0.208	0.188	0.228

第六节　小　结

(1)水库汛期采用“洪水排沙、平水兴利”运用,合理地处理了排沙与发电的关系,既满足了排沙要求,又为发电创造了较好的运行条件,延长了发电时间,提高了时间和水量利用率,增加了发电效益。

(2)由于洪水期降低水位(300～298 m)排沙,平水期抬高水位(305 m)发电,在坝前形成具有一定数量的调沙库容(约 0.5 亿 m^3)。发电时经过水库调沙运用后,过机含沙量、平均粒径和中值粒径及粗泥沙占全河的百分比均有明显的下降,泥沙粒径越粗,减沙作用越大。在汛期发电原型试验期间,充分利用水库调沙和不同高程泄流建筑物分沙的综合作用,减磨效果明显提高,由原来浑水发电时间的 20% 左右提高到 40%～60%,对延长水轮机叶片的寿命是很重要的,对减少汛期发电的成本,提高发电效益也是重要措施之一。

(3)据 1974～1999 年实测资料统计,平水期的时间约占全汛期时间的 70%,近 10 年来因洪水次数减少,平水期约占 80%。洪水期含沙量高,降低库水位排沙,为平水期(含沙量低)发电创造条件。汛期发电原型试验期间汛期发电时间由浑水发电试验时的 50～65 天增加至 80 天以上,平均时间利用率(即各年的发电时间占可利用时间的百分比)由浑水发电试验时的63%提高到89%，平水期的水量利用率由24.1%提高到46.4%，6年累计增加发电量2.3亿kWh。

(4)据“洪水排沙、平水兴利”试验的经验，按此原则制定汛期发电方案，在不影响水库排沙的情况下，还具有发电潜能，应通过试验，不断总结、提高。

第八章　小浪底水库运用初期三门峡水库运用方式探讨

第一节　三门峡水库承担任务调整

小浪底水利枢纽位于黄河中游最后一个峡谷的出口，在三门峡大坝下游约130 km，是黄河治理的控制性骨干工程，开发目标是："以防洪（包括防凌）、减淤为主，兼顾供水、灌溉和发电，除害兴利，综合利用。"小浪底水库的开发目标与三门峡水库的开发目标基本一致，两库联合运用互补性很强，在小浪底水库运用初期，设计的拦沙库容尚未淤满，具有较大的调节洪水（径流）和泥沙的能力，三门峡水库如何调整运用，以利于改善库区淤积和潼关高程，这是众人关心且需要深入研究的问题。

一、三门峡水库承担任务的调整分析

三门峡水库原来承担黄河下游的防洪、防凌、减淤、灌溉、发电、供水等任务，考虑到小浪底水库运用初期的情况，分析三门峡水库原承担任务调整的可能性，为研究运用方案提供依据。

（一）防洪

三门峡水库控制了黄河下游洪水三大来源区的两个，同时对三门峡至花园口区间的大洪水也能起到错峰和补偿调节作用。从1960年建成运用以来，潼关站入库流量有6次大于10 000 m^3/s的洪水，由于水库的滞洪调节作用，最大下泄流量仅为8 900 m^3/s，从而减轻了下游防洪负担和漫滩淹没损失。三门峡水库的防洪运用水位为335 m，相应库容约56亿m^3，汛期限制水位305 m。2002年汛前各级水位下的库容和泄流能力见表8-1。

表8-1　三门峡水库2002年汛前库容及泄流曲线

水位（m）	305	310	315	320	326	328	330	335
库容（亿m^3）	0.09	0.77	2.41	6.30	17.83	23.70	30.19	56.48
泄量（m^3/s）	5 502	7 873	9 701※	11 300	12 800	13 247	13 690	14 605

注：※为不包括机组泄流。

黄河下游的防洪已初步建成了由小浪底、三门峡、陆浑、故县干支流水库和下游堤防、河道整治工程、分滞洪工程组成的黄河下游防洪工程体系，还进行了防洪非工程措施的建设。各防洪工程（除三门峡水库及河道整治工程外）的概况如下。

1. 小浪底水库

小浪底水库的库容与泄流能力采用黄委会设计院资料，其原始库容见表8-2，至2002年汛前水库淤积后，其库容曲线见表8-3。小浪底水库运用初期防洪运用条件采用2002

年汛前的库容曲线,防洪起调水位为 220 m,各级水位下的库容及泄流能力见表 8-3。

表 8-2 小浪底水库库容(原始库容)

高程(m)	150	170	190	205	210	220	230	250	265	275
库容(亿 m^3)	0.51	3.24	9.49	17.66	21.41	30.51	41.93	72.66	103.82	128.83

表 8-3 小浪底水库 2002 年汛前库容及泄流曲线

水位(m)	220	230	240	250	260	270	275
库容(亿 m^3)	16.35	25.35	38.60	55.50	75.50	99.10	112.00
泄量(m^3/s)	6 951	8 148	9 547	10 672	10 159	12 947	14 872

2. 黄河下游堤防

黄河下游共有堤防 2 291 km,其中临黄大堤 1 371 km,按花园口站洪峰流量 22 000 m^3/s 洪水设防,考虑河道滩区滞洪削峰作用及分滞洪区的作用后,沿程各站的设计防洪流量见表 8-4。

表 8-4 黄河下游主要断面堤防设计防洪流量与超高

断 面	花园口	柳园口	夹河滩	石头庄	高村	邢庙	孙口	艾山以下
设防流量(m^3/s)	22 000	21 700	21 500	21 200	20 000	18 200	17 500	11 000
堤防超高(m)	3.0	3.0	3.0	3.0	3.0	2.5	2.5	2.1

3. 东平湖滞洪区

东平湖滞洪区库容见表 8-5。东平湖滞洪区计有堤防(含河湖两用堤)长 126.9 km,围堤堤顶高程 48.5 m,二级湖堤顶高程 48.0 m。现在使用的分洪闸有 3 座(石洼、林辛、十里堡),设计总分洪流量为 8 500 m^3/s。退水闸在老湖区有陈山口和清河门两座,设计总泄洪能力为 2 500 m^3/s;在新湖区有司垓退水闸,设计泄洪能力为 1 000 m^3/s。

表 8-5 东平湖库容曲线 (单位:亿 m^3)

水 位(m)	39.0	40.0	41.0	42.0	43.0	44.0	45.0
老湖区	0.10	0.98	2.37	3.95	5.18	7.77	9.87
新湖区	0.83	3.37	7.00	11.20	15.32	19.54	23.67
合计	0.93	4.35	9.37	15.15	20.50	27.31	33.54

4. 陆浑水库和故县水库

陆浑水库位于洛河最大支流伊河中游的河南省嵩县境内,控制伊河流域面积

3 492 km^2，总库容 13.86 亿 m^3，水库坝顶高程 333 m。

故县水库，位于黄河支流洛河中游峡谷区，河南省洛宁县境内。控制流域面积 5 370 km^2，坝顶高程 553 m，总库容 11.75 亿 m^3，近期防洪库容 7 亿 m^3。

上述两个支流水库，其所承担的防洪任务为削减本流域下游的洪峰流量和削减黄河下游洪水的洪峰流量与超万洪量。

对于超标准洪水，必要时还可利用北金堤滞洪区滞蓄洪水。

小浪底水库是黄河下游防洪工程体系的骨干工程，其防洪限制水位 275 m，总库容 126.5 亿 m^3，达到淤积平衡后的长期有效库容 51 亿 m^3，扣除 10.5 亿 m^3 调水调沙库容，允许防洪运用库容 40.5 亿 m^3。据小浪底水库规划设计技术资料分析，对主要来自三门峡以下的"下大洪水"，花园口洪水小于百年一遇时，由小浪底水库单独承担防洪任务；大于百年一遇洪水，三门峡水库才开始配合小浪底水库防洪运用；小浪底水库与三门峡、陆浑、故县等干支流水库联合运用，可以在下游发生千年一遇洪水时不使用北金堤滞洪区，百年一遇洪水时不使用东平湖新湖区，大大提高了黄河下游洪水的防御标准，也减轻了三门峡水库的防洪负担和库区淤积。

小浪底水库建成运用初期，2002 年汛前的库容远大于达到淤积平衡后的防洪库容，这样，三门峡水库的防洪运用可以配合小浪底水库等黄河下游防洪工程，其防洪运用方式的拟定，既要考虑黄河下游的防洪要求，也要考虑水库泥沙淤积状况，还要权衡晋、陕、豫、鲁四省利弊关系等。其防洪运用应按照"上下兼顾，合理运用"的原则，根据洪水来源和来沙条件，三门峡水库尽可能不拦蓄一般洪水，以便减轻泥沙淤积对库区的不利影响。如若近期发生危害下游的"上大洪水"，考虑在不超过小浪底水库初期移民限制高程前提下(2001～2003 年为 265～275 m 高程移民)，尽量发挥小浪底水库运用初期库容较大的有利条件，以小浪底水库为主，三门峡水库配合，并视洪水状况利用东平湖共同承担防洪任务，减轻黄河下游的洪水灾害，确保黄河大堤防洪安全。

(二)防凌

三门峡水库建成运用之前，黄河下游的防凌措施主要靠人工破冰，不能完全避免凌汛决口。三门峡水库建成运用以来，黄河下游的防凌措施发展到利用三门峡水库进行凌前和凌期蓄水，控制下泄流量和河道水量，以减轻下游的凌汛威胁。三门峡水库投入防凌运用 30 多年来，避免小流量封河，推迟封河时间，降低凌峰流量并减少"武开河"，黄河下游未再发生过凌汛决口，大大降低了凌汛灾害，取得了很大成效。

三门峡水库现行防凌运用水位为 326 m，相应库容 17 亿～18 亿 m^3。水库的最高防凌运用水位为 327.91 m(1968 年 2 月 29 日)，相应蓄水量 18.1 亿 m^3。1977 年 3 月 1 日防凌蓄水位为 325.99 m。如前所述，当水库蓄水位 313～314 m 时，水库回水影响到大禹渡上下(黄淤 31—32 断面)；蓄水位 320～321 m 时，回水影响到坫埼上下(黄淤 36—37 断面)；当库水位 323.5～324.5 m 时，潼关将直接受到水库蓄水时的回水影响。水库蓄水必将带来水库的淤积，但对三门峡水库来讲，由于其特殊的地理位置和特征，潼关高程对其上游河段起临时基准面的作用，回水超过潼关或潼关河床高程的抬高，将使潼关以上河床发生淤积，影响上游河道的排洪能力和农田受淹。据实测资料分析，三门峡水库坫埼至潼关库段的冲淤，将直接影响到潼关河床的下降或上升。如若库水位较高，水库淤积的部位偏上，水库在泄流时这部分淤积的泥沙很难冲刷出库，在不利的入库水沙条件下，不但更难排除，还会在第二年蓄水时，在头年没有排除的淤积物上叠加淤积，使淤积向上游延伸，致使潼关河床持续抬升。20世纪90年代以及20世纪70年代都有类似情况发生。目前，潼关高程仍呈上升趋势，1999年12月4日高达328.48 m。

在小浪底水利枢纽设计中拟定的防凌运用方式为：通过黄河上游龙羊峡、刘家峡水库的调节，平均每年冬季黄河下游防凌需要调蓄库容35亿 m^3。为了减轻三门峡水库防凌运用负担，分配小浪底水库防凌库容20亿 m^3，三门峡水库防凌库容15亿 m^3。在防凌运用时，先由小浪底水库拦蓄，蓄满20亿 m^3 后，如不足，再动用三门峡水库拦蓄。因此，三门峡水库防凌运用几率有较大的减少，防凌蓄水位也有降低。

与防洪运用考虑的角度相同，为了发挥小浪底水库初期库容大的特点，水库运用应尽可能使潼关高程朝有利的方向变化，经综合分析，在小浪底水库运用初期三门峡水库的防凌运用，建议一般年份黄河下游的防凌任务由小浪底水库承担，遇严重凌情年份，三门峡水库配合小浪底水库承担部分防凌任务，防凌蓄水位拟控制在320 m（相应库容为7亿 m^3）左右。

（三）减淤

调沙减淤是三门峡水库的实践经验。三门峡水库小水排沙，下游河道淤积加重，并且泥沙都淤积在河槽内，对下游防洪及河道整治工程都产生不利的影响；水库大水排沙，可以利用下游河道大水排沙能力大的特点，减轻下游河道淤积。因此，规定每年汛期第一场洪水流量必须大于3 000 m^3/s 才能排沙。20世纪90年代以来，由于黄河中常洪水出现的几率不断减小，于是出现水库排沙与下游河道减淤的矛盾，为此把水库冲刷排沙流量降到2 500 m^3/s。小浪底水库投入运用后，进入下游河道的水沙将经小浪底水库调节，三门峡水库原承担的对下游调沙减淤任务转移到小浪底水库，可以缓解三门峡水库排沙与调沙减淤的矛盾。但是三门峡水库还必须配合小浪底水库来承担调沙减淤任务，因为调沙减淤需要充分利用黄河下游中常流量排沙能力大的特性来增加下游河道的输沙量，以减轻下游河道的淤积，三门峡水库必须配合小浪底水库创造这个条件。不能说小浪底水库运用后，调沙减淤任务完全由小浪底水库承担，三门峡水库就没有这个任务了。如果在小浪底水库运用后，三门峡水库敞泄运用，小水排沙，中常洪水就会滞洪滞沙，进入小浪底水库的水沙过程就变为，小水含沙量高，中常洪水含沙量较低，这不仅增加了小浪底水库中常洪水的排沙任务，加重了水库的淤积，同时降低了小浪底水库对下游河道的调沙减淤作用。所以小浪底水库投入运用后，三门峡水库可以降低冲刷排沙流量，增加水库冲刷排沙的时间和水量，减轻水库淤积，同时又要使中常洪水在三门峡库区不滞洪、不拦沙，顺利通过，即不降低下游河道的输沙能力，力争通过三门峡水库合理调节，帮助小浪底水库调节，提高下游河道的输沙能力，尽量发挥水库调沙减淤的作用。

（四）灌溉

近些年来，黄河下游引水量约为110亿 m^3，其中灌溉用水近100亿 m^3，约占黄河下游引水量的90%。黄河下游引黄灌溉用水主要集中在每年3～6月的春灌期，而此时适逢黄河枯水季节。据统计，近年来3～6月引水约占全年引水量的52%，约相当于同期来水量的54%。1980～1990年，利津站年平均入海水量约为284亿 m^3，而3～6月仅为37.6

亿 m^3 左右。

为了黄河下游春季灌溉，三门峡水库在凌汛过后调蓄部分桃汛来水，春灌蓄水位要求控制在 324 m 以下。三门峡水库承担春灌蓄水任务以来，为黄河下游两岸地区工农业的发展做出了很大贡献。但三门峡水库春灌蓄水运用，也对水库库区泥沙淤积带来了不利影响。据统计分析，1972～1991 年期间，三门峡水库春灌蓄水平均每年为 104 天，最长达 138 天，最短 66 天，最高蓄水位 326.05 m（1973 年），最低蓄水位 319.6 m。春灌蓄水期潼关站多年平均来水量 79.2 亿 m^3，最大值 112.4 亿 m^3，最小值 42.0 亿 m^3，多年平均来沙量 0.82 亿 t，最大值 2.95 亿 t，最小值 0.38 亿 t。如若扣除桃汛对潼关河床冲刷的影响外，春灌蓄水期潼关站同流量水位（1 000 m^3/s），多年平均上升 0.18 m，最大上升值为 0.41 m（1991 年 1 月 14 日～6 月 15 日期间）。

由于上游干流大型水库的调节，改变了来水来沙分配，汛期入库水量减少，含沙浓度增加，不利于水库冲刷非汛期淤积的泥沙和降低潼关河床高程；非汛期增加来水量，由于黄河小北干流的冲刷，增加了进入潼关的泥沙，从而对库区带来不利影响。为提高灌溉用水保证率，春季灌溉蓄水时要尽量利用小浪底水库，如确需三门峡水库配合时，为减少对潼关河段淤积的影响，三门峡水库可配合小浪底水库蓄一部分水量。三门峡水库蓄水应避免回水及泥沙淤积影响潼关，使水库淤积部位在坫垮以下，便于在水库泄水期发生溯源冲刷时排出库外，水库春灌蓄水位要控制在 320 m 以下，同时要求水库高水位持续时间要尽可能缩短。

（五）发电、库周工农业用水及其他问题

发电是三门峡水利枢纽的开发目标之一。枢纽按照改建方案实施后，1973 年 12 月 26 日第一台机组并网发电，1～5 号机组每台设计引用流量 200 m^3/s，单机容量 5 万 kW；6～7 号机组每台设计引用流量 250 m^3/s，单机容量 7.5 万 kW，电站总装机容量达 40 万 kW，年发电量 10 亿～13 亿 kWh。截至 2000 年年底，三门峡水电站共累计发电约 259 亿 kWh。

小浪底水库投入运用前，由于三门峡水库在非汛期承担全部防凌、春灌蓄水的任务，致使蓄水位在 320 m 以上持续的时间很长，甚至高达 326 m，回水直接影响到潼关，严重影响到库区的淤积和潼关高程的抬升。另外，由于水库长期这样运用，库周城乡修建了许多取水工程，据程龙渊等调查的结果，潼关以下两岸共有扬水站 84 座，设计流量 35.31 m^3/s，设计灌溉面积 5.67 万 hm^2，实际灌溉面积 2.37 万 hm^2；还修建了许多护岸、防浪工程；枢纽发电相应增加了机组。小浪底水库运用初期，防凌和春灌所需的蓄水量将全部或大部分由小浪底水库承担，针对三门峡库区目前严重的淤积情况，三门峡水库非汛期运用应该降低水位，但是也应该考虑到发电和库周工农业用水的现实情况。由于库周工农业用水情况复杂，要调查清楚，是有困难，在调整三门峡水库运用时要适当考虑。三门峡水库非汛期运用调整的原则是：尽量降低蓄水水位，尽量缩短高水位蓄水时间，使非汛期库区淤积的泥沙主要分布在大禹渡以下，以利汛期洪水时通过水库调节冲刷出库，使淤积末端限于坫垮以下，不增加潼关至坫垮河段的淤积量，不影响潼关高程的升降。汛期运用仍采用“洪水排沙、平水兴利”的运用原则，要求充分利用现有枢纽的泄流能力，在改善库区淤积的前提下，通过合理调度，充分发挥枢纽的综合效益。

二、三门峡水库运用原则

三门峡水库运用的实践表明,多泥沙河流上的水库运用,同一般清水河流的水库不同,其水库运用在调节径流的同时,必须进行泥沙调节,即水库运用的各项指标,不仅受径流调节的限制,更重要的要受泥沙冲淤制约,并且还随着入库水沙条件的变化,对水库运用进行适当调整。这一经验对小浪底水库建成后的三门峡水库仍然适用。

小浪底水库投入运用后,三门峡水库的防洪、防凌、灌溉和调沙减淤等任务应有所变更,其上述任务主要由小浪底水库承担,三门峡水库配合小浪底水库分担部分防洪、蓄水任务。通过以上分析,可以得出三门峡水库的运用原则为:小浪底水库建成运用初期,黄河下游发生一般洪水时,由小浪底水库承担防洪任务;发生危害下游的“上大洪水”时,以小浪底水库为主,三门峡水库配合,并视洪水状况利用东平湖共同承担防洪任务;三门峡水库在非汛期一般不再承担或很少承担防凌和春灌蓄水任务;水库运用要遵循在不影响潼关高程升降的前提下,充分发挥三门峡水库综合效益。汛期原由三门峡水库承担的对下游调沙减淤任务转由小浪底水库负担,但是要配合小浪底水库运用,尽量提高下游调沙减淤的作用,根据入库水沙特点重新选择汛期排沙流量,合理处理三门峡水库的排沙与综合利用的关系。

第二节　三门峡水库防洪运用方式研究

三门峡、小浪底水库在防洪调度中应两库联合调度运用,在小浪底水库运用初期遇“下大洪水”时,拦洪任务可主要由小浪底水库承担;遇“上大洪水”时,在充分利用小浪底水库的前提下,对防洪工程进行联合调度。

一、小浪底水库运用初期防洪运用方式研究

(一)小浪底水库不考虑保滩运用

当小浪底水库进库流量小于起调水位 220 m 对应的泄量时,按入库流量泄洪;否则,按凑泄花园口站流量 10 000 m^3/s(或 12 000 m^3/s)进行调节,在调节过程中,库水位不低于 220 m。

(二)小浪底水库考虑保滩运用

参照黄委会设计院提出的“小浪底水库初期运用方式研究报告”的有关内容并做了部分补充,即当水库起调水位 220 m 以上滞蓄水量小于 18.9 亿 m^3 时,水库按凑泄花园口流量 5 000 m^3/s 泄洪(相当于平滩流量),当蓄洪量大于 18.9 亿 m^3,且洪水又有上涨趋势时,运用方式改变为:当入库流量小于凑泄花园口 10 000 m^3/s 的条件,控制库水位,按入库流量泄流;否则,按凑泄花园口 10 000 m^3/s(或 12 000 m^3/s)进行调节。

二、三门峡水库防洪运用方式研究

(一)三门峡水库敞泄运用

根据晋、陕、豫、鲁“四省会议”制定的原则,“当三门峡以上发生大洪水时,敞开闸门

泄洪，当预报花园口可能发生超过 22 000 m^3/s 洪水时，根据上游来水情况，关闭部分或全部闸门，增建的泄水孔原则上应提前关闭”。由于小浪底水库运用初期库容大，花园口站千年一遇以下的洪水，洪峰流量不可能超过 22 000 m^3/s。在敞泄方案中，三门峡水库由 305 m 起调，全部闸门开启敞泄，直至洪水过后库水位回落到 305 m。

（二）三门峡水库先敞后控运用

三门峡水库先按敞泄滞洪运用，当库水位达到最高水位时，水库开始控制运用：若入库流量加三花间相应流量大于 10 000 m^3/s（或 12 000 m^3/s）时，出库流量按入库流量下泄；若入库流量加三花间相应流量小于 10 000 m^3/s（或 12 000 m^3/s）时，出库按凑泄花园口 10 000 m^3/s（或 12 000 m^3/s）来确定，若凑泄不够，则三门峡水库敞泄，直到库水位回落至 305 m。

（三）三门峡水库适时调控运用

三门峡和小浪底水库联合防洪运用中，主要使用小浪底水库控制干流洪水，减少三门峡水库高水位运用时间。洪水到来后，三门峡水库按敞泄滞洪运用；库水位达最高水位后仍敞泄，库水位降低，直至小浪底水库蓄水位上升到影响移民的某一临界水位值时（考虑 2001 ~ 2003 年小浪底库区正进行 265 ~ 275 m 高程间的移民搬迁，临界水位取 259 m；小浪底库区移民搬迁完毕后，临界水位取 269 m），三门峡水库开始控制运用，保持小浪底库水位不超过移民高程（前期 265 m，后期 275 m），三门峡水库按入库流量泄放，当来水减少至凑泄花园口流量不到 10 000 m^3/s（或 12 000 m^3/s）时，则首先加大三门峡水库泄量凑够，直到库水位降至 305 m。

三、“上大洪水”时水库防洪方案的计算与分析

（一）水库防洪运用方案

按照上述三门峡水库的防洪调度运用原则，在小浪底水库运用初期发生大洪水时，对花园口断面百年一遇、千年一遇、万年一遇的“上大洪水”进行了调洪计算。计算的方案概括起来为三类方案，即三门峡水库敞泄方案、先敞后控方案和适时调控方案。在小浪底水库运用方案中，水库运用初期库容较大，水库移民高程分别为 265 m 和 275 m。在计算中按：①考虑了两个移民高程，提出了水库两个特征水位（259 m、269 m）；②下游保滩和不保滩；③花园口最大流量控制为 10 000 m^3/s 和 12 000 m^3/s。共有 16 个计算方案，各方案组合情况见表 8-6。

（二）设计洪水

设计洪水成果见表 8-7。

（三）计算成果

按照三门峡、小浪底水库的防洪运用原则对花园口断面百年一遇、千年一遇、万年一遇的“上大洪水”进行了调洪计算，各方案计算成果如下。

1. 三门峡水库敞泄运用方案

三门峡、小浪底两水库调洪计算成果见表 8-8 和表 8-9。

表 8-6　三门峡、小浪底水库各种运用方案防洪计算方案

方案类别	Ⅰ类		Ⅱ类		Ⅲ类	
三门峡水库	敞泄		先敞后控		适时调控	
小浪底水库	花园口最大流量(m^3/s)		花园口最大流量(m^3/s)		花园口最大流量(m^3/s)	
	10 000	12 000	10 000	12 000	10 000	12 000
	①不保滩 ②保滩	①不保滩 ②保滩	①不保滩 ②保滩	①不保滩 ②保滩	(1)小浪底 259 m ①不保滩 ②保滩 (2)小浪底 269 m ①不保滩 ②保滩	(1)小浪底 259 m ①不保滩 ②保滩 (2)小浪底 269 m ①不保滩 ②保滩
说明	三门峡水库,洪水入库后敞泄运用		三门峡水库,洪水入库后,水库先敞泄,当库水位达到最高值时开始控制运用		三门峡水库,洪水入库后,先敞泄,待小浪底库水位达到 259 m 或 269 m 时,三门峡水库开始控制运用	

表 8-7　三门峡水库、小浪底水库、花园口站设计洪水成果

洪水频率		百年一遇	千年一遇	万年一遇
三门峡	洪峰流量(m^3/s)	27 500	40 000	52 340
	12 天洪量(亿 m^3)	104	136	168
小浪底	洪峰流量(m^3/s)	27 500	40 000	52 300
	12 天洪量(亿 m^3)	106	139	172
花园口	洪峰流量(m^3/s)	29 200	42 300	55 000
	12 天洪量(亿 m^3)	125	164	201

表 8-8　三门峡水库敞泄三门峡、小浪底两水库调洪计算结果特征值

洪水频率	水库名称	运用方式	最高水位(m)		相应蓄滞洪量(亿 m^3)	
			①	②	①	②
百年一遇	三门峡	敞 泄	325.42	325.42	16.350	16.350
	小浪底	不保滩	243.60	240.73	28.341	23.477
		保 滩	251.53	241.16	42.213	34.347
千年一遇	三门峡	敞 泄	330.69	330.69	33.710	33.710
	小浪底	不保滩	259.81	252.46	58.777	44.061
		保 滩	266.76	259.83	75.093	58.800
万年一遇	三门峡	敞 泄	334.46	334.46	53.560	53.560
	小浪底	不保滩	272.97	263.97	90.405	68.527
		保 滩	*	269.46	*	81.483

注:1. ①指控制花园口最大流量 10 000 m^3/s;②指控制花园口最大流量 12 000 m^3/s。

2. * 表示最高水位已超过 275 m,不可能采用保滩方案。

表 8-9　三门峡水库敞泄运用出现大于某级水位的历时统计　（单位:h）

频 率	≥315 m	≥318 m	≥320 m	≥323 m	≥326 m	≥328 m	≥330 m	≥332 m	最高水位（m）
1933 年实测	140	96	76	0	0	0	0	0	322.44
百年一遇	188	152	120	84	0	0	0	0	325.42
千年一遇	372	328	276	200	148	112	68	0	330.69
万年一遇	488	456	432	364	324	288	208	132	334.46

2. 三门峡水库先敞后控运用方案

在方案计算中选用了凑泄花园口站流量 10 000 m^3/s 和 12 000 m^3/s 两种情况，计算结果见表 8-10、表 8-11、表 8-12。

表 8-10　三门峡水库先敞后控三门峡、小浪底两水库调洪计算结果特征值

洪水频率	水库名称	运用方式	最高水位（m）		相应蓄滞洪量（亿 m^3）	
			①	②	①	②
百年一遇	三门峡	先敞后控	325.42	325.42	16.350	16.350
	小浪底	不保滩	238.52	237.57	20.286	19.026
		保滩	245.35	243.08	31.295	27.451
千年一遇	三门峡	先敞后控	330.69	330.69	33.710	33.710
	小浪底	不保滩	246.72	247.52	33.599	34.956
		保滩	255.38	252.71	49.914	44.575
万年一遇	三门峡	先敞后控	334.46	334.46	53.560	53.560
	小浪底	不保滩	254.20	252.73	47.543	44.601
		保滩	262.73	261.45	65.585	62.568

注:①指控制花园口最大流量 10 000 m^3/s；②指控制花园口最大流量 12 000 m^3/s。

表 8-11　三门峡水库先敞后控运用库水位大于某级水位的历时统计
（花园口最大流量 10 000 m^3/s）　（单位:h）

频率	≥315 m	≥318 m	≥320 m	≥323 m	≥326 m	≥328 m	≥330 m	≥332 m	最高水位（m）
百年一遇	368	332	296	180	0	0	0	0	325.42
千年一遇	628	588	548	464	392	328	180	0	330.69
万年一遇	700	684	668	628	620	616	596	480	334.46

表 8-12 三门峡水库先敞后控运用库水位大于某级水位的历时统计

(花园口最大流量 12 000 m^3/s) (单位:h)

频率	≥315 m	≥318 m	≥320 m	≥323 m	≥326 m	≥328 m	≥330 m	≥332 m	最高水位(m)
百年一遇	252	212	176	136	0	0	0	0	325.42
千年一遇	456	420	384	340	296	200	132	0	330.69
万年一遇	680	652	624	560	504	440	392	312	334.46

3.三门峡水库适时调控运用方案

在方案计算中除凑泄花园口流量 10 000 m^3/s 和 12 000 m^3/s 两种情况外,考虑到小浪底水库 2001~2003 年移民高程分别为 265 m 和 275 m。在计算中为了移民安全,选用了两个特征水位,即 259 m 和 269 m,使水库最高水位分别不超过 265 m 和 275 m。花园口按 10 000 m^3/s 和 12 000 m^3/s 两种流量控制。

三门峡水库和小浪底水库调洪计算结果见表 8-13、表 8-14。

表 8-13 三门峡水库适时调控运用三门峡、小浪底两水库调洪计算结果特征值

(小浪底特征水位 259 m)

洪水频率	水库名称	运用方式	最高水位(m)		相应蓄滞洪量(亿 m^3)	
			①	②	①	②
百年一遇	三门峡	适时调控	325.42	325.42	16.350	16.350
	小浪底	不保滩	√	√	√	√
		保滩	√	√	√	√
千年一遇	三门峡	适时调控	330.69	330.69	33.710	33.710
	小浪底	不保滩	259.23	√	57.617	√
		保滩	261.37	259.55	62.384	58.255
万年一遇	三门峡	适时调控	334.46	334.46	53.560	53.560
	小浪底	不保滩	263.17	260.53	66.621	60.397
		保滩	264.75	262.61	70.353	65.300

注:1.①指控制花园口最大流量 10 000 m^3/s;②指控制花园口最大流量 12 000 m^3/s。

2."√"表示三门峡水库始终敞泄,小浪底水位不到 259 m。

表 8-14　三门峡水库适时调控运用三门峡、小浪底两水库调洪计算结果特征值

（小浪底特征水位 269 m）

洪水频率	水库名称	运用方式	最高水位(m)		相应蓄滞洪量(亿 m^3)	
			①	②	①	②
百年一遇	三门峡	适时调控	325.42	325.42	16.350	16.350
	小浪底	不保滩	√	√	√	√
		保滩	√	√	√	√
千年一遇	三门峡	适时调控	330.69	330.69	33.710	33.710
	小浪底	不保滩	√	√	√	√
		保滩	√	√	√	√
万年一遇	三门峡	适时调控	334.46	334.46	53.560	53.560
	小浪底	不保滩	269.18	√	80.810	√
		保滩	272.59	269.0	89.424	80.383

注：1. ①指控制花园口最大流量 10 000 m^3/s；②指控制花园口最大流量 12 000 m^3/s。

2. "√"表示三门峡水库始终敞泄，小浪底水位不到 269 m。

三门峡水库及小浪底水库调洪计算结果中，大于某级水位的历时数见表 8-15 ~ 表 8-22，具体为：

（1）适时调控花园口最大流量为 10 000 m^3/s 时。①当小浪底水库特征水位为 259 m 时，三门峡水库适时调控，计算结果见表 8-15、表 8-16。②当小浪底水库特征水位为 269 m 时，三门峡水库适时调控，计算结果见表 8-17、表 8-18。

表 8-15　三门峡水库适时调控运用库水位大于某级水位的历时统计

（小浪底不保滩，259 m，花园口最大流量 10 000 m^3/s）　　（单位：h）

频率	≥315 m	≥318 m	≥320 m	≥323 m	≥326 m	≥328 m	≥330 m	≥332 m	始控水位(m)	最高水位(m)
百年一遇	188	152	120	84	0	0	0	0	始终敞泄	325.42
千年一遇	384	340	276	200	148	112	68	0	319.21	330.69
万年一遇	700	684	668	616	552	432	340	132	330.73	334.46

表 8-16　三门峡水库适时调控运用库水位大于某级水位的历时统计

（小浪底保滩，259 m，花园口最大流量 10 000 m^3/s）　　（单位：h）

频率	≥315 m	≥318 m	≥320 m	≥323 m	≥326 m	≥328 m	≥330 m	≥332 m	始控水位(m)	最高水位(m)
百年一遇	188	152	120	84	0	0	0	0	始终敞泄	325.42
千年一遇	384	448	408	344	196	112	68	0	327.11	330.69
万年一遇	700	684	668	628	620	612	564	388	333.55	334.46

表 8-17　三门峡水库适时调控运用库水位大于某级水位的历时统计

（小浪底不保滩，269 m，花园口最大流量 10 000 m^3/s）　（单位：h）

频率	≥315 m	≥318 m	≥320 m	≥323 m	≥326 m	≥328 m	≥330 m	≥332 m	始控水位（m）	最高水位（m）
百年一遇	188	152	120	84	0	0	0	0	始终敞泄	325.42
千年一遇	372	328	276	200	148	112	68	0	始终敞泄	330.69
万年一遇	644	608	572	424	324	288	208	132	325.98	334.46

表 8-18　三门峡水库适时调控运用库水位大于某级水位的历时统计

（小浪底保滩，269 m，花园口最大流量 10 000 m^3/s）　（单位：h）

频率	≥315 m	≥318 m	≥320 m	≥323 m	≥326 m	≥328 m	≥330 m	≥332 m	始控水位（m）	最高水位（m）
百年一遇	188	152	120	84	0	0	0	0	始终敞泄	325.42
千年一遇	372	328	276	200	148	112	68	0	始终敞泄	330.69
万年一遇	700	680	656	580	452	368	208	132	329.71	334.46

（2）适时调控花园口最大流量为 12 000 m^3/s 时。①当小浪底水库特征水位为 259 m 时，三门峡水库适时调控，计算结果见表 8-19、表 8-20。②当小浪底水库特征水位为 269 m 时，三门峡水库适时调控，计算结果见表 8-21、表 8-22。

表 8-19　三门峡水库适时调控运用库水位大于某级水位的历时统计

（小浪底不保滩，259 m，花园口最大流量 12 000 m^3/s）　（单位：h）

频率	≥315 m	≥318 m	≥320 m	≥323 m	≥326 m	≥328 m	≥330 m	≥332 m	始控水位（m）	最高水位（m）
百年一遇	188	152	120	84	0	0	0	0	始终敞泄	325.42
千年一遇	372	328	276	200	148	112	68	0	始终敞泄	330.69
万年一遇	546	508	480	408	348	308	208	132	329.10	334.46

表 8-20　三门峡水库适时调控运用库水位大于某级水位的历时统计

（小浪底保滩，259 m，花园口最大流量 12 000 m^3/s）　（单位：h）

频率	≥315 m	≥318 m	≥320 m	≥323 m	≥326 m	≥328 m	≥330 m	≥332 m	始控水位（m）	最高水位（m）
百年一遇	188	152	120	84	0	0	0	0	始终敞泄	325.42
千年一遇	372	336	276	200	148	112	68	0	319.97	330.69
万年一遇	620	588	556	464	412	364	316	140	332.15	334.46

表 8-21　三门峡水库适时调控运用库水位大于某级水位的历时统计

（小浪底不保滩，269 m，花园口最大流量 12 000 m^3/s）　（单位：h）

频率	≥315 m	≥318 m	≥320 m	≥323 m	≥326 m	≥328 m	≥330 m	≥332 m	始控水位（m）	最高水位（m）
百年一遇	188	152	120	84	0	0	0	0	始终敞泄	325.42
千年一遇	372	328	276	200	148	112	68	0	始终敞泄	330.69
万年一遇	488	456	432	364	324	288	208	132	始终敞泄	334.46

表 8-22　三门峡水库适时调控运用库水位大于某级水位的历时统计

（小浪底保滩，269 m，花园口最大流量 12 000 m^3/s）　（单位：h）

频率	≥315 m	≥318 m	≥320 m	≥323 m	≥326 m	≥328 m	≥330 m	≥332 m	始控水位（m）	最高水位（m）
百年一遇	188	152	120	84	0	0	0	0	始终敞泄	325.42
千年一遇	372	328	276	200	148	112	68	0	始终敞泄	330.69
万年一遇	492	464	436	364	324	288	208	132	321.27	334.46

（四）防洪运用方案计算成果分析

1. 千年一遇洪水

千年一遇洪水各方案调洪计算的最高库水位及三门峡水库大于某级水位历时成果见表 8-23、表 8-24。

表 8-23　千年一遇洪水三门峡水库不同运用方案库水位大于某级水位的历时统计

（花园口最大流量 10 000 m^3/s）　（单位：h）

水库运用方式		≥315	≥320	≥326	≥330	≥332	三门峡开始控制水位（m）	小浪底最高水位（m）	
三门峡水库	小浪底水库							不保滩	保滩
敞泄		372	276	148	68	0	敞泄滞洪	259.81	266.76
先敞后控		628	548	392	180	0	330.69	246.72	255.38
适时调控	不保滩，259 m	384	276	148	68	0	319.21	259.23	
	保滩，259 m	488	408	196	68	0	327.11		261.37
	不保滩，269 m	372	276	148	68	0	敞泄滞洪	259.81	
	保滩，269 m	372	276	148	68	0	敞泄滞洪		266.76

2. 万年一遇洪水

万年一遇洪水各方案调洪计算的最高库水位及三门峡水库大于某级水位历时成果见表 8-25、表 8-26。

表 8-24　千年一遇洪水三门峡水库不同运用方案库水位大于某级水位的历时统计

（花园口最大流量 12 000 m^3/s）　　（单位:h）

水库运用方式		≥315 m	≥320 m	≥326 m	≥330 m	≥332 m	三门峡开始控制水位(m)	小浪底最高水位(m)	
三门峡水库	小浪底水库							不保滩	保滩
敞泄		372	276	148	68	0	敞泄滞洪	252.46	259.83
先敞后控		456	384	296	132	0	330.69	247.52	252.71
适时调控	不保滩,259 m	372	276	148	68	0	敞泄滞洪	252.46	
	保滩,259 m	376	276	148	68	0	319.97		259.55
	不保滩,269 m	372	276	148	68	0	敞泄滞洪	252.46	
	保滩,269 m	372	276	148	68	0	敞泄滞洪		259.83

表 8-25　万年一遇洪水三门峡水库不同运用方案库水位大于某级水位的历时统计

（花园口最大流量 10 000 m^3/s）　　（单位:h）

水库运用方式		≥315 m	≥320 m	≥326 m	≥330 m	≥332 m	三门峡开始控制水位(m)	小浪底最高水位(m)	
三门峡水库	小浪底水库							不保滩	保滩
敞泄		488	432	324	208	132	敞泄滞洪	272.97	*
先敞后控		700	668	620	596	480	334.46	254.20	262.73
适时调控	不保滩,259 m	700	668	552	340	132	330.73	263.17	
	保滩,259 m	700	668	620	564	388	333.55		264.75
	不保滩,269 m	644	572	324	208	132	325.98	269.18	
	保滩,269 m	700	656	452	208	132	329.71		272.59

注： * 表示水位已超过 275 m，不可能采用保滩方案。

表 8-26　万年一遇洪水三门峡水库不同运用方案库水位大于某级水位的历时统计

（花园口最大流量 12 000 m^3/s）　　（单位:h）

水库运用方式		≥315 m	≥320 m	≥326 m	≥330 m	≥332 m	三门峡开始控制水位(m)	小浪底最高水位(m)	
三门峡水库	小浪底水库							不保滩	保滩
敞泄		488	432	324	208	132	敞泄滞洪	263.97	269.46
先敞后控		680	624	504	392	312	334.69	252.73	261.45
适时调控	不保滩,259 m	546	480	348	208	132	329.10	260.53	
	保滩,259 m	620	556	412	316	140	332.15		262.61
	不保滩,269 m	488	432	324	208	132	敞泄滞洪	263.97	
	保滩,269 m	492	436	324	208	132	321.27		269.00

3. 方案比较

调洪计算成果表明，三门峡水库先敞后控运用方案，各级水位持续时间均较其他两种方案长。

多泥沙河流上水库运用的实践表明：水库蓄水持续时间越长，水库淤积越严重；蓄水位越高，库区泥沙淤积的部位越偏上。由于三门峡水库的特殊地理位置和地形条件，当水库淤积后，不容易消除淤积影响。同时，会对潼关以上的渭河下游和小北干流的淤积带来一系列问题。在小浪底水库运用初期，防洪库容大，三门峡水库与小浪底水库联合调度时应充分利用小浪底水库运用初期防洪库容大的有利条件，多承担防洪任务；但是，对于"上大洪水"三门峡水库还必须承担一部分防洪任务。在两库联合调度中，对三门峡水库所承担的这部分防洪任务，应力求最高库水位较低，且高水位持续时间尽量缩短，以减少库区尤其潼关以上库区的淤积。从计算方案分析比较看出，三门峡水库敞泄运用方式，三门峡水库高水位持续时间较短，但加大了小浪底水库的蓄洪量，在万年一遇洪水时，甚至使小浪底库水位超过 275 m。先敞后控运用方式，三门峡水库高水位运用时间较其他方案明显偏长，对水库淤积产生不利影响。适时调控运用方式，三门峡水库高水位的持续时间比先敞后控运用方式高水位持续时间减少很多，比敞泄运用方式高水位持续时间增加不多。因此，三门峡水库的适时调控方案是两库联合调度中的最优方案。

需要指出的是，关于保滩与不保滩的情况是比较复杂的。几十年来在上、中游修建了水库，进行了水土保持，降雨情况也不尽相同，因此黄河的水沙条件处在变化之中，但是黄河下游河道淤积抬高的局面并没有改变。20 世纪 70 年代末至 90 年代初，黄河下游经历了淤积—冲刷—淤积的演变过程，同流量（3 000 m^3/s）水位沿程变化也不一样，石头庄以上河道有所降低（0.1 ~0.2 m），而高村以下有所上升（0.2 ~0.5 m），这就说明河道主槽发生了变化，随之排洪能力也有增减。由于黄河下游河道淤积，使河道的滩槽高差减小。而且由于黄河下游各段河道特性的不同，滩地分布特性也不同，如孟津至高村的游荡性河段中，有些河段汊流串沟多，无明显主槽，而另一些河段既有明显主槽，又有嫩滩、二滩和老滩。同时，由于受河道淤积和黄河下游断流的影响，黄河下游河道主槽严重萎缩。从黄河下游的一些河段来看，由于生产堤的存在，使滩槽水流泥沙交换受到限制，在生产堤内外形成 1 ~2 m 的临背悬差，使得滩唇高仰，堤根低洼，滩面横比降大，一些河段出现"二级悬河"，再加上部分滩地大，地形条件复杂，泥沙淤积不均匀，在实际运用中是不好保滩的，同时，也难以保住。黄河下游河道排洪的实践表明，下游河床冲淤演变的一个重要规律就是洪水漫滩后，滩槽水流泥沙交换十分强烈，大量泥沙通过交换，由主槽进入滩地，使滩地大量淤积，主槽强烈冲刷。这种"淤滩刷槽"情况使得涨水过程中主槽迅速扩大，排洪能力增加。黄河下游河道平面形态上宽下窄，滩地主要集中在陶城铺以上宽河道，洪水漫滩后大量泥沙在宽河段滩地落淤，降低了进入窄河段水流的含沙量，有利于窄河段的冲刷。在水库运用中，由于黄河下游河道的演变规律和形态均十分复杂，在实际操作中保滩是很难实现的。允许洪水漫滩，对下游河道也是有利的。

四、"下大洪水"时三门峡水库防洪运用分析

在没有小浪底水库时，根据晋、陕、豫、鲁"四省会议"确定的原则，三门峡水库在"下

大洪水”时的防洪运用方式为:当花园口流量大于 12 000 m^3/s,并有后续降水,而且花园口站洪峰流量可能超过 22 000 m^3/s 时,水库关闭部分泄水孔;当预报花园口洪峰流量大于 22 000 m^3/s 时,关闭全部泄水孔,以减轻下游的防洪负担。

小浪底水库是黄河下游防洪工程体系的骨干工程,建成后与三门峡、陆浑、故县等水库联合运用,可以大大提高黄河下游防御洪水的标准。小浪底水库虽然仅控制了三门峡至花园口区间流域面积的 14%,但由于其库容大,据分析可以全部拦蓄三门峡至小浪底区间的洪水,而且能拦蓄三门峡以上的三门峡水库无力拦蓄的部分来水。

三门峡水库由于其特殊的地理条件和社会经济环境,面临着小浪底水库没有或较少遇到的一系列问题,如潼关高程问题,潼关以上库区淤积所带来的问题,运用后水库淤积延伸问题,渭河下游淤积及由此引起的渭河下游防洪、淹没、浸没问题,地下水位抬高问题等,还有其他社会经济、环境生态问题等。为了减少三门峡水库拦蓄洪水的运用机遇,减轻三门峡库区特别是潼关以上库区淹没和淤积影响,在防御“下大洪水”运用时,首先由小浪底控制干流来水,尤其是在小浪底水库建成运用初期。根据实际发生的 1954 年 8 月、1958 年 7 月和 1982 年 7 月底至 8 月初的“下大洪水”资料分析,花园口百年一遇洪水,小浪底水库可单独承担,大于百年一遇洪水,三门峡水库可配合小浪底、东平湖等防洪工程运用。其蓄水位回水最好不要超过坫埼(黄淤 36 断面),使潼关不直接受水库回水的影响。由于“下大洪水”的产汇流区(三门峡至花园口区间)紧靠黄河下游,洪水流程短、上涨迅速、含沙量小,而三门峡水库对洪水的控制作用小,建议主要是配合小浪底水库运用,削减花园口洪水的超万洪量,在洪峰过后,为避免无效蓄水,减少水库高水位持续时间和潼关淤积,尽早下排水库蓄水。以上是从实测资料和水库冲淤变化特点提出的防御“下大洪水”时三门峡水库的运用意见,两库防洪运用的具体实施方案,有待通过调洪计算分析研究确定。

第三节 改善三门峡库区淤积及充分发挥水库效益研究

一、合理调度,改善库区淤积分析

(一)非汛期

根据三门峡水库实践经验,在入库流量 1 000 m^3/s 左右,当库水位 310 m 时,水库排沙比小于 20%;库水位升至 315 m 时,入库泥沙几乎全部淤在库内。而后随着库水位的升高,库区泥沙淤积量变化不大,主要是淤积分布不同,库水位高,淤积部位靠上,库水位低,淤积部位靠下,非汛期泥沙淤积部位不同,对汛期水库冲刷排沙有很大的影响。根据小浪底水库运用初期三门峡水库运用的调整原则,拟定下列 5 种方案(见表 8-27)进行比较计算。方案 1 是按照 1969 年“四省会议”精神确定的运用方式,即控制水位 310 m,回水末端在老灵宝(黄淤 26—27 断面之间)附近;方案 2 控制水位 312 m,回水末端达东垆湾(黄淤 28 断面)附近;方案 3 控制水位 315 m,回水末端达大禹渡(黄淤 31 断面)附近;方案 4 和方案 5 分别在方案 2 和方案 3 的基础上,于桃汛后期蓄高至 319 m,回水末端在坫埼以下,蓄水 5 亿~6 亿 m^3,可供 5~6 月枯水期库区灌溉和发电之用。

表 8-27　非汛期水库运用方案

方案	水库运用情况
1	每年 11 月至次年 6 月 20 日，库水位 310 m；6 月 21 日至 6 月 30 日，库水位逐渐降至 305 m
2	每年 11 月至次年 6 月 20 日，库水位 312 m；6 月 21 日至 6 月 30 日，库水位逐渐降至 305 m
3	每年 11 月至次年 6 月 20 日，库水位 315 m；6 月 21 日至 6 月 30 日，库水位逐渐降至 305 m
4	在 3 月 26 日至 4 月 20 日桃汛期，最小日均出库流量 700 m^3/s，最高蓄水位 319 m，而后至 6 月 20 日库水位逐渐降至 312 m，其余与方案 2 相同
5	在 3 月 26 日至 4 月 20 日桃汛期，最小日均出库流量 700 m^3/s，最高蓄水位 319 m，而后至 6 月 20 日库水位逐渐降至 315 m，其余与方案 3 相同

1. 计算条件

1990～1995 年运用年（上年 11 月至当年 10 月）潼关站非汛期平均来水量 161.4 亿 m^3，来沙量 1.93 亿 t，其中 1993 年非汛期（1992 年 11 月～1993 年 6 月）潼关站水量155.0 亿 m^3，沙量 1.94 亿 t，与近几年的平均值接近，故选择该年非汛期的实测水沙条件（逐日流量、含沙量及泥沙级配等）作为计算的水沙条件。起始库区地形采用 1995 年 10 月统测的潼关至坝前的大断面成果。水库泄流规模按 1990 年以后打开 9 号、10 号底孔以及扩装 2 台机组的情况考虑，采用天津勘测设计院 1993 年提供的泄流曲线进行计算。采用黄科院参加"八五"国家重点科技攻关项目"黄河治理与水资源利用"时研制的一维水动力学泥沙数学模型进行方案计算。

2. 计算成果及分析

各方案计算成果经实测资料对比分析，库区总冲淤量以及分段冲淤量均比较合理（见表 8-28），可以看出：库区总淤积量方案 1 为最小，方案 5 和方案 3 最多，方案 2 和方案 4 居中。各方案计算成果中，库区冲淤量变化最大的河段为大禹渡至北村（黄淤 31—22 断面），方案 3 和方案 5 与方案 1 相比，淤积量增加较多，分别达 0.38 亿 m^3 和 0.45 亿 m^3，方案 2 和方案 4 淤积量增加较少，分别为 0.12 亿 m^3 和 0.26 亿 m^3；其次为坫埼至大禹渡（黄淤 36—31 断面），方案 3 和方案 5 分别比方案 1 增加淤积为 0.07 亿 m^3 和 0.105 亿 m^3，方案 2 和方案 4 则分别比方案 1 增加 0.013 亿 m^3 和 0.053 7 亿 m^3；潼关至坫埼（黄淤 41—36 断面）基本没有影响。各方案计算的发电量与淤积量成正比。综合分析结果，方案 4 较好，库区淤积泥沙大部分在大禹渡以下，坫埼至大禹渡段增淤量不多，发电量增加较多，还能兼顾库周边工农业用水。

（二）汛期

1. 汛期不同流量排沙效果计算分析

根据三门峡水库"蓄清排浑"运用时期实测资料分析结果，非汛期库区淤积的泥沙，主要是由汛期流量 1 500～4 500 m^3/s 时冲出来的。流量小于 1 500 m^3/s 在汛期出现的时间虽然不短，占汛期总时间的 1/3，由于流量小，冲刷量仅占汛期冲刷量的 15% 左右；流量大于 4 500 m^3/s 时，由于水库泄流壅水较大，库区发生淤积。为了研究汛期不同流量对库区冲刷排沙的作用，在统一条件(起始地形、泄流条件和分析计算方法)下，计算了流量分别为 1 000 m^3/s、1 500 m^3/s、2 000 m^3/s、2 500 m^3/s 和 3 000 m^3/s 持续时间均为 20 天的库区冲淤量和北村断面的水位变化。

表 8-28　三门峡水库非汛期各运用方案计算成果

方案	桃汛期后水位(m)	最高水位(m)	各河段冲淤量(亿 m^3)					发电量(亿 kWh)
			黄淤 41—36	黄淤 36—31	黄淤 31—22	黄淤 22—1	黄淤 41—1	
1	310	310	0.023 6	0.016 8	-0.012 0	0.582 2	0.610 6	11.7
2	312	312	0.023 4	0.029 8	0.107 9	0.601 1	0.761 2	12.5
3	315	315	0.023 1	0.086 9	0.365 8	0.501 9	0.977 7	13.6
4	312	319	0.023 5	0.070 5	0.249 4	0.513 1	0.856 5	13.1
5	315	319	0.023 5	0.121 8	0.439 4	0.431 1	1.015 8	13.9

各级入库流量的含沙量及悬沙级配均按近几年潼关站汛期的实测资料统计得出，起始库区地形采用 1996 年汛前统测的大断面资料，各方案均采用控制水位 298 m 敞泄运用。计算结果(见表 8-29)表明，库区冲刷量随着入库流量增大而增加，而北村计算水位达到预定发电水位的天数则不同，以流量 2 500 m^3/s 时为最短，其次是流量 3 000 m^3/s，这可能与流量在 3 000 m^3/s 时坝前水位升高到 299.4 m 有关，流量 1 500 m^3/s 和 2 000 m^3/s 时又分别比流量 3 000 m^3/s 时延长了 3 天和 2 天，表明与入库流量大小有关，流量 1 000 m^3/s 时经过 20 天冲刷，还没有达到预定发电水位。由此可以认为，小浪底水库投入运用后，如果来水流量进一步减小，为了有效和灵活排沙，水库冲刷排沙流量可以降到 1 500 m^3/s，但是流量小于 1 000 m^3/s 时，因排沙效果太低，则不宜排沙而应发电运用。

表 8-29　三门峡水库汛期不同流量计算成果

入库流量(m^3/s)	入库含沙量(kg/m^3)	坝前水位(m)	计算天数(天)	北村预定发电水位(m)	北村计算水位达到预定发电水位天数(天)	潼关以下冲淤量(亿 m^3)
1 000	25	298	20	309.0	未达到	-0.454 7
1 500	35	298	20	309.4	16	-0.683 9
2 000	50	298	20	309.8	15	-0.791 6
2 500	85	298	20	310.2	9	-0.999 5
3 000	96	299.4	20	310.6	13	-1.180 0

注：北村预定发电水位为三门峡流量 1 000 m^3/s 时北村稳定水位 309.0 m，其他流量则根据北村稳定水位流量关系确定。

2. 汛期水库不同运用方案比较计算

为了进一步优选三门峡水库汛期的冲刷排沙流量和发电效益的关系，初步拟定了 6 种水库运用方案，用实测水沙系列进行比较计算。各方案中非汛期水库运用方式统一采用上述方案4计算,即每年11月至次年3月25日库水位控制在312 m,3月26日~4月20日最小出库流量700 m^3/s,最高蓄水位319 m,而后至6月20日库水位降到312 m,6月21日~6月30日库水位降到汛期控制水位。为了便于比较分析汛期运用水位对库区冲淤的影响,汛期控制水位选取305 m、306 m和307 m三级水位;水库冲刷排沙流量选取1 500 m^3/s和2 500 m^3/s二级。汛期水库运用方式为:若入汛后入库流量小于冲刷排沙流量,仍按汛期控制水位运用;若入库流量大于冲刷排沙流量,则停止发电,降低水位排沙,控制最低水位为298 m,从此一直持续到北村流量1 000 m^3/s的水位降到309 m时,再升高库水位达到汛期控制水位进行发电运用。在发电运用过程中遇到以下两种情况时,再降低水位至298 m排沙,一是入库流量大于2 500 m^3/s,因为此时入库含沙量也高,对机组磨损较大;二是当北村流量1 000 m^3/s的水位高于310 m,不论入库流量大小,均停止发电,库水位降至298 m强迫排沙,等北村水位降到309 m后再发电,具体方案组合见表8-30。

表8-30　三门峡水库汛期运用方案特征值

方案	1	2	3	4	5	6
汛期控制水位(m)	305	305	306	306	307	307
汛期冲刷排沙流量(m^3/s)	1 500	2 500	1 500	2 500	1 500	2 500

采用1986年11月~1993年10月实测水沙系列,年均水量289.1亿m^3,其中非汛期155.1亿m^3,汛期134亿m^3;年均沙量7.905亿t,其中非汛期2.057亿t,汛期5.848亿t。库区起始地形条件,采用本数学模型在验证计算1974~1990年系列中计算到1986年汛后的库区大断面。泄流条件只考虑10个底孔,12个深孔,2条隧洞和1条钢管。

数模计算的各方案库区年平均冲淤量和年均汛期发电天数见表8-31。可以看出,由于各计算方案的运用水位(包括汛期和非汛期)较低,特别是洪水时降低水位充分利用洪水排沙,故计算的平均淤积量均小于同期实测值,汛期控制水位高低对库区冲淤和发电的影响,一般来说汛期控制水位高,发电水头大,但库区淤积较多,发电时间较短,反之,汛期控制水位低,发电水头小,库区淤积较小,发电时间较长。水库起始冲刷排沙流量的大小对库区冲淤和发电时间还看不出明显的影响,不过遇到来水特别枯的年份,采用水库冲刷排沙流量较小时,可以及早降低坝前水位排沙,对减轻水库淤积会有些好处,这是可取的。

表8-31　1986~1993年系列各方案计算成果

方案	1	2	3	4	5	6	实测冲淤量
冲淤量(亿m^3)	0.046	0.040	0.067	0.100	0.105	0.077	0.188
发电天数(天)	107.7	108.0	102.0	107.1	101.3	98.9	

二、三门峡水库不同运用方案泥沙数学模型计算成果

(一)起始库区地形与水沙系列

库区起始地形采用1995年汛后三门峡库区实测大断面资料,相应潼关(六)断面流

量1 000 m^3/s 水位达328.17 m(即1995年9月25日,潼关高程)。选用1974年6月24日~1985年10月21日和1985年10月22日~1993年10月3日两个水沙系列进行对比计算。第一个水沙系列水沙量较多,平均水量402亿m^3,其中汛期236亿m^3;年均沙量10.43亿t,其中汛期8.86亿t。该系列汛期总天数为1 497天,其中有501天的入库日平均流量超过2 500 m^3/s,占汛期总天数的33.5%,而在入库流量小于2 500 m^3/s的情况下,又有212天的日均含沙量超过30 kg/m^3,占汛期总天数的14.2%。第二个水沙系列基本上代表了近期三门峡入库的水沙情况,水沙量较枯,年均水量291亿m^3,其中汛期134亿m^3,年均沙量7.87亿t,其中汛期5.83亿t。这一系列的汛期总天数为957天,其中入库流量超过2 500 m^3/s有107天,占汛期总天数的11.2%,又有191天为入库流量小于2 500 m^3/s而日均含沙量超过30 kg/m^3,占汛期总天数的20.0%。

(二)计算方案

各方案的特征水位见表8-32。其中方案5仍为1969年"四省会议"确定的运用方式,即非汛期控制水位310 m,汛期控制水位305 m。

表8-32 三门峡水库各运用方案特征水位 (单位:m)

方案	非汛期		汛期	
	桃汛前水位	最高水位	最低水位	控制发电水位
1	312	319	298	305
2	312	319	298	306
3	312	319	298	307
4	315	320	298	307
5	310	310	305	305
6	敞泄运用			
7	313	319	298	307
8	313	319	296	307
9	313	319	7~9月敞泄运用	

方案1至方案3非汛期采用相同的运用方式,即表8-27中的方案4,不同处仅在于6月21~30日库水位由312 m逐渐降至汛期控制运用水位而不一定是305 m。汛期控制运用水位,方案1、方案2、方案3分别为305 m、306 m和307 m。根据三门峡水库汛期发电原型试验和以往的分析成果,为了充分发挥水库汛期排沙作用,汛期具体运用方式为:入汛以后,若潼关站日平均流量小于1 500 m^3/s,水库按汛期控制水位发电运用;若潼关日平均流量大于1 500 m^3/s,则停机敞泄排沙,控制最低水位298 m,之后水库运用完全同表8-30及所在节所述,这里不再赘述。10月25日以后库水位逐渐升至312 m。

方案4在汛期的运用方式与方案3相同,非汛期的运用方式也与方案3的运用过程相似,只是各阶段的控制水位不同,即桃汛前(每年3月25日)库水位控制在315 m,桃汛后最高库水位320 m,为本次计算的各方案中运用水位最高的一个方案。

方案6为全年敞泄运用,这是各方案中运用水位最低的一个方案,以期研究对水库排沙的影响,同时可以和改建后水库敞泄时的实测资料进行比较,检验计算成果的合理性。

方案7非汛期一栏是从10月1日开始计算,至次年3月25日库水位控制在313 m(因考虑到6号、7号机组库水位312.5 m才能正常发电),3月26日~4月20日最小出库流量700 m^3/s,最高蓄水位319 m,而后至6月20日水位逐渐降至313 m,6月21~30日库水位逐渐降至汛期控制运用水位307 m,汛期一栏是7月1日~9月30日水库的运用方式与方案3相同。

方案8和方案9考虑了11号、12号底孔打开后的泄流能力,这是这2个方案与上述7个方案在计算泄流条件的不同之处。这次计算的所有方案中各泄水建筑物的泄流能力均采用天津勘测设计院1993年提供的泄流曲线,水库在敞泄运用条件下,增开两个底孔后过流量2 500 m^3/s(不含过机组流量)对应的库水位可由297.5 m(10个底孔泄流)降至296 m,下降1.5 m,由此,对于同样的水沙过程和相同的水库运用方式将对库区冲淤演变产生不同的影响。方案8和方案7在非汛期(此处指10月~次年6月)的运用完全相同,汛期水库降低水位冲刷时机、低水位控制运用时间以及控制水位发电运用时间也相同,不同之处在于低水位由方案7的298 m降至296 m;方案9与方案7相比,非汛期(此处指上年10月~当年6月)的运用也相同,不同处在于主汛期7~9月,方案9则完全敞泄。

(三)计算成果

计算成果(表8-33和表8-34)经检验基本合理,如1974年6月24日~1985年10月21日的水沙系列,方案5计算的库区冲刷量为2.378 2亿 m^3,期末潼关高程326.44 m,相当于三门峡水库在1995年汛后实测河床地形上,经过这样的水沙系列后重新塑造库区河床,计算结果库区冲刷,潼关高程下降,这从一个侧面反映了1985年汛后到1995年汛后库区淤积和潼关高程升高主要是由于1985~1995年来水来沙条件变化而引起的,在定性上是合理的。三门峡水库运用以来至1995年汛后潼关以下库区累计淤积量为29.301亿 m^3,减去2.378 2亿 m^3,库区尚淤26.923亿 m^3,与1985年汛后库区累计冲淤量27.738亿 m^3 比较接近。另外,水库始终敞泄的方案6计算结果较方案5多冲1.15亿 m^3,与三门峡水库由敞泄转到“蓄清排浑”运用后的回淤量基本一致,表明计算成果与实测结果是一致的。数学模型的优点就是在计算条件变化后,计算成果可以进行比较。由表8-33和表8-34可以看出:①如果三门峡水库敞泄运用(即方案6),库区和潼关高程都将发生冲刷下降,而且丰水系列冲刷下降多,枯水系列冲刷下降少,说明水库在一定泄流条件下,采用敞泄运用,潼关高程高低主要取决于各时期的水沙条件,尤其取决于汛期水量或者说洪水期水量的大小,这与水库多年运用的实际结果相吻合。虽然该方案使库区淤积最轻,但经济效益方面除具有滞洪作用外,发电、春灌等效益均没有,并且三门峡水库运用实践表明,水库敞泄运用,使下游河道淤积加重,这是有害的。水库敞泄运用与“蓄清排浑”运用(即方案5)相比,就沿程冲淤变化来说,坝前段冲淤变化相差较大,向上游逐渐减弱,两种水沙系列、两种运用方式计算成果比较,潼关高程仅差0.4~0.5 m。②方案1非汛期的水库运用水位比方案5高2 m,并蓄了部分桃汛水(约6亿 m^3)可补充春灌用水,而在汛期采用“洪水排沙、平水兴利”原则时,提高了水库的排沙能力,这种运用方式综合计算结果,显示出库区排沙能力加大,库区淤积量较方案5减小,而发电量稍有增加;方案2和方案3运用原则与方案1相同，而汛期平水发电水位分别为306 m和307 m，因在具体运用中，平水发电水位升高引起的淤积限制在北村以下，所以这两种方案计算库区冲淤分布结果与方案1比较，自下向上的影响逐渐减轻，即增淤（或减冲）主要在北村以下，发电量略有增加，且改善了机组运行工况。③方案4水库运用水位较高，发电量较大，库区淤积也较大。④方案7非汛期开始运用时间提前到10月1日，库水位升高至313 m，汛期运用时间缩短至3个月，非汛期发电量增多，汛期减少，全年发电量与方案4相近，库区淤积量基本一致。

表8-33　1974～1985年系列各方案计算成果

计算方案	分段冲淤量（亿 m^3）					期末潼关高程（m）	年均发电量（亿 kWh）		
	黄淤41—1	黄淤41—36	黄淤36—31	黄淤31—22	黄淤22—1		非汛期	汛期	合计
1	-3.162 3	-0.379 2	-0.952 7	-0.840 6	-0.997 0	326.30	14.81	2.32	17.13
2	-3.084 3	-0.376 3	-0.944 0	-0.837 8	-0.925 8	326.40	14.81	2.51	17.32
3	-2.998 8	-0.373 3	-0.936 0	-0.834 1	-0.855 4	326.44	14.81	2.64	17.45
4	-2.316 9	-0.300 9	-0.704 4	-0.622 2	-0.689 4	326.60	15.82	2.56	18.38
5	-2.378 2	-0.373 3	-0.937 9	-0.827 5	-0.239 5	326.44	13.18	2.78	15.96
6	-3.525 5	-0.416 2	-1.060 2	-0.937 1	-1.110 1	326.04	0	0	0
7	-2.208 9	-0.344 0	-0.721 4	-0.539 5	-0.604 0	326.55	17.66	1.08	18.74

表8-34　1985～1993年系列各方案计算成果

计算方案	分段冲淤量（亿 m^3）					期末潼关高程（m）	年均发电量（亿 kWh）		
	黄淤41—1	黄淤41—36	黄淤36—31	黄淤31—22	黄淤22—1		非汛期	汛期	合计
1	-0.481 9	0.111 5	0.090 8	-0.080 2	-0.604 1	328.25	10.10	1.61	11.71
2	-0.425 0	0.113 0	0.104 7	-0.053 4	-0.528 4	328.30	10.10	1.68	11.78
3	-0.368 1	0.114 5	0.107 1	-0.057 9	-0.530 7	328.35	10.10	1.77	11.87
4	0.159 9	0.179 2	0.249 5	0.133 5	-0.402 3	328.60	10.70	1.78	12.55
5	0.090 3	0.115 5	-0.032 0	-0.077 3	0.084 1	328.34	9.07	2.14	11.21
6	-0.889 4	-0.023 0	-0.090 7	-0.141 5	-0.634 2	327.85	0	0	0
7	0.111 0	0.156 8	0.216 5	0.139 7	-0.402 0	328.50	11.58	0.98	12.56
8	-0.22 2	0.119 3	0.145 9	-0.058 7	-0.428 5	328.36	11.60	0.96	12.56
9	-0.417 7	0.117 8	0.094 1	-0.082 0	-0.547 6	328.34	11.60	0	11.60

11号、12号底孔投入运用后，由于中等流量的敞泄水位下降1.5 m左右，相应侵蚀基

面也有所下降，对库区冲刷排沙是有利的。从计算结果看，方案8库区累计发生了冲刷，冲刷仍主要集中在近坝段，与方案7(计算水库运用情况相同)相比，冲刷范围有所上延，潼关至坫垮段累计淤积量略有减轻，潼关高程也有一定的降低。方案9是汛期7～9月水库一直敞泄，其余时间水库运行与方案8相同。从计算结果看，库区冲刷总量明显增加，但冲刷量的分布，近坝库段冲刷多，向上逐渐减少，至坫垮(黄淤36断面)以上冲刷便不明显了，所以计算的期末潼关高程仍与方案8大致接近，表明水库汛期敞泄运用与采用"洪水排沙、平水兴利"运用对潼关高程的影响效果基本相同，因为流量小于1 500 m^3/s后，即使水库敞泄排沙，冲刷量也不大，故汛期水库采用"洪水排沙、平水兴利"运用对潼关高程的影响，与敞泄运用的结果是基本一致的。需要提出的是，数学模型对有些能引起大幅冲淤变化的方案，计算结果从定性上讲是合理的，从定量上讲可能与实际情况有所出入，主要原因是在计算中对库区淤积物的抗冲性模拟很难与实际情况一致。

三、小浪底水库运用初期三门峡水库不同运用方式分析

小浪底水库投入运用后，三门峡水库运用方式在进行了三种典型条件的初步计算研究后，又进行了7～9个方案的数模计算与分析，其中包括"四省会议"方案，水库全敞泄方案以及按照"洪水排沙、平水兴利"原则制定的不同运用水位组成的方案。从计算结果来看，如果三门峡水库全敞泄运用，与其他方案相比，库区和潼关高程都可冲刷稍多一些，就库区冲淤变化来说，坝前冲刷较大，向上逐渐减弱，潼关高程在1985～1993年系列中，仅相差0.4～0.5 m；但在经济效益方面，除具有滞洪作用外，其他发电、春灌效益均没有。采用"洪水排沙、平水兴利"汛期运用方式的方案，虽然非汛期运用水位较"四省会议"方案高出2 m，但由于汛期中常洪水时降低水位敞泄，提高了水库排沙能力，计算结果显示出库区的减淤效果较"四省会议"方案为好。汛期控制水位的适当抬高(指在一定范围内，如方案中306～307 m)有利于提高机组出力和改善机组运行工况，当然，这必须在确保完成汛期水库排沙任务、不增加潼关河段淤积的前提下进行。根据计算与分析认为，可对下述方案的可行性作进一步研究，即：按照"洪水排沙、平水兴利"原则制定的汛期发电运用方式和现行机组的特性，在不影响水库汛期排沙情况下，平水期发电水位7～8月仍维持305 m，9月可适当抬高水位，10月因入库水、沙条件的变化，可按非汛期310 m水位发电。这样充分发挥现行1～5号机组的发电出力，10月可以争取6、7号机组发电运用，并可改善机组运行工况，提高汛期发电效益。至于汛期控制水位适当抬高后对库区冲淤的影响，通过计算与分析，库区淤积量虽有所增加，但淤积主要发生在坝前范围内，其影响是自下向上逐渐减弱，遇有利水沙条件可较容易地冲刷出库。由于三门峡库区泥沙问题比较复杂，需在实际运用中不断总结提高。

在用泥沙数学模型计算方案中感到非汛期水库运用水位对库区淤积影响较大，非汛期要求的任务又比较多，为此，小浪底水库运用后三门峡水库非汛期运用要注意控制，加强观测研究，以期能达到生产的要求，又能减轻水库的淤积，使三门峡水库达到最优的综合效益。

第四节　小　结

(1)小浪底水库投入运用后,防洪依然是三门峡水库的首要任务。为了有效地保持库容,用于防御大洪水,在小浪底水库建成运用初期,防洪运用应以小浪底水库为主,三门峡水库配合,并视洪水状况,合理运用陆浑水库、故县水库及东平湖滞洪区,经联合调度共同承担防洪任务,以确保黄河下游的防洪安全。三门峡水库在非汛期一般不承担或很少承担防凌和春灌蓄水任务,汛期原由三门峡水库承担的对下游调沙减淤任务转由小浪底水库负担,但是要配合小浪底水库运用,尽量提高下游调沙减淤的作用。

(2)三门峡水库非汛期运用调整的原则是:尽量降低蓄水水位,尽量缩短高水位蓄水时间,使非汛期库区淤积的泥沙主要分布在大禹渡以下,以利在汛期洪水时通过水库调节冲刷出库,使淤积末端限于坫埼以下,不增加潼关至坫埼河段的淤积量,不影响潼关高程的升降。汛期运用仍采用"洪水排沙、平水兴利"的运用原则,要求充分利用现有枢纽的泄流能力,在改善库区淤积的前提下,通过合理调度,充分发挥枢纽的综合效益。

(3)发生"上大洪水"时,既要发挥小浪底水库运用初期库容大的特点,三门峡水库也要发挥防洪作用;既要达到防洪保安全的目的,又要尽量缩短三门峡水库高水位的持续时间。依照各方案的防洪调洪计算分析结果,推荐三门峡水库采用"适时调控"方案。发生"下大洪水"时,因其产汇流区紧靠黄河下游,洪水上涨迅速,三门峡水库对其控制作用较小,但三门峡水库可削减花园口洪水的超万洪量,因此三门峡水库也应在黄河下游发生"下大洪水"时发挥一定的作用,承担部分防洪任务,但其防洪蓄水运用回水最好不要超过坫埼,使潼关不直接受水库回水的影响。

(4)根据多年资料分析,坫埼断面受到回水影响的临界水位为320 m左右,大禹渡断面受回水影响的临界水位为315 m左右。因此,小浪底水库投入运用后,为保证坫埼不受回水影响,三门峡水库桃汛后最高蓄水位初步定为319 m,并由此按照非汛期发电控制水位(分别为310 m、312 m、315 m)和是否蓄桃汛水拟定5个方案,利用水库冲淤数学模型进行计算,结果显示:各方案潼关至坫埼河段计算的冲淤量基本相同,表明水库按照这些方案运用不会对潼关至坫埼段的冲淤变化产生影响;从计算的非汛期发电量来看,基本上与同期水库淤积量成正比。从减少库区淤积及增加电站出力两方面权衡,水库非汛期运用的方案4较好。

(5)小浪底水库投入运用后,下游调沙减淤的任务主要由小浪底水库承担,三门峡水库汛期排沙流量可适当降低。根据对汛期不同流量级的冲刷计算与各流量级排沙资料的统计可以看出,库区累计冲刷量随着入库流量的增大而增大,从北村控制站水位降至稳定所需天数来看,当入库流量为1 000 m^3/s时,整个计算时段内(20天)北村水位降不到稳定水位,2 500 m^3/s、3 000 m^3/s两个流量级与1 500 m^3/s、2 000 m^3/s流量级所需天数差别不大,由于入库流量大于1 500 m^3/s出现的日期相对早些,因此选择这级流量作为开始排沙的条件会主动一些。

(6)小浪底水库投入运用后三门峡水库运用方式的研究表明:如果三门峡水库全敞泄运用,库区和潼关高程都可冲刷稍多一些,但效益方面仅有滞洪作用一项。而与其他方案相比，就库区冲淤变化来说，坝前冲刷较大，向上逐渐减弱，潼关高程在 1985 年至 1993 年系列中，仅相差 0.4 ~0.5 m。采用“洪水排沙、平水兴利”汛期运用方式的方案，虽然非汛期运用水位较“四省会议”方案高出 2 m 以上，但由于中常洪水时降低水位，提高水库排沙能力，计算结果显示出库区的淤积与冲刷较“四省会议”方案淤少冲多。至于汛期控制水位的适当抬高，库区淤积量有所增加，但淤积主要发生在坝前范围内，其影响是自下向上逐渐减弱，遇有利水沙条件可较容易地冲刷出库。由于三门峡库区泥沙问题比较复杂，需在实际运用中不断总结提高。

参考文献

[1] 胡一三. 中国江河防洪丛书 · 黄河卷[M]. 北京：中国水利水电出版社，1996.
[2] 黄河水利委员会设计院. 小浪底水库初期运用方式研究（HSY - GH - 101）[R]. 郑州：黄河水利委员会设计院，1999.
[3] 杨庆安，龙毓骞，缪凤举. 黄河三门峡水利枢纽运用与研究[M]. 郑州：河南人民出版社，1995.
[4] 林秀山，涂启华. 小浪底水利枢纽的工程规模和综合运用方式[J]. 人民黄河，1993(3).
[5] 程龙渊，刘拴明，肖俊法，等. 三门峡库区水文泥沙实验研究[M]. 郑州：黄河水利出版社，1999.
[6] 赵文林，等. 黄河泥沙[M]. 郑州：黄河水利出版社，1996.
[7] 钱意颖，曲少军，曹文洪，等. 黄河泥沙冲淤数学模型[M]. 郑州：黄河水利出版社，1998.

第九章　结论与展望

（一）

1. 三门峡水库在黄河防洪中的作用

三门峡水库是黄河干流上兴建的首座以防洪为主的综合利用水库，控制黄河流域面积 68.84 万 km^2，占黄河流域总面积（不含内流区）的 91.5%，控制黄河来水量占总水量的 89%，基本上控制了黄河的全部来沙量。

黄河下游洪水主要来自中游 3 个地区，即：河口镇至龙门区间、龙门至三门峡区间及三门峡至花园口区间。三门峡水库控制了上述 3 个洪水来源区中的河口镇至龙门和龙门至三门峡两个洪水来源地区，其防洪作用是非常显著的。

2. 三门峡水利枢纽的组成

自黄河 1933 年大水后，对三门峡水库就开始研究，是否修建及建设方案经多次变化才确定下来。20 世纪 50 年代初期由苏联电站部水电设计院列宁格勒分院进行设计，1957 年 4 月 13 日正式开工修建。1958 年 11 月 26 日截流，1960 年 9 月 15 日下闸蓄水运用，1961 年 4 月主体工程完工，1962 年 2 月第一台水轮发电机组试运行。

枢纽的挡水建筑物包括主坝和副坝。主坝为混凝土重力坝，大坝坝顶高程 353 m，主坝长 713.2 m，最大坝高 106 m。右侧副坝为双铰心墙斜丁坝，长 144 m。枢纽的泄水建筑物包括深水孔和溢流孔。深水孔进口高程为 300 m，共 12 孔；表面溢流孔进口高程为 338 m，共 2 孔。水电站共有 8 台水轮发电机组，进水口高程为 300 m，每台容量为 14.5 万 kW，总装机容量为 116 万 kW。

3. 三门峡水利枢纽第一次改建

为了减缓水库淤积和渭河洪涝灾害，1962 年 2 月水电部在郑州召开会议决定：三门峡水库的运用方式由“蓄水拦沙”改为“滞洪排沙”，汛期闸门全开敞泄，只保留防御特大洪水的任务。1964 年 12 月周恩来总理亲自主持召开治黄会议，确定在枢纽的左岸增建 2 条泄流排沙隧洞，改建 5 ~ 8 号 4 条原建的发电引水钢管为泄流排沙管道（以下简称“两洞四管”），加大枢纽泄流排沙能力。“两洞四管”于 1965 年 1 月开工。“四管”于 1966 年 5 月竣工，同年 7 月 29 日首次启门过水。Ⅰ号隧洞于 1967 年 8 月 12 日建成并投入运用，Ⅱ号隧洞于 1968 年 8 月 16 日投入运用。

4. 三门峡水利枢纽第二次改建

第一次改建工程完成后，水库排沙比由 6.8% 增至 82.5%，但仍有近 20% 的来沙淤积在库内。潼关以下库区由淤积转变为冲刷，但冲刷范围仅影响到潼关附近，库区潼关以上及渭河下游仍继续淤积。1969 年 6 月 13 ~ 18 日在三门峡市召开了晋、陕、豫、鲁四省及水电部、黄委会、三门峡工程局参加的会议（即后来所说的“四省会议”），会议着重讨论了三门峡水利枢纽改建和黄河近期治理问题，会后向国务院和周总理呈报了《关于三门峡水利工程改建和黄河近期治理问题的报告》。报告针对三门峡水利枢纽改建问题提出了进行第二次改建意见,即打开 1 ~8 号原施工导流底孔,下卧 1 ~5 号钢管进口。改建原则是:“……在确保西安、确保下游的前提下,合理防洪,排沙放淤,径流发电……”改建规模为:“……在坝前 315 m 高程时,下泄流量达到 10 000 m^3/s……”1970 ~1971 年打开 1 ~8 号底孔,其中 1 ~3 号底孔为单层过水,4 ~8 号底孔为双层过水孔。下卧 1 ~5 号钢管进口,安装了 5 台水轮发电机组,总装机容量 25 万 kW。

5. 泄流工程的二期改建

1981 年 3 月 21 日水利部向国务院呈报的《关于黄河三门峡水利枢纽当前存在问题的报告》([81]水管字第 24 号)中提出:三门峡水利枢纽经两次改建后,增大了枢纽的泄流规模,结合“蓄清排浑”运用方式,使潼关以下库区河床发生大量冲刷,渭河洪涝灾害有所减轻。水库库容逐渐恢复,基本上达到当年泥沙冲淤平衡,并发挥了防洪、防凌、灌溉、发电和供水的巨大综合效益。但由于黄河是世界上输沙量最大的河流,加上管理体制至今没有明确,使枢纽仍存在着如下问题:一是溢流坝的泄水底孔遭受含沙水流的严重磨蚀。工作闸门槽导轨受磨损、气蚀破坏严重……影响防汛正常运用。二是尚有相当数量的未完工程,需要在近年内完成。主要有底孔进口斜闸门改建和增设工作闸门专用启闭机、下游Ⅱ号隧洞出口基础严重淘刷等。为解决上述问题,枢纽泄流工程进行了二期改建,主要项目有:溢流坝 1 ~8 号底孔进口斜门槽及工作门槽改建,溢流坝 5 个双层孔增设一门一机,再打开 9 号、10 号 2 个底孔并进行改建。9 号、10 号底孔于 1990 年汛前打通,并于同年汛期投入泄流运用。

6. 打开 11 号、12 号底孔

为提高三门峡水库非汛期水量利用率,根据水利部批复,枢纽工程 6 号、7 号排沙钢管扩装为单机容量为 7.5 万 kW 的发电机组,6 号、7 号机组分别于 1994 年、1997 年正式投运。为达到“四省会议”要求的枢纽泄流规模 315 m 水位下泄 10 000 m^3/s, 1998 年水利部以水规计[1998]354 号文批复了《黄河三门峡水利枢纽增开 11 号、12 号底孔初步设计说明书》,1998 年 10 月 ~2001 年 5 月 28 日,打开 11 号、12 号底孔主体工程全部完成。

7. 枢纽泄流能力

枢纽工程原泄流建筑物为在 300 m 高程设 12 个深水孔、338 m 高程设 2 个表面溢流孔。315 m 水位泄流能力仅为 3 084 m^3/s,300 m 以下泄流能力为 0。

1968 年 8 月第一次改建工程“两洞四管”投入运用后,315 m 水位时泄流能力增加到 6 012 m^3/s。第二次改建后,315 m 水位时泄流能力为 9 059 m^3/s,记入 1 ~5 号机组(6 号、7 号机为清水发电机组)中的 2 台机组泄流后,总泄量达 9 454 m^3/s。扩机使泄流能力减小,经打开 11 号、12 号底孔后,枢纽共有 27 个泄流孔洞(12 个底孔、12 个深孔、2 条隧洞、1 条钢管)。水位为 335 m 、330 m 、325 m 、320 m 时的枢纽泄流建筑物的泄流能力分别为 14 350 m^3/s、13 483 m^3/s、12 428 m^3/s、11 153 m^3/s。水位 315 m 时的泄流能力为 9 701 m^3/s,记入 1 ~5 号机组中的 2 台机组泄流后,总泄量达 10 096 m^3/s;300 m 水位时泄流能力为 3 633 m^3/s。

8. 枢纽水电站建设

水电站厂房为坝后式,原设计装机 8 台,单机容量 14.5 万 kW,总装机容量 116 万

kW,年发电量60亿kWh。1960年12月,开始在2号机坑安装由苏联制造的水轮发电机组,1962年2月15日,2号机组安装完毕并投入运行。1962年3月,由于泥沙淤积问题,水库运用方式被迫改变为"滞洪排沙",汛期暂不考虑发电和灌溉。1963年11月、1964年3~4月,2号机先后又进行了3次低水头发电试验,机组最大出力6.7万kW,经过3个月的试验,因泥沙淤积问题无法正常发电,1964年5月1日,2号机组停止发电。

1969年6月13~18日,在"四省会议"上确定对枢纽水电站进行改建,即1~5号发电引水钢管进口高程下卧13 m,安装5台单机容量为5万kW的水轮发电机组。1969年12月,水电站改建开工,1973年12月26日第一台低水头径流发电机组(4号机)投入运行,其余4台机组分别于1975年、1976年、1977年和1979年并网发电。

1990年经水利部批准,将6号、7号泄流排沙钢管改建为发电机组引水钢管,机组单机容量7.5万kW。1991年4月3日开工,1994年4月28日、1997年3月26日6号、7号机组分别投入运行。至此,水电站装机总容量达到40万kW。

(二)

1. 汾渭盆地造成库区河道淤积的环境

三门峡库区范围,一般是指黄河干流龙门以下,支流渭河临潼、北洛河洑头和汾河河津以下,位于汾渭盆地的南端。汾渭盆地是新生代以来强烈下陷的地堑盆地,至今新构造运动还继续存在,据地形变测量资料分析,库区河道年均下沉量为1~3 mm。库区河道的下沉,一方面堆积了部分泥沙,另一方面使河道随着边界条件的变化而自动进行冲淤调整。

2. 历史时期库区河道的冲淤演变

自春秋时期第一级阶地形成以来,库区河道冲淤演变大致可分为4个时期:一是春秋战国时期,第一阶地形成后,河道经历了冲刷和扩宽的调整。二是秦汉至唐朝时期,虽然在这时期内,小北干流河道摆动和渭河下游河弯发展时有发生,特别是三国以后,河道淤积时重时轻,总的来说,河道是稳定的或比较稳定的,洪水灾害少,两岸经济繁荣。三是宋元时期,洪水灾害出现频率增加,河道淤积加重。四是明清时期及其以后,河道淤积严重,洪水灾害频繁发生,小北干流河道向宽、浅、散、乱方向发展。

3. 库区来水来沙特点

1919~1935年先后设立了陕县、潼关、张家山、洑头、咸阳、龙门、河津、华县水文站,1951年设立了三门峡水文站。据实测资料分析,库区来水来沙具有水沙异源,地区分布不均;水量、沙量年际变化大,年内分配不均匀;水沙组合复杂的特点。

4. 建库前库区河道淤积及其分布情况

从有水文实测资料以来的水、沙资料统计分析得出,建库前库区河道年均淤积约0.89亿t,其中渭河下游部分淤积0.29亿t,黄河干流部分淤积0.60亿t。从实测同流量水位分析,龙门站每年淤积升高0.20 m左右,潼关站为0.07 m,陕县站为0.01 m,华县站为0.06 m,咸阳站变化不大,由此表明,黄河干流部分淤积自上而下逐渐减小,渭河下游部分淤积自上而下逐渐增加。

5. 渭河下游(咸阳、张家山至华县河段)河道冲淤特点

渭河下游洪水期流量大,含沙量高,造床作用大,枯水期流量很小,造床作用也很小,渭河下游河道的冲淤变化主要发生在一些年中的几次洪水。关中地区来水为主时,流量大,含沙量低,是造成渭河下游河道冲刷的主要原因;泾河来水为主时,含沙量高,冲淤变化复杂,当张家山洪峰流量小于 1 000 m^3/s 时,渭河下游河道发生严重淤积,是造成河道淤积的主要原因,当张家山流量大于 3 000 m^3/s 时,渭河下游河槽发生强烈冲刷,有利于改善河道的淤积;林家村以上和张家山同时来水时,一般洪峰流量较小,渭河下游一般发生淤积。从多年平均来说,每年 5、6、7、8 四个月发生淤积,9、10 两个月发生冲刷,其余各月来水来沙量不大,河道冲淤变化不大。

6. 龙、华、河、洑至陕县河道冲淤特点

一般来说,来水含沙量小于 26 kg/m^3 时,河道发生冲刷;来水含沙量大于 50 kg/m^3 时,河道发生淤积;来水含沙量在 26 ~50 kg/m^3 之间时,有冲有淤。黄河上游和关中地区来水含沙量低,河道发生冲刷;其他地区来水含沙量高,都有可能发生淤积,其中头道拐至吴堡区间来水含沙量高,泥沙粒径粗,以及吴堡至陕县区间来高含沙小洪水时,本河段可能发生严重淤积。从多年平均来说,每年 6 ~8 月来水含沙量高,河道发生淤积,其余各月来水含沙量低,河道发生冲刷,并具有“拦粗排细”的调整作用。

7. 建库后入库水沙情况变化

三门峡水库投入运用后,流域的治理和开发进入一个新的发展阶段,年均来水来沙量都有明显的减少,减水比大于减沙比;由于龙羊峡和刘家峡等大型水库的调节,汛期水量大幅度减少,其占年水量的百分数由过去的 60% 左右降到 41% ~47% 。这些对减少库区淤积是不利的。

8. 水库不同运用方式对水沙的调节作用

三门峡水库的运用,经历了蓄水运用、滞洪运用和“蓄清排浑”运用 3 个时期。实践表明,水库对水沙的调节作用,不仅与水库运用方式有关,还与枢纽的泄洪能力和来水来沙条件有关。蓄水运用,人为的调节径流,洪水削减,枯水流量增大,大部分泥沙淤积在库内,只有少量细颗粒泥沙以异重流方式排出库外,库区严重淤积,后改为滞洪运用。水库滞洪运用,虽然水库排沙能力有一定的增加,由于枢纽泄洪能力太小,削洪滞沙情况严重,库区淤积还是相当严重;1964 年底决定对枢纽工程进行改建,扩大泄流能力。实践表明,枢纽工程的改建是必要的,缓解库区淤积是有效的,但是“大水带大沙,小水带小沙”的入库情况,由于受削峰滞沙的影响,形成出库的不利水沙组合,造成下游河道严重淤积。1969 年又决定对枢纽工程进行第二次改建,1973 年底水库运用方式改为“蓄清排浑”运用。水库“蓄清排浑”运用是根据三门峡水库的来水来沙条件和库区冲淤规律总结出来的,在相同来水来沙和枢纽的泄流能力情况下,其削峰作用比滞洪运用小,并将全年的泥沙调到中水流量排出,可以改善下游河道的淤积,库区泥沙淤积基本达到冲淤平衡;但是,在龙羊峡水库投入运用后,入库大,中流量减少,即水库冲刷排沙流量减少,从而又引起水库淤积,并对下游河道的减淤作用也减弱。

9. 不同时期泥沙冲淤演变和河床调整机理

1960 年 9 月 ~1995 年 10 月库区共淤积泥沙 67. 93 亿 m^3,其中潼关以下淤积 28. 53

亿 m^3，占总淤积量的 42.0%，小北干流淤积 23.89 亿 m^3，占总淤积量的 35.3%，渭河和北洛河下游分别淤积 12.74 亿 m^3 和 2.68 亿 m^3，分别占总淤积量的 18.8% 和 3.9%。在蓄水拦沙时期（1960 年 9 月 ~ 1964 年 10 月）库区淤积 44.26 亿 m^3，占总淤积量的 65.2%；滞洪排沙期（1964 年 10 月 ~ 1973 年 10 月）库区淤积 11.85 亿 m^3，占库区总淤积量的 17.4%；蓄清排浑期（1973 年 10 月 ~ 1995 年 10 月）库区淤积 11.82 亿 m^3，占库区总淤积量的 17.4%，其中 1973 年 10 月 ~ 1985 年 10 月期间库区淤积仅 0.39 亿 m^3，表明蓄清排浑期库区的淤积主要是在 1985 年 10 月以后发生的。

三门峡水库的运用情况复杂，库区河床淤积和冲刷的调整更为复杂。不过，从"蓄清排浑"运用以来，虽然水库运用不断改善，总的来说，变化不大，也就是说，由于兴建水库引起抬高的侵蚀基准面变化不大，这样随着来水来沙条件自动进行冲淤调整，1973 年 9 月 ~ 1985 年 10 月，库区和潼关高程冲淤平衡，表明水库运用与该时段内的来水来沙条件相适应，库区河道自动调整趋于冲淤平衡，并且库区沿程冲淤变化是自下而上逐渐变小，表明是由于水库引起侵蚀基准面抬高形成的溯源淤积。建库前库区河道是冲积性河流，水库淤积末端向上游延伸相当长，延伸系数达 1.4 左右。1986 年以后，虽然水库运用有一定的改善，坝前淤积也有一定的改善，但是由于上游来水来沙条件发生了显著变化，特别是来水的年内分配变化较大，龙门以下发生沿程淤积，使潼关高程居高不下。三门峡水库运用的经验是要充分利用枢纽的泄流能力，当高含沙洪水入库后，应及时敞开闸门，降低库水位，形成强烈的溯源冲刷，这是减淤保库的重要措施。

（三）

1. 试验时期水库运用的基本原则

在服从防洪、减淤和排沙要求的原则下，充分发挥水库调节水、沙的能力，改善库区泥沙的冲淤变化，提高三门峡水库的综合效益。根据实测资料分析结果，水库汛期运用采用"洪水排沙、平水兴利"的运用方式。

2. 试验时期水库运用的主要指标

为了确保试验期间不增加水库淤积，也有利于下游河道减淤。根据三门峡水库"蓄清排浑"运用的经验及实测资源分析结果，水库运用的指标主要有：

（1）水库的排沙流量。这是影响水库排沙和下游河道减淤的一项重要指标。根据试验前入库水、沙情况，初步确定水库排沙流量为 2 500 m^3/s，即入汛后，入库洪水洪峰流量大于 2 500 m^3/s 时，停止发电，降低库水位排沙。

（2）库区淤积改善的指标。三门峡水库汛期运用水位为 305 m，回水影响不超过北村水位站，为此利用北村水位站检测试验期间对库区淤积的影响，为力争试验期间库区淤积有一定的减轻，规定北村高程（相应三门峡流量 1 000 m^3/s 时的北村水位）低于或等于 309 m 后才能进行发电，比 1980 ~ 1988 年汛期不发电时的水位还低 1 m，同时控制试验期间引起的库区淤积不得超过北村。并根据实测资料分析，建立了一套检测方式。

（3）坝前控制水位。坝前控制水位是指水库排沙运用时的最低库水位，它和水库排沙流量是保证北村控制水位实现的重要条件。根据泄流和下游对排沙的要求，确定坝前控制水位采用 298 m。这样在发电运用时坝前具有一定的调沙库容，以减少过机含沙量，改善水轮机运用工况。

3. 试验期间的水库运用方式

入汛后，为避免水库小水排沙，对下游淤积不利，水库按 305 m 水位运用。当发生入库（潼关站）洪峰流量大于 2 500 m^3/s 的洪水时，停止发电，降低库水位到 298 m 排沙。洪水过后，当北村高程降到 309 m，且出库含沙量小于 30 kg/m^3 时，按控制库水位 305 m 发电。在发电过程中，北村高程达到 310 m 时，停止发电，不论入库流量大小，降低库水位到 298 m 排沙，待北村高程降到 309 m 后再进行发电运用，以保证汛期发电引起的库区淤积不超过北村。如果入汛后至 7 月 20 日还不来洪水，也要停止发电，降低库水位排沙，待北村高程降到 309 m 时，再按控制水位 305 m 发电。

（四）

1. 试验期间的水量、沙量

试验期间（1994～1999 年）为枯水平沙年或枯水枯沙年，入库年水量为 161 亿～297 亿 m^3，平均 226 亿 m^3，只有多年（1933～1999 年）平均水量 372 亿 m^3 的 61%。入库沙量为 5.81 亿～12.4 亿 t，平均 8.44 亿 t，为多年平均沙量 11.9 亿 t 的 71%，是有实测资料以来的最枯系列。

1994～1999 年汛期入库水量平均 102 亿 m^3，占多年平均值的 49.5%；入库沙量平均 6.71 亿 t，占多年平均值的 67.1%。前、后 3 年的情况分别为：

（1）1994～1996 年汛期枯水平沙，平均水量 125 亿 m^3，较多年平均偏枯 39.3%；平均沙量 9.14 亿 t，与多年均值持平。汛期水量、沙量主要集中在 7、8 月，分别占汛期总量的 59.5% 和 79.6%。10 月水量、沙量明显减少，分别占汛期总量的 12% 和 2.1%。

（2）1997～1999 年汛期枯水枯沙，平均水量 78.87 亿 m^3，较多年均值减少 61.7%；平均沙量 4.29 亿 t，较多年均值减少 57.1%。9 月、10 月减幅大，尤其是 10 月，其水量、沙量分别占汛期总量的 16.3% 和 3.3%。

2. 试验期间入库洪峰出现次数少，历时短，水量沙量小

潼关站汛期水量和沙量主要集中在洪水期，洪水对库区的冲淤影响最大。

1960～1985 年，汛期平均出现洪峰 6.1 次，历时 53.2 天，水量 134 亿 m^3，输沙量 7.72 亿 t，分别占汛期水量和沙量的 57% 和 74% 左右。

1994～1999 年的试验期间，共发生各级流量洪水 21 次，平均 3.5 次/年，仅为前者的 57.4%，其中洪峰流量不小于 3 000 m^3/s 的洪水仅 13 次。年均洪水历时 24.8 天，仅为前者的 46.6%，年均洪水总量 38.9 亿 m^3，仅占汛期总水量的 38.1%，比 1960～1985 年减少近 100 亿 m^3。汛期洪峰输沙 5.16 亿 t，占汛期总输沙量的 76.9%。洪峰水量和沙量的不同变化，使含沙量升高，洪峰平均含沙量高达 133 kg/m^3，为 1960～1985 年的 2.3 倍。汛期枯水流量出现时间长，含沙量低，对汛期发电有利，但是洪峰减少，大流量出现时间少，含沙量增加，对水库排沙不利，因此必须根据水库来水来沙变化，调整水库运用方式，改善库区冲淤状况，充分发挥水库综合效益。

（五）

1. 试验期间水库运用情况

水库全年运用采用“蓄清排浑”运用。非汛期仍承担防凌和春灌蓄水任务，由于近几年黄河汛期水小，潼关高程居高不下，加之黄河下游凌汛较轻，故非汛期水库运用水位有大幅度降低，如防凌最高蓄水位为321.44 m，较过去降低了3～4 m，春灌最高蓄水位在322 m左右，较过去低2 m左右，这样水库高水运用的时间也有较多的减少，如试验期间库水位超过322 m的时间为2.7天，仅为过去的7%，超过320 m的时间为43天，仅为过去的65%。汛期水库运用采用上述“洪水排沙、平水兴利”的原则，水库具体运用情况大体为：7月上、中旬为发电运用，7月下旬至8月中旬为泄洪排沙运用，8月下旬至10月底为发电运用。在试验期间，1994年汛期2号隧洞出口防护工程抢护施工和1999年10月为小浪底水库下闸蓄水做准备，三门峡水库蓄水较高，其余时间按试验指标控制运用。

2. 各站受回水影响的坝前临界水位

通过对非汛期实测资料分析得出：回水影响北村站的坝前临界库水位为307～308 m；大禹渡站的临界库水位为315 m左右；坫埼站的临界库水位为320 m左右；潼关站的临界库水位为323.5～324.5 m。

3. 非汛期库区淤积分布与库水位的关系

试验期间非汛期库区年均淤积1.55亿m^3，比试验前年均淤积量1.28亿m^3多21%，由于水库运用水位较低，淤积三角洲的顶点一般在北村或北村以下，大部分泥沙淤积在大禹渡以下，占总淤积量的79.2%，潼关至坫埼河段淤积量仅占1.8%，基本上没有受到水库运用的影响，为天然河道非汛期回淤。

实测资料分析表明，库水位310 m时，回水末端在黄淤26断面附近，淤积物从回水末端到坝前沿程增加，形成锥体淤积；库水位升至315 m时，回水末端上提至大禹渡附近，入库泥沙基本上全部淤在库内，大部分堆积在北村以下；库水位上升到320 m时，回水延伸到坫埼附近，坫埼至大禹渡段产生少量淤积，大量泥沙堆积在大禹渡至北村间；库水位上升至320～324 m时，回水变动在坫埼与潼关之间，淤积物主要分布在大禹渡上下库段，淤积形态为三角洲型；库水位达324～326 m时，回水超过潼关，潼关断面直接产生壅水淤积，淤积物主要分布在坫埼上下库段。

4. 潼关至大坝河段的溯源冲刷与沿程冲淤

试验期间水库采用“洪水排沙、平水兴利”运用，水库排沙主要为溯源冲刷和壅水明流排沙两种方式。洪水排沙时，库区冲刷主要为溯源冲刷、溯源冲刷与沿程冲刷相衔接的方式。坫埼至坝前库段以溯源冲刷为主，兼有沿程冲刷，但沿程冲刷范围不会超过大禹渡；潼关至坫埼库段主要为沿程冲刷。平水发电时，库水位在305 m左右，北村以下略有壅水，壅水库容约0.5亿m^3，壅水区内略有淤积，北村以上有冲有淤，为河道冲淤调整过程。洪水排沙时，北村高程一般都降到控制指标（309 m）以下，最低达到307.62 m，冲刷历时一般为10～30天。平水发电时，回水区发生淤积，试验期间没有发生由于坝前壅水淤积向上游延伸使北村高程超过310 m的现象。试验结果表明：溯源冲刷时的出库输沙率与流量、比降呈正相关，随着流量、比降的增大，出库输沙率分别以1.8次方和1.2次方的指数增加，故充分利用大流量降低库水位排沙是有效的。

5. 汛期库区的冲淤特点

试验期间水库汛期运用主要有泄洪排沙和平水发电两种情况，平水发电期间库区还有少量淤积，所以汛期冲刷主要发生在洪水排沙期，洪水排沙期库区冲刷的泥沙还大于整个汛期的排沙量。泄洪排沙期冲沙量的80% ~90% 又集中在每年的几场洪水，充分利用洪水排沙，可以在比较短的时间内收到较好的效果。汛期年均冲刷量 1.49 亿 m^3，全年年均淤积量0.06 亿 m^3。由于 1999 年 10 月小浪底水库初期蓄水，要求三门峡水库提前蓄水，由此引起的淤积量占试验期间总淤积量的 71%，故试验期间库区基本上维持冲淤平衡。汛期来水量多时，不仅可以把非汛期淤积的泥沙冲走，还可以冲出前期淤积的泥沙；来水量少时，非汛期淤积的泥沙不能全部冲走。近些年来，非汛期水库淤积 1.5 亿 ~2.0 亿 m^3，汛期需要洪水量 50 亿 ~70 亿 m^3 才能实现年内冲淤平衡。

试验期间，汛后北村高程（三门峡水库敞泄情况下三门峡站 1 000 m^3/s 流量时北村相应水位）平均为 308.56 m，比 1980 ~1988 年汛期不发电时期下降 1.66 m，表明试验期间对库区淤积有一定的改善，但由于入库流量小，库区淤积改善范围达大禹渡附近，大禹渡以上还略有升高，潼关高程居高不下。

（六）

1. 潼关高程变化概况

潼关高程在三门峡水库建库前是逐渐升高的；修建三门峡水库初期潼关高程快速上升；三门峡水库“蓄清排浑”运用以来，潼关高程总的趋势仍为升高，其冲淤变化不仅受来水来沙条件的影响，还受水库运用的影响。

2. 潼关高程年内冲淤变化特点

潼关河床年内的变化有汛期冲刷、非汛期淤积的特点。建库前 19 个汛期中发生冲刷的有 16 个，占 84%；17 个非汛期中除 1 年不冲不淤外，其余 16 个非汛期都是淤积的。建库后，“蓄清排浑”运用以来，26 个汛期中发生冲刷的为 23 个，占 88.5%；26 个非汛期全部都是淤积的。在年内潼关高程这种汛期冲刷、非汛期回淤的规律，三门峡水库建库前与建库后是完全一致的。

3. 非汛期潼关高程变化的影响因素

三门峡水库修建后，非汛期潼关高程的变化与非汛期水库防凌前、防凌期和春灌 3 次蓄水过程的运用水位高低、历时及来水来沙组合有关。非汛期各时期的运用水位，应按照水库前期淤积情况和水沙条件，并结合兴利要求，综合分析后确定运用水位。

4. 近期潼关高程居高不下的原因

近期，潼关河床汛期冲刷、非汛期回淤、洪水期冲刷、枯水期回淤的规律与建库前完全一致。近期潼关河床高程居高不下的原因，主要是来水来沙及上游河段淤积延伸造成的。另外，潼关以下库区出现的畸形弯道和宽浅河床，对潼关河床高程也有一定影响。

黄淤 36—41 断面和黄淤 41—45 断面为潼关上下两个相邻河段。从 1985 年 10 月 ~1992 年 10 月和 1992 年 10 月 ~1999 年 10 月两个水库运用时段内各个库段的冲淤量看出，小北干流河道沿程呈向下游淤积延伸的特征，这种河流调整现象符合冲积河流自动调整的基本原理。潼关处于其上干流、支流的末端，潼关基本处于天然河流状态下，其以上河段的河床调整势必对潼关及其以下河段产生影响。

5. 溯源冲刷与沿程冲刷结合可以降低潼关高程

从实测资料看，不论汛期或非汛期，单纯依靠溯源冲刷直接降低潼关高程是非常困难的。实践经验表明，当溯源冲刷和沿程冲刷结合起来，是可以降低潼关高程的。来水流量比较大、含沙量比较高、水库调度合理，不但可以避免来水挟带的泥沙在库区淤积，还可以冲出水库前期淤积的泥沙。利用较大流量排沙出库，对黄河下游河道是有益的，同时也符合水库综合利用的要求。

（七）

1. 汛期采用“洪水排沙、平水兴利”运用，结合底孔排沙，可减少过机含沙量，缓解水轮机磨蚀，并改善工况

“洪水排沙、平水兴利”运用方式，利用洪水排沙，不仅排出非汛期淤积在库区的泥沙，同时在坝前会形成一个容积约 0.5 亿 m^3 的调沙库容。进入“平水发电”期后，前 20 天左右水库处于淤积发展阶段，减少过机泥沙，尤其是粒径大于 0.05 mm 粗泥沙的作用显著，以后处于微淤阶段，减少过机泥沙的作用相对降低。同时应多利用底孔泄流，以减少过机含沙量。根据 1994～1995 年的观测资料，在无底孔泄流时，过机含沙量与出库含沙量相当；在有底孔参加泄流时，过机含沙量比出库含沙量减少约 24%，且底孔进口高程低，有利于坝前漏斗的形成。

利用水库调沙和泄流建筑物分沙，水轮机的综合减磨效果由浑水发电期间的 20% 左右，提高到汛期发电原型试验期间的 40%～60%。

2. 发电时间增加，水量利用率提高

按“洪水排沙、平水兴利”运用，能合理地处理排沙与发电的关系，既可满足排沙要求，又为发电创造了较好的运行条件，延长了发电时间，提高了时间和水量的利用率，增加了发电效益。发电时间在汛期发电原型试验期间较浑水发电试验期间增长，由 50～65 天增长至 74～96 天；平均时间利用率由 63% 提高到 89%；发电的水量利用率也由 24.1% 提高到 46.4%；1994～1999 年累计增加发电量约 2.3 亿 kWh。

（八）

1. 小浪底水库运用初期三门峡水库的运用原则

小浪底水库投入运用后，三门峡水库承担的防洪、防凌、灌溉和调沙减淤等任务应有所变更，其上述任务主要由小浪底水库承担，三门峡水库配合小浪底水库分担部分防洪、防凌、减淤任务。三门峡水库的运用原则为：小浪底水库建成运用初期，黄河下游发生一般洪水时，由小浪底水库承担防洪任务；发生危害下游的“上大洪水”时，以小浪底水库为主，三门峡水库配合，并视洪水状况利用东平湖共同承担防洪任务；三门峡水库在非汛期一般不再承担或很少承担防凌和春灌蓄水任务；水库运用要遵循在尽量不影响潼关高程的前提下，充分发挥三门峡水库综合效益。汛期原由三门峡水库承担的对下游调沙减淤任务主要转由小浪底水库负担，但要配合小浪底水库运用，尽量提高下游调沙减淤的作用。

2. 尽可能减缓三门峡库区滩地库容的淤损速率

修建在多泥沙河流上的水库,滩地库容一旦淤积损失后很难恢复。为了有效地保持库容,用于防御大洪水,一般情况下三门峡水库尽量不拦洪或少拦洪,使回水不致造成潼关河段淤积抬高,潼关以下也应力求减少出槽的机遇,以期较长时段内保留滩地库容。同时在水库防洪运用时,尽量减少高水位持续时间,减少水库淤积和控制淤积部位,有利于将淤积的泥沙排出库外,确保水库在防洪运用中不断发挥作用。

3. 三门峡水库"适时调控"方案是防御"上大洪水"的最优方案

在小浪底水库运用初期,可利用的防洪库容较大,大洪水可由小浪底水库承担防洪任务。对于稀遇的"上大洪水",除充分利用小浪底水库的拦洪库容外,尚需利用三门峡水库拦蓄部分洪水。此种情况下,全部敞泄已不能满足防洪需要,对需滞蓄的洪水拟定了两种方案:①"先敞后控"方案,即水库先按敞泄滞洪运用,当库水位达到最高水位时,水库开始控制运用,维持水库水位,出库流量按入库流量下泄,当花园口流量回落至10 000 m^3/s 以下时,降低水位,增大泄量,凑花园口 10 000 m^3/s 下泄,直至库水位回落到 305 m。②"适时调控"方案,即,三门峡水库先按敞泄运用,库水位达到最高水位后仍敞泄运用,使库水位降低,直至小浪底水库水位上升到影响移民的某一临界水位(269 m)时,三门峡水库开始控制运用,保持小浪底库水位不超过移民高程(275 m),三门峡水库按入库流量泄流,当花园口流量下降至 10 000 m^3/s 时,首先加大三门峡水库泄量,降低库水位直至 305 m。"适时调控"方案与"先敞后控"方案相比,虽然三门峡水库最高水位一样,但高水位持续时间短,水库淤积部位相对偏下,因此"适时调控"方案是两库联合调度中三门峡水库的最优调度方案。

4. 三门峡水库防御"下大洪水"的运用意见

由于"下大洪水"的产汇流区紧靠黄河下游,洪水上涨迅速,而且含沙量小,三门峡水库对其控制作用较小。为了减轻三门峡库区淹没和淤积影响,当发生大于百年一遇的"下大洪水"时,建议三门峡水库主要配合小浪底水库,削减花园口洪峰的超万洪量,水库蓄水位最好不要超过 320 m,使水库蓄水不直接影响潼关河段。

(九)

1. 增大水库泄流规模有利于提高水库的综合效益

本次汛期发电原型试验是按照"四省会议"精神,在 10 个底孔泄流的条件下,严格执行 305 m 发电的规定,当排沙流量为 2 500 m^3/s 时,水库敞泄坝前水位为 297.6 m。2000 年又打开了 11 号、12 号底孔,并于汛期投入运用,当水位为 296.0 m 时,敞泄流量可达 2 513 m^3/s。水位下降了 1.6 m,加大了洪水排沙时的坝前水面比降,可以增大水库的泄洪排沙能力,改善库区的冲淤状况,提高水库利用的综合效益。

2. 把洪水排沙流量由 2 500 m^3/s 降到 1 500 m^3/s 有利于排沙

三门峡水库汛期洪水排沙流量小于 1 500 m^3/s 时,库区冲刷量及冲刷强度都很小,对库区的排沙作用很小。1986 年以来流量大于 2 500 m^3/s 的天数减少很多,1974 ~ 1985 年平均每年 42 天,1986 ~ 1993 年为 13.1 天,而 1994 ~ 1999 年仅为 3 天。在汛期发电原型试验期间流量在 2 500 ~ 2 000 m^3/s 及 2 000 ~ 1 500 m^3/s 范围的冲刷量最多,为有利于排出非汛期淤积的泥沙，针对近年来来水小的情况，同时小浪底水库又处于拦沙期，小的排沙流量不会对黄河下游河道产生不利影响，可以降低洪水排沙流量。当潼关流量大于等于1 500 m^3/s 时，就采用洪水排沙运用方式。

3. 三门峡水库非汛期运用方式

根据多年实测资料分析，汛后三门峡库区坫埼断面受到回水影响的临界水位为 320 m 左右，大禹渡断面受到回水影响的临界水位为 315 m 左右。利用水库冲淤数学模型进行多方案对比计算并综合分析，提出小浪底水库投入运用后，三门峡水库非汛期运用方式可采用：

每年 11 月至次年 3 月 25 日库水位控制在 312 m，3 月 26 日 ~4 月 20 日最小出库流量 700 m^3/s，最高蓄水位 319 m，而后至 6 月 20 日库水位逐渐降到 312 m，6 月 21 ~30 日库水位降到汛期控制水位 305 m。

4. 三门峡水库汛期运用方式

根据本次原型试验研究成果，鉴于小浪底水库已于 1999 年 10 月投入运用，三门峡水库小水排沙已不会加重黄河下游河道淤积，以及进入 21 世纪后入库水量枯的情况，为有利于水库排沙，控制、降低潼关高程，三门峡水库汛期运用方式可采用：

7 月 1 日入汛后，按不超过 305 m 水位运用，当入库（潼关站）流量大于或等于 1 500 m^3/s 时，降低库水位敞泄排沙泄洪，在北村高程（相应三门峡流量为 1 000 m^3/s 时的北村水位）降到 309 m，洪水过后、出库含沙量又小于 30 kg/m^3 时，抬高库水位至 305 m 发电运用。在发电过程中，由于坝前回水淤积上延，使北村高程超过 310 m 时，为避免淤积继续延伸、增加水库淤积，不论入库流量大小，均要停止发电，降低库水位排沙运用，待北村高程降到 309 m 后再按不超过 305 m 运用，以使汛期发电引起的库区淤积限于北村以下。如果入汛后到 7 月 20 日还不来洪水，为减轻水库淤积，应降低库水位强迫排沙运用，待北村高程降到 309 m 后再按 305 m 发电运用。

5. 三门峡水库汛期运用方式是个长期需要研究的课题

由于三门峡水库的泥沙问题十分复杂，实践表明，水库运用的具体指标和方式需随着来水来沙条件、库区和黄河下游河道的冲淤情况进行调整。本次试验是在来水来沙条件不利的情况下进行的，试验结果表明，对库区淤积有一定的改善，对黄河下游河道也有一些有利影响。小浪底水库运用初期三门峡水库运用方式研究中，充分利用小浪底水库的拦沙库容，进行防洪、防凌、减淤、灌溉，充分利用三门峡水库泄流条件排沙，改善库区淤积，降低潼关高程。计算结果表明，在较好的来水来沙条件下，库区淤积和潼关高程均得到明显改善，在不利的水沙条件下，库区淤积有一定的改善，潼关高程不再继续升高，这些计算成果还有待在实际运用中不断总结提高。如流量 1 500 m^3/s 水库泄流排沙，在打开 12 个底孔后自由泄流条件下，坝前水位为 291. 6 m，比本次试验时控制水位 298 m 相比又降低了 6. 4 m，因此可能引起近坝段库区的强烈溯源冲刷，运用指标也需做必要的变化，在此情况下应注意库岸稳定和两岸防护工程安全的影响等。以后还应研究小浪底水库拦沙库容淤满后，小浪底水库和三门峡水库的联合运用问题。